论
新农业
科技革命

LUN
XINNONGYE
KEJI GEMING

邓小明 ◎ 主　编

孙传范　陈　成　葛毅强 ◎ 副主编

中国农业出版社
北　京

图书在版编目（CIP）数据

论新农业科技革命/邓小明主编.—北京：中国农业出版社，2020.11(2021.5 重印)
ISBN 978-7-109-27565-2

Ⅰ.①论… Ⅱ.①邓… Ⅲ.①农业技术－技术革新－研究 Ⅳ.①F303.2

中国版本图书馆CIP数据核字(2020)第 222975 号

论新农业科技革命
LUN XINNONGYE KEJI GEMING

中国农业出版社出版
地址：北京市朝阳区麦子店街 18 号楼
邮编：100125
责任编辑：周益平　李海锋　宋　耿
版式设计：王　晨　　责任校对：吴丽婷
印刷：北京通州皇家印刷厂
版次：2020 年 11 月第 1 版
印次：2021 年 5 月北京第 2 次印刷
发行：新华书店北京发行所
开本：700mm×1000mm　1/16
印张：20.5
字数：400 千字
定价：88.00 元

编委会名单
BIAN WEI HUI MING DAN

主　编：邓小明

副主编：孙传范　陈　成　葛毅强

编　委：(按姓氏拼音排序)

统　稿：魏　珣　李宇飞　孙康泰　戴泉玉　李　萌　王　静

　　　　王振忠　郑筱光　朱　浩　朱华平

序

　　浩瀚长河，悠悠岁月，中华民族植五谷、饲六畜，形成了农桑并举、耕织结合的传统农业模式和独特的用地养地、精耕细作的农业技术体系，助力古代中国挺立世界之巅。新中国成立以来，我国现代农业从头起步，迅猛发展，尤其是改革开放40年来，我国农业科技进步贡献率达到59.2%，农作物良种覆盖率96%，农业机械化率70%，取得的成就令世界瞩目。

　　随着信息、生物、能源、材料等领域一些重要科学问题和关键核心技术呈现出革命性突破的先兆，农业科技创新空前活跃，正在引领现代农业产业发生深刻变革，新农业科技革命已拉开序幕，一个崭新的时代就在我们眼前。

　　越是面对风险挑战，越要稳住农业，越要确保粮食和重要副食品安全。在当前错综复杂的国内外形势下，守住"三农"这个战略后院，发挥好压舱石和稳定器的作用，显得尤为重要。科技强则农业强，科技兴则农业兴，科技稳则农业稳。保障国家粮食安全和农产品有效供给，提升生产能力、调整产业结构、转变发展方式、补上突出短板，都需要科技作为强大后盾。

　　在科技的驱动下，现代农业早已突破了传统农业主要从事初级农产品生产的局限，肩负起维护人类营养与健康、保护生态环境、促进人与自然和谐共生、转变经济发展方式、传承传统文化和人类文明等一系列新的历史使命。

1

　　面临百年未有之大变局，形势逼人、挑战逼人、使命逼人。中国农村技术开发中心组织开展新农业科技革命研究正当其"时"。这个"时"是"时间"，新中国成立 70 周年这一新的历史起点和特殊时间节点，新一轮国家中长期科技规划研究制定的关键时间节点；这个"时"是"时期"，新一轮科技革命与产业变革历史性交汇期、世界格局深度调整期和我国经济发展方式深刻转型期三期叠加加速演进的重要时期；这个"时"是"时局"，当前正处于"百年未有之大变局"这个复杂的局势；这个"时"是"时代"，人类社会进入前所未有的"大科技时代"。

　　在以分子生物学、基因组技术、发酵工程、新一代信息技术、人工智能、3D打印等为代表的前沿科技推动下，生物育种、食品加工、智慧农业、植物工厂、生物能源等新产业、新业态正在喷薄而出。

　　面对"百年未有之大变局"，我们要立足我国国情，提前谋划、前瞻布局、抢占先机，加快补齐农业科技创新短板，为我国由农业大国走向农业强国提供坚实科技支撑。

邓小明

2020 年 10 月

前　言

进入 21 世纪以来，全球科技创新进入空前密集活跃的时期。随着新一代生物技术和信息技术的突飞猛进，新农业科技革命桅杆已经显现。

自 2019 年 7 月起，中国农村技术开发中心启动了新农业科技革命研究，一是追踪前沿，了解世界农业科技发展的最新动态和趋势，特别是生物技术和人工智能在农业上的发展态势；二是认清现实，梳理我国农业科技发展的现状和农业生产上的技术问题，明晰与世界发达水平的差距；三是把握机遇，描绘蓝图，探寻出路，以解决实际问题为目标，既要找问题，又要探寻解决问题的路径。

本书分为七个章节，从专业机构科技管理人员的视角深入研究全球农业科技从 1.0 到 4.0 的演变历程、深度探讨新农业科技革命的概念和内涵，以及我国农业科技发展复杂性以及面临的机遇和挑战；计量分析国际农业科技发展的热点前沿和先兆热点，并对先兆技术和辐射领域进行了全面的介绍；探讨提出以构建九大体系、推进十大行动和实施六大举措来迎接新农业技术革命的应对策略。

本书主要面向各级科技管理部门领导、科研工作者和农业领域的学生，有助于他们了解农业科技发展大势；面向农业企业家、科技管理人员和农业产业人员，有助于他们了解具体技术发展趋势，促进科技成果应用转化。

《论新农业科技革命》是基于科技管理者角度进行的研究

和思考，以及对全球农业正在经历深刻变革的科学判断，提出了对新农业科技革命的系统认识，科学描绘我国未来农业发展蓝图，希望能为正在投身这项伟大事业的农业科技工作者提供参考，为正在蓬勃发展的新兴业态提供借鉴。

由于时间有限，难免有遗漏和不妥之处，欢迎广大读者批评指正。

编者

2020 年 10 月

目　录

1

第五章　新农业科技革命的机遇与挑战

论新农业科技革命 | # 第一章
绪　论

面对新一轮科技革命与产业变革历史性交汇期、世界格局深度调整期和我国经济发展方式深刻转型期三期叠加加速演进，新农业科技革命已拉开序幕，桅杆显现，引领农业步入智能化时代。

在这"百年变局"的历史机遇和挑战下，把握新农业科技革命规律、特征和趋势，描绘我国创新驱动现代农业高质量发展蓝图和道路，是农业科技管理工作者肩负的历史使命，意义重大。

一、全球经济社会深刻转型

科技是人类历史发展最具革命性的关键力量，深刻影响和改变着一个国家的兴衰和命运。习近平总书记指出，"新一轮科技革命和产业变革正在孕育兴起，一些重要科学问题和关键核心技术已经呈现出革命性突破的先兆"。"进入 21 世纪以来，全球科技创新进入空前密集活跃的时期，新一轮科技革命和产业变革正在重构全球创新版图、重塑全球经济结构。"当今世界正处在大发展大变革大调整时期，愈演愈烈的新一轮科技革命与产业变革呈现历史性交汇，同步交织、相互激荡，推动人类社会进入前所未有的"大科技时代"。

全球科技创新空前活跃，知识创造从微观到宏观各尺度加速纵深演进，呈爆发性增长；科技前沿出现革命性群体突破和跃变态势，新的前沿热点和颠覆性创新不断涌现，催生新经济、新产业、新业态、新模式，为解决重大问题提供了新思路、新方法、新途径和新平台；人才、知识、技术、资本等创新要素全球流动的速度、范围和规模达到空前水平，科学研究、技术创新、产业发展、社会进步融合一体化发展更加明显，多学科交叉、多技术耦合、多领域渗透、人—机—物三元一体"跨界融合"的科技经济高速融合共生的创新范式日渐清晰，科技创新对人类生产方式、生活方式乃至思维方式将产生前所未有的深刻影响，代表先进生产力发展方向的一批颠覆性技术将引领和带动新科技产业革命逐渐走向高潮。大数据、量子通信和人工智能（AI）技术有可能解决困扰人类社会千百年的信息不对称问题；物联网（IOT）、区块链技术使去中心化的金融体系和泛互联成为可能；生命科技的飞速发展正在使人类逐步实现摆脱疾病和死亡的愿望；将人工智能的深度学习能力与机械力量相结合的智能制造等，有望彻底解放人类的双手。

历史经验表明，在工业化国家生产力增长过程中，科学和技术创新起到了核心驱动作用，新科技革命和产业变革往往带来全球范围内的创新版图重构、经济结构重塑以及国际竞争格局的剧烈变动。世界上先后发生了多次科技革命，带动了相应产业革命。一浪高过一浪的技术革命、产业革命和工业革命热潮，将人类社会由农业社会推进到工业社会，创造了现代的物质文明。从蒸汽机的发明到电气化革命再到相对论、量子论的提出以及信息技术的应用，都不断催生出新的世界强国。

纵观现代化历史进程，近代社会的每一次重大变革都与科技的革命性突破密切相关，科技革命深刻影响和改变着民族的兴衰、国家的命运。历史上，大国的崛起都与其时科技与产业革命的兴起密不可分。那些抓住科技革命机遇实现腾飞的国家，率先进入现代化行列。未来一段时期，由于科技转化为生产力以及对社会生活产生影响的速度加快，新一轮科技革命的深化将使得那些能抓住机遇的国家，在科技创新、经济发展及相对实力提升等方面获得更大优势，并使错失这一机遇的国家实力地位相对下降，从而深刻影响世界各国特别是大国之间的实力对比变化，并由此导致整个国际关系逐渐发生根本性变化。

在全球经济社会深刻转型的背景下，面对新科技发展的趋势，国际科技竞赛已悄然展开，国际格局将不断被重塑。科学技术从来没有像今天这样深刻影响着国家前途命运，从来没有像今天这样深刻影响着人民生活福祉。世界正面临"百年未遇之变局"，我们再也不能错失机遇。在新一轮科技革命和产业变革大势中，科技创新作为提高社会生产力、提升国际竞争力、增强综合国力、保障国家安全的战略支撑，必须摆在国家发展全局的核心位置。

二、世界农业深度变革

面对粮食与食品安全、能源与资源安全、生态与环境安全、全球气候变化、网络信息安全、重大自然灾害、传染性疾病和贫困等一系列重大全球问题和风险挑战，伴随着新一轮科技革命与产业变革的深度"演化博弈"，全球农业科技创新空前活跃，世界农业发生了深刻变革。

农业是世界和平与发展的重要保障，是构建人类命运共同体的重要基础，关系人类永续发展和前途命运。从人们的传统认知上来看，农业具有提供农副产品、促进社会发展，保持政治稳定、传承历史文化、调节自然生态、实现国民经济协调发展等功能。随着经济社会的进步，整体产业演进对农业功能拓展的要求逐步增强，农业更多的功能不断被挖掘出来。对营养与健康的永恒追求，使得人们持续关注食物安全与食品安全；实现碧水蓝天，再造秀美山川，更加需要生态维系与修复，促进人与自然的和谐；水土资源和农村劳动力的日趋短缺，对资源节约型、环境友好型的农业生产方式提出了迫切需求。

现代农业已经突破了传统农业主要从事初级农产品生产的历史局限，不断向食品制造、新型农药、生物能源、海洋农业、设施工程、信息装备等领域拓展，并肩负起开发清洁能源、修复生态环境、建设美好乡村等新的历史使命。农业进入了效益导向、链条延长、功能融合、业态拓展的新阶段。人民群众对美好生活的向往，产生了对农业发展、农村建设更多的新期待，农业农村的"生产"功能急需提质，"生活"功能急需拓展，"生态"功能急需提升，"文化"功能急需丰富。科技成为现代农业发展的内生驱动力，多功能、多层次、宽领域、跨界融合的农业产业化和高质量发展对科技需求正由注重增产向注重提质增效转变，由单一技术需求向整体解决方案转变（图1-1）。

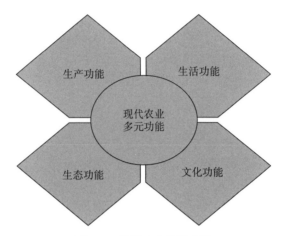

图1-1 现代农业多元功能

当前世界农业面临着诸多制约因素，且多重制约因素相互叠加，形成了严峻的全球性新挑战（图1-2）。

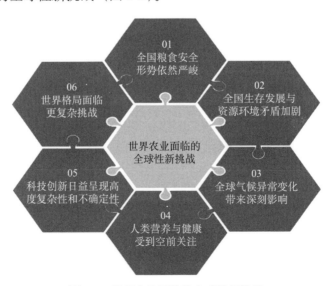

图1-2 世界农业面临的全球性新挑战

一是全球粮食安全形势依然严峻。世界人口持续增长、老龄化问题严重,粮食安全面临着前所未有的压力。《世界人口展望报告》预测,2050年左右全球人口超过 90 亿,21 世纪末突破 100 亿大关。全球粮食产量应增加 70% ~ 100% 或者更多,才能满足需要,提高单位面积粮食产量是保障粮食供给的唯一有效途径。联合国粮农组织报告显示,今后粮食增长的 80% 将依赖单产水平的提高,而单产提高的 60% ~ 80% 来源于良种的贡献。

二是全球生存发展与资源环境的矛盾加剧。全球淡水资源短缺日趋严重,约 1/4 的人口面临"极度缺水"危机。随着人口持续增长,全球每年增加的淡水需求量约为 640 亿立方米,用水形势严峻。随着传统化石能源(煤、石油、天然气等)的消耗不断加剧,能源枯竭和短缺问题日益严重,地球生态环境不断恶化,自然灾害加剧,对农业生产影响巨大。解决资源环境危机最为直接有效的办法,就是依靠科技创新提高农业效率和资源可持续循环利用。

三是全球气候异常变化给农业带来深刻影响。全球气温并非直线持续上升,可能存在冷暖交替的周期,全球气候异常使世界各国的生存和生态环境发生不可逆的变化,会给农业带来广泛、深刻和长远的影响。农林生态系统的改变,干旱、洪涝、冰冻雨雪、地震、海啸等极端天气和灾害多发频发,加剧资源危机、能源危机和环境危机,直接影响了农业生产的有效供给。为应对气候变化,世界各国正在依靠科技进步加强研发绿色低碳技术,创新可持续生产方式转变。

四是人类营养与健康受到空前关注。世界主要国家快速的经济发展和食物供应的成倍增长并没有带来理想的健康水平的提高,营养失衡与营养不良并存,与膳食、营养密切相关的慢性非传染性疾病对人们健康的威胁日益突出。联合国粮食及农业组织资料显示,全球约有 20 亿人正遭受营养缺乏或者不平衡造成的隐性饥饿的困扰。食品营养健康已成为国际社会关注的人类发展主题。通过创新驱动,创制优质营养、安全健康、方便特色、高效低碳、智能绿色的新型食品将是食品产业未来重要发展方向。人们对高品质农产品的多样化需求更加强劲,营养与健康关系更趋密切,系统健康理念对农业科技提出新要求。

五是科技创新日益呈现高度复杂性和不确定性。创新活动网络化、复杂化和互动化发展趋势越发突出，颠覆性创新呈现几何级渗透扩散，以革命性方式对传统产业产生"归零效应"；人工智能、基因编辑、合成生物学等新技术将催生新的生命科学系统，可能对就业、社会伦理和安全等问题带来重大影响和冲击，对人类生产方式、生活方式乃至思维方式将产生前所未有的深刻影响。

六是世界格局面临更复杂挑战。世界格局正在由"一超多强"朝着"多极化"快速演进，世界多极化和非西方力量的上升是时代前进的方向，地区主义和区域主义盛行，地缘政治热点博弈复杂激烈，全球经济放缓和"孤岛化"趋势加强，下行风险逐渐上升，世界格局不稳定性、不确定性更突出。

面对新挑战，传统技术已显得力不从心，迫切需要新一轮农业科技革命。世界各国纷纷出台关键共性技术、前沿引领技术、现代工程技术、颠覆性技术创新为核心的科技发展新战略，谁抓住了变革先机，就意味着谁掌握了未来发展主动权。

三、我国农业科技创新站在了历史的新起点

1. 党中央国务院始终高度重视农业和农业科技创新

我国是农业大国，农业人口数量巨大，具有广大的耕地面积和悠久的农耕文明。农业一直是我国国民经济的命脉，是安天下、稳民心的战略产业，农业的发展直接关系着社会的稳定与发展。保障粮食安全始终是国计民生的头等大事！中国人的饭碗任何时候都要牢牢端在自己的手上！习近平总书记始终从全局和战略高度看待"三农"问题，把解决好"三农"问题放在巩固党的执政基础、实现"两个一百年"奋斗目标的大局中来谋划推动。

习近平总书记多次指出，"中国现代化离不开农业农村现代化，农业农村现代化关键在科技、在人才。""要把发展农业科技放在更加突出的位置，大力推进农业机械化、智能化，给农业现代化插上科技的翅膀。""农业现代化关键在科技进步和创新，要立足我国国情，遵循农业科技规律，加快创新步伐，努力抢占世界农业科技竞争制高点，牢牢掌

握我国农业科技发展主动权，为我国由农业大国走向农业强国提供坚实科技支撑。"我国是个人口众多的大国，解决好吃饭问题始终是治国理政的头等大事。要坚持以我为主、立足国内、确保产能、适度进口、科技支撑的国家粮食安全战略。我们的饭碗应该主要装中国粮，一个国家只有立足粮食基本自给，才能掌握粮食安全主动权，进而才能掌控经济社会发展这个大局。""农业出路在现代化，农业现代化关键在科技进步。我们必须比以往任何时候都更加重视和依靠农业科技进步，走内涵式发展道路。"

《中国共产党农村工作条例（2019）》明确指出："三农"问题是关系国计民生的根本性问题。坚持把解决好"三农"问题作为全党工作重中之重，把解决好吃饭问题作为治国安邦的头等大事，坚持农业农村优先发展，坚持多予少取放活，推动城乡融合发展，集中精力做好脱贫攻坚、防贫减贫工作，走共同富裕道路。在当前国内外复杂多变的形势下，更需要守好"三农"这个战略后院，发挥农业农村稳定器、压舱石的作用，为经济健康发展和社会大局稳定增添底气。

中央1号文件已成为中共中央重视"三农"问题的专有名词。中共中央在1982年至1986年连续5年发布以农业、农村和农民为主题的中央1号文件，对农村改革和农业发展作出具体部署。2004年至2020年又连续17年发布以"三农"为主题的中央1号文件，强调了"三农"问题在中国社会主义现代化时期"重中之重"的地位。自2006年1月1日起我国废止《农业税条例》，取消除烟叶以外的农业特产税，全部免征农业税，延续了2 600多年的"皇粮国税"走进了历史博物馆。

新中国成立以来，党中央国务院始终高度重视农业科技创新工作。1956年1月，中共中央发起"向科学进军"的号召。由国务院科学规划小组制定了《1956—1967年全国科学技术远景发展规划》，这是国家正式制定的新中国成立以来的第一个科技规划，它标志着新中国科技规划的正式诞生。至今，国家已制定了15个国家科技远景规划、长远规划和五年规划，均将农业科技作为重点进行了部署，并专门制定了《农业科技发展纲要（2001—2010）》等4个农业科技专门规划。通过一系列发展规划，从不同层面为农业科技制定目标、明确措施，引领调整农业结构、提高农业效益、增强国际竞争能力、改善农业生态环境的发展方向，推进农业可持续发展。

1982 年国家正式出台了《"六五"国家科技攻关计划》，成为我国第一个综合性和操作性的科技计划。此后，国家又先后设立了"国家高技术研究发展计划（863 计划）""星火计划""国家自然科学基金""国家重点基础研究发展计划（973 计划）""国家科技支撑计划"等科技计划。各计划之间相互补充，形成有机整体，构成了国家科技计划体系。进入"十三五"，新一轮科技体制改革，整合重构形成了"国家重点研发计划""国家自然科学基金"等新科技计划体系。在所有的国家科技计划中，农业都是支持的重点之一。通过历年国家科技计划的支持，农业科技在植物分子设计与品种创制、动物分子与细胞工程育种、农业生物制剂创制、数字农业装备、食品制造与安全、农业生境修复、生物质高效转化等方面均取得了一系列重要进展和重大成果，显著提升我国农业高技术的创新能力和水平，为引领我国现代农业高质量发展和培育战略性新兴产业提供有力科技支撑。

2. 我国农业科技的发展与现状

我国传统农业在世界文明史上曾长期领先其他国家，实现了几千年的持续发展。我国是世界上最大的农作物起源中心，许多农作物都是我国古代劳动人民最早从野生植物培植选育而成；我国是世界上原始畜牧业的发源地，夏代以前就已经饲养猪、牛、羊、鸡、犬等家畜和家禽；我国先民周代就掌握利用微生物和酶加工食品的技术；《神农》《吕氏春秋》《氾胜之书》《齐民要术》等我国古代具有相当科学水平的农业科学巨著，表明我国农业生产知识很早就开始系统化和理论化。

近代以来，我国错失了多次科技革命和产业革命的机遇，用世界农业先进技术的尺度来衡量，我国农业落后了很多。新中国成立时，我国科学技术开始重建，农业科技经历了三个发展阶段。第一个阶段（1949—1978 年），重点推进农业水利化、化学化、机械化、电气化，发展农业，保障供应，为工业化提供资本积累。第二个阶段（1979—2000 年），大力推进丰产技术和高新技术的创新与推广，提高农业生产能力，提高农民收入。第三个阶段（2001 年来），围绕农业现代化和新农村建设，着力建设新型农业科技创新体系，为农业生产、农村生态、农民生活的现代化提供科技支撑。经过这三个阶段的发展，我国农业科技队伍不断壮大，农村科技创新体系、农村科技服务体系逐步建立和完善，涌现出了一大批重大科技成果，农业科技应用水平不断提高，农村生产力不断解放和发展，农业生产越过了长期短缺阶段，用不到世界9%的可耕地面积和6.4%的淡水资源养育着世界近1/5的人口，呈现出总量大体平衡、丰年有余、阶段性的供过于求和供给不足并存的新格局，实现了由"吃不饱"到"吃得饱"，并且"吃得好"的历史性转变。

经过多年积累和发展，我国科技创新水平已显著提升，成为具有重要影响力的科技大国，科学技术事业正处于历史上最好的发展时期，也比历史上任何时期更接近世界科技强国目标。改革开放以来，特别是"十二五"以来，我国农业科技创新也站在了历史的新起点。2019年我国农业科技进步贡献达到了59.2%，主要农作物良种覆盖率超过96%，良种对我国粮食增产贡献率达43%。水稻、小麦、玉米3大主粮自给率常年保持在95%以上，全国粮食作物单产达到375千克/亩[①]；肉类、禽蛋、水产、蔬菜、水果、茶叶、啤酒等产量长期位居世界第一。主要农作物耕种收综合机械化率达到67%；全国耕地灌溉面积达10.2亿亩，农田有效灌溉面积占比超过53%，农田灌溉水有效利用系数提高到0.55以上；主要农产品加工转化率超过65%，农产品加工业与农业总产值比达2.2∶1。农业科技主要创新指标跻身世界前列，科研人员规模位居世界首位，国际科技论文数量连续多年稳居世界第2位，农业学科论文被引次数从第8位升至第2位，品种权申请量位居世界第一。作物功能基因组、杂交优势利用、新品种选育、动物疫苗、抗虫棉等一批标志性成果保持国际领先地位。应用现代技术、设施、装备武装传统农业，共享农机、北斗导航无人驾驶农机等新业态不断涌现，助力农业生产方式转变，农业现代化、绿色化发展水平不断提高。国家重点实验室、国家工程技术研究中心、产业技术创新战略联盟、重大科学工程、国家农业高新技术产业示范区、国家农业科技园区等农业科技基地、平台建设不断推进，农业科

---

① 亩为非法定计量单位，15亩=1公顷。

技支撑能力显著增强。

综合来看，我国农业科技创新能力持续提升，为保障国家粮食安全、促进经济社会发展和国家长治久安奠定了坚实的物质基础。2019 年农业科技领跑、并跑比例分别达到 10% 和 39%，总体实现了从跟跑到领跑、并跑、跟跑"三跑并存"，成为世界上具有影响力的农业科技大国，进入从量的积累到质的跃升、点的突破到系统能力提升的历史新阶段。

3. 我国农业科技存在的主要问题

与此同时，我国农业发展也遇到了农业劳动生产率、土地产出率、资源利用率低等瓶颈问题，承受着农产品结构单一和销售不畅的双重困局、成本抬升和价格下压的双重挤压、资源短缺和环境污染的双重约束。如图 1-3 所示，我国农业科技创新仍然存在着诸多主要问题。

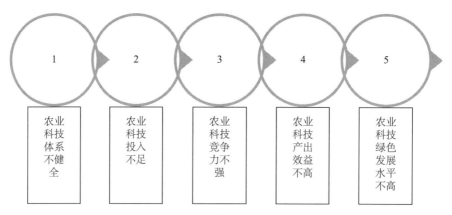

1-3 我国农业科技存在的主要问题

一是农业科技体系不健全，突出表现在创新主体不强和市场体制不健全。2019 年底全国高新技术企业 22.5 万家，涉农高新技术企业 8 920 家，仅占全国高新技术企业的 4%，新三板上市企业中农业企业占比不足 6%。农业企业创新能力薄弱，农业标志性成果中绝大多数第一完成单位为院校。从科研成果到应用推广再到解决问题的转化不力、不顺、不畅，实现小农户与现代农业发展有机衔接的农业科技社会化服务尚未形成完整的体系。

二是农业科技投入不足，突出表现在总量不足和结构不合理。农业研发投入仅占全国总研发投入的 2% 左右；农业研发投入占 GDP 比例仅为

0.5%，远低于 2.18% 的全国平均水平；我国农业研发投入中，企业投入占比约 30%，远低于 75% 的全国平均水平。

三是农业科技竞争力不强，突出表现在科技供给水平低和原始创新动力不足。我国农业科技大部分仍处于跟跑，整体竞争力不强。高水平创新人才不足，特别是科技领军人才匮乏。我国农业科技成果处于实验室阶段、中试阶段和产业化阶段的比重分别为 41%、44% 和 15%，而发达国家分别为 13%、24% 和 63%。我国农业科技原始创新动力不足，畜禽核心种源对外依存度高，重大装备等关键核心技术对外技术依存度高达 90% 以上，基因编辑、性别控制、基因聚合、生物合成等高端生物技术与国外先进水平存在明显差距，知识产权与市场竞争日趋白热化。

四是农业科技产出效益不高，突出表现在劳动生产率和土地产出率低。我国农业劳动生产率仅相当于国内第二产业的 1/8、第三产业的 1/4 左右，约为世界平均值的 47%、高收入国家平均值的 2%、美国的 1%。我国农林牧渔土地产出率为 4.89 万元/公顷，仍有待提高。我国农产品生产成本逐年增加，收益逐年下降，国内批发价持续高于进口到岸税后价，且价差不断拉大。大豆等重要农产品的对外依存度较高，产业安全堪忧。

五是农业科技绿色发展水平不高，突出表现在化肥农药等资源利用率低。我国耕地面积约占世界的 9%，却消耗了全球 35% 以上的化肥和农药。农业面源污染排放成为环境治理的重点领域。农业资源过度利用，影响农业生态环境，制约农业可持续发展，也是影响农产品质量安全和人民群众身体健康的重要因素。

恩格斯曾说："社会一旦有技术上的需要，则这种需要就会比十所大学更能把科学推向前进。"新时期我国农业既面临着迎头赶上新科技革命、实现农业跨越式发展的千载难逢的历史机遇，又面临着差距拉大的严峻挑战。我国经济发展已由高速度增长阶段转向高质量发展阶段，科学技术发展已经走过奠基时期和创业时期并开始进入创新时期。国际战略环境也发生了重大变化，以争夺发展主导权为特征的科技竞争日趋激烈，国际竞争与合作并存、交流与限制并存，形成非常复杂的态势，并且具有长期性和日益严峻性。实现传统农业向现代农业的跨越，必然要在农业科学研究与技术开发上取得重大突破，促使先进适用技术及时充分地应用到农业生产中去，加速科学技术、特别是新技术全面向农业渗透，大幅度提高农业科技整体水平，实现农业生产力水平质的飞跃。在这种形势下，助力创新驱动发展战略和乡村振兴战略的实施，实现农业和农村经济的高质量可持续绿色发展，必然要推进新的农业科技革命。

四、新农业科技革命桅杆显现

科学技术发展周期是科技随实践发展而发展的规律。科技进步迭代演进的推动力和现实与潜在需求的拉动力，双重互动作用，形成的合力是科技到实践发展最根本的宏观动力，决定着其螺旋式发展的结果。在不同的时代、具体条件和要素影响下，科技进步迭代演进推动力和现实与潜在需求拉动力这两者的作用大小会有所不同。科学技术的发展表现为渐进与飞跃两种基本形式的辩证统一。渐进形式是科学技术的一般进化，即人类对客观世界的认识和改造没有突破原有的规范和框架，只是原有规范和框架的局部修正或者拓宽和深化。科学发展的飞跃形式是科学技术革命。当在某一历史时期，科技进步迭代演进推动力和现实与潜在需求拉动力两者合力作用由量变达到质变时，就引爆了科技革命。每一次科技革命不仅促使了劳动生产力极大发展，还使社会发展的主体——人的能力得到巨大提高。科技革命和人的各种实践活动使得人的存在方式、发展条件和世界面貌发生了天翻地覆的变化。

值得注意的是，科学技术的产生和发展更多是由社会生产决定的，科技进步迭代演进推动力只有在现实与潜在需求拉动力的作用下，才能更好地形成现实生产力。人类发展的历史经验表明，科学革命、技术革命、产业革命和社会变革必然交织在一起，科学革命、技术革命在一定的历史条件下引起产业革命，推动生产力的飞跃发展和产业结构的重大调整。在实践发展转化为科学发展的过程中，抓住改革生产实践和与之相适应的技术环节，可争取到准确的、较高的研究起点，从而可能迅速地导致某一学科领域的科学突破；在科学随实践发展的过程中，充分重视技术的作用并优先发展，就可能加速得到科学整体上的发展，并使生产实践得以全面提高。新一轮科技革命、产业变革与各国经济社会转型和发展形成历史交汇，大科学的跨界融合特征更加突出，科技与经济社会更加协同共生、融合发展。

农业科技革命亦是如此。科学技术作为第一生产力，对农业产业现代化的推动作用更是显而易见。现代农业科技发展为解决粮食安全、减少世界贫困人口和推动农村发展做出了历史性的贡献。农业科技的每次进步都给农业这一古老产业带来了新的生机与活力。世界农业科技创新驱动农业的发展历程从农业 1.0 到农业 4.0 的演变，引领农业迎来第四次革命，步入了 4.0 时代。

农业 4.0 是下一代农业，是以物联网、大数据、人工智能、机器人等技术为支撑和手段的一种高度集约、高度精准、高度智能、高度协同、高度生态的现代农业形态，是继传统农业、机械化农业、自动化农业之后的更高阶段的农业发展阶段，即智能农业。随着人工智能和机器人技术的发展，人类社会改造自然的工具也开始发生革命性的变化，其中最重要的标志是劳动工具智能化。随着 5G、6G 和下一代通信的实现，将带来极高的网速、极低的时延、极密的连接，这让智能万物互联农业成为可能。生物技术和信息技术的交叉融合成为农业发展的新引擎，推动着农业常规技术的效率革命和全面升级，突破了传统农业生产过程完全依赖自然条件的约束，开辟了实现农业由资源依附型传统农业向高质量现代农业发展转变的新途径，成为现代农业发展的不竭推动力。下一代生物技术和智能技术更是通过颠覆性、革命性变革，使这一转变进入了快车道。

以智能农业为特征农业 4.0 发展模式的特点包括知识化、信息化、智能化、精准化、生态化、绿色化、自然化、多样化、订单化、立体化、工厂化、国际化和生物技术的普遍应用等，生产装备化、装备数字化、监管网络化、决策实现智能化和作业无人化能够升级农业生产、经营、管理、服务的技术装备和生产方式，将潜在的生产能力挖掘出来并有效提升，这将是未来农业生产实现持续健康发展的有效途径。农业生产将更多的应用智能互联、物联网、大数据、电子商务等互联网技术，有效摆脱自然灾害的因素，不再束缚于土壤种植的约束，使农业作业更加生态化、智能化、都市化、自由化。人类可以更低的成本、更优化的资源结构、更好的流通环节，从大自然中获取健康的、干净的、可持续的食物及美好的事物。随着信息科学、生命科学、能源科学和材料科学等若干新兴学科发展，不断突破新的前沿以及学科交叉融合，催生前沿技术迅速发展，引领农业产业的新变革，拉开了新一轮农业科技革命的序幕。

当前，世界农业仍处于传统农业与现代农业并存阶段，在总体上，实现由传统农业向现代农业转变的同时，现代农业将向更高层次发展。我国在历次农业科技革命中，抓住了第一次农业科技革命先机，创造了灿烂的中华农耕文明，但错失了第二次农业科技革命，赶上了第三次农业科技革命的尾巴，目前处于传统农业、机械化农业、信息化农业和智能农业相互叠加，智能化、社会化、生态化和一二三产业融合发展势不可挡，农业农村科技供给能力、水平和质量直接影响到政策、技术、市场、资本、人才、土地和生态等要素集聚程度，直接关系到农业农村可持续发展、农产品质量与食品安全。

未来农业将以保障人类需求和农业可持续发展为目的，以下一代前沿生物技术和智能技术颠覆性融合的高新技术为支撑，不断催生出颠覆性技术、颠覆性产品，有可能从根本上改变现有的技术路径、产品形态和商业模式，实现农业生产精准智能、安全高效、健康优质、绿色可持续发展，以更低的成本、更环保的生产方式、更高效的资源利用效率生产更充足、更健康、更绿色的农业产品、业态和服务，并维持和提升农业的可持续发展潜力。新农业科技革命的桅杆已经显现，重大科技进步将对农业业态产生重大变革，其广度、深度和颠覆性将远远超过我们的想象，将深刻改变世界农业的面貌。

新农业科技革命序幕已拉开。根据我国农业科技实际情况，按照科技进步迭代演进推动力和现实与潜在需求拉动力双重作用的科技发展规律，我们必须紧紧抓住新一轮农业科技革命的关键点，比以往任何时候都要更加重视和依靠农业科技进步，坚持科技创新和制度创新"双轮驱动"，完善农业科研制度，推进农业科技创新治理体系和治理能力现代化，推动一二三产业深度跨界融合，实现农业农村现代化，走内涵式发展道路，让农业成为有奔头的产业，让农民成为令人羡慕的职业，让农村成为安居乐业的家园。

五、开展新农业科技革命研究恰逢其时

在历次科技革命中，我国错失了多次科技革命的机遇。当今世界，正以百年未有之大变局的态势，推动着全球格局之变、增长方式之变、文明演化之变与科教发展之变，特别是科技创新对推动经济社会发展和增强国家力量的重要性被提到前所未有的高度，人工智能、大数据、合成生物学、基因编辑等颠覆性技术竞相涌现，加速了生命智能增强时代的到来。我国经济发展进入了新时代，处于高速增长阶段转向高质量发展阶段。我们必须清醒认识到，有的历史性交汇期可能产生同频共振，有的历史性交汇期也可能擦肩而过。中国再不能与其失之交臂，中国必须要抢抓机遇，前瞻布局，以期在新一轮科技革命中赢得主动。

如果说新中国 70 年，尤其是改革开放 40 年，我国农业取得巨大成就离不开科技进步，那么未来中国农业和农村经济社会的发展必将更多地依靠科技创新，最关键就是紧紧抓住新一轮农业科技革命的机遇。每一次农业科技革命，都会引起农业生产发生质的飞跃。没有农业科技革命，就不可能顺利完成调整农业经济结构的艰巨任务，提高农业和农村经济的效益；没有农业科技革命，就不可能应对全球化的挑战，顶住国内国外两个市场的压力，在世界农产品市场上占据一定的位置；没有农业科技革命，就不可能克服资源和环境的制约，实现可持续发展；没有农业科技革命，就不可能实现农业和农村经济由数量规模型向质量效益型的转变，使农业和农村经济由外延式发展转移到依靠科技进步和劳动者素质提高上来；没有农业科技革命，就不可能使我国的农业和农村经济跃升到一个新台阶；没有农业科技革命，就不可能使农业率先实现现代化。

农业系统是复杂的系统，已经很难再依靠"点"上的技术突破实现整体提升。新的农业科技革命就是要使农业科学研究和技术开发取得颠覆性重大突破，通过体制创新，极大地提高我国农业科技革命的创新能力，提高科技对农业和农村经济的贡献率，提高创新效益，使先进适用技术及时、充分地应用到农业生产中去，使各个领域科学技术特别是高新技术全面向农业渗透，通过农业科学技术的跨越式发展，提高农业科

技整体水平，带动农业生产力水平的全面提高。

毛泽东在《星星之火，可以燎原》一文中写道："我所说的中国革命高潮快要到来，决不是如有些人所谓'有到来之可能'那样完全没有行动意义的、可望而不可即的一种空的东西。它是站在海岸遥望海中已经看得见桅杆尖头了的一只航船，它是立于高山之巅远看东方已见光芒四射喷薄欲出的一轮朝日，它是躁动于母腹中的快要成熟了的一个婴儿。"新农业科技革命的桅杆已经显现，我们即将看到极速驶来光芒四射的航船。

发展是硬道理。发展必须依靠科学技术的创新，进行一场新的农业科技革命。形势逼人，挑战逼人，使命逼人。站在新中国成立70周年这个新的历史起点上，为顺应时代潮流，把握新农业科技革命大势，抢占新一轮先机，引领建设世界科技强国"三步走"农业科技发展方向，描绘我国创新驱动现代农业高质量发展蓝图和道路，肩负起历史赋予的重任，开展《论新农业科技革命》研究，意义重大，恰逢其时。

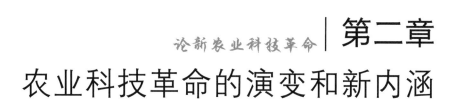

| # 第二章
农业科技革命的演变和新内涵

  科技革命是人类对客观自然规律的认识突破和技术突破，是经济社会发展和科技进步共同作用下的产物。一方面源于特定发展阶段下人类对未知世界的积极探索，形成内在推力，另一方面是科技革命支撑引领生产力发展产生重大飞跃，形成对科技发展的外在拉力，二者形成良性发展循环。科技革命产生的重要科学理论方法发现、重大技术发明创新能够转化为强大的生产力，使得科技革命的兴起成为人类社会发展的必由之路。

  科技革命对科学技术和产业发展的影响是全面的、根本性的，甚至是颠覆性的。纵观工业革命以来的世界历史，每一次科学技术的大飞跃都推动了经济社会的大发展。当前，世界上大多数国家都分享着历史上科技革命和工业革命带来的科技文明成果，应用在经济社会发展的方方面面，这充分体现了科技革命和产业革命对人类经济社会发展的跨越式推动发展。同时应该清醒地看到，尽管当今社会科技发展突飞猛进，但是当前人类利用的科学理论和技术成果很大部分是历史上科技革命和工业革命的成果，新的革命性的理论和发明正在孕育，从量变到质变的蜕变正在潜移默化地进行。

人类历史上已发生的科技革命和工业革命主要集中在对能源、信息、生物利用方式的根本性变革。无论是蒸汽机、内燃机、电力、核能，还是计算机、通信、人工智能、转基因等技术突破，都紧密围绕能源、信息和生物三大主线发展。历次农业科技革命也都是围绕能源（机械动力装备）、生物（育种技术）、信息技术（智能化工具）的应用展开。面向未来，农业科技革命的重要地位愈加突出，围绕农业发展的学科交叉融合将会形成新的突破点，新的农业科技革命将注入更多新的内涵。

第一节　科技革命助力农业发展的作用关系

历次科技革命引发的产业革命都首先发生在工业领域，农业领域作为受科技革命辐射影响的细分领域，总体上滞后于科技革命的总体进程。农业的提升一方面受制于外在生产工具效率的提高和对生长环境的改良，另一方面受制于内在的生物品种自身性状的改良和提升。尤其是当生命科学还未占据主导地位的时候，农业的发展主要靠先进的生产工具改良和生长环境的提升。因此，总体上来说，农业科技革命依赖于科技革命整体进展，并成为科技革命的受益领域。

随着以生命科学为代表的农业新技术的蓬勃发展，以及信息技术、人工智能等各学科交叉融合的趋势日渐明显，农业科技革命一方面会受整体科技革命趋势和进程的影响，成为科技革命浪潮下的一部分；另一方面，它也会出现一些自身引领性的发展特征和趋势，从而有望在部分细分领域走在整个科技发展的前列。

（一）科技革命的发展与演进规律

人类近代历史上发生了五次科技革命（两次科学革命、三次技术革命）和三次工业革命。其中，科学革命是技术革命、工业革命和产业革命的先导和源泉，科技革命、工业革命及产业革命越来越呈现密不可分的趋势，从最初的生产实践指导到科学方法和理论指导，催生出科技的指数型增长，对社会生产力和社会关系产生了深远的影响。

1. 不同阶段科技革命的主要特征

从人类历史开端到第一次工业革命发生前这一阶段，人类经历了漫长的从农耕文明到科学萌芽阶段，科学和技术经历长时间缓慢的孕育和发展，最终技术逐渐形成主导力量，催生人类历史上划时代的科学、技术、工业革命。

第一次科学革命始于 16 世纪中叶，持续到 17 世纪末期。哥白尼学说、伽利略学说和牛顿力学等天文学、物理学理论的发现标志着近代科学的诞生。人类历史上首次科学革命开启了科学启蒙，构建了新的世界观和方法论，为未来的机械革命奠定了理论基础。

第二次科学革命发生于 19 世纪中后期至 20 世纪中叶，以进化论、相对论、激光、量子力学、高能粒子、DNA 与基因理论的突破为标志，深刻揭示了微观粒子、宏观宇宙、生命世界的本质和规律，成为现代科学的开端，促进了自然科学理论的根本变革，推动了 20 世纪绝大部分科技文明。

而第一次技术革命则始于 18 世纪中后期，以蒸汽机、纺织机、热力学理论、能量守恒定律等科学和技术发明为标志，尤其是蒸汽机的出现改变了人类利用能源的方式，引起机械工具革命，开启蒸汽机驱动的大工厂生产方式，引发人类历史上最伟大的工业革命。

第二次技术革命开始于 19 世纪中后期，以内燃机和电力的发明、电磁波理论的发现为标志，创造了电力与电气、汽车、石油化工等新兴产业，拓展了新兴市场，开启了现代化大工业时代。

第三次技术革命发生于 20 世纪中后期，以电子、计算机、半导体、自动化、信息网络技术为代表，人类进入信息革命时代，促进了经济全球化发展，知识进入大爆炸时代。

由于科学和技术天然内在的联系，人们将"科学技术"结合起来使用，将科学革命与技术革命结合起来，称为科技革命。研究历史规律可以发现，相邻的两次科学革命之间，总有一次技术革命的发生，而且该技术革命与相邻两次科学革命在时间上往往有一个重叠期。这表明每一次技术革命既是它前面科学革命成果的应用与检验，又是后面科学革命发生的源泉和基础。科学革命与技术革命是相互联系、相互作用，并在一定条件下相互转化的。

同样，科技革命的成果在工业领域上的应用，引发产业变革，造就人类历史上最为重要的三次工业革命。工业革命的发生真正地把科学、技术和产业发展连接在一起，并将人类科学和技术革命的进展和突破完完全全地展示在人们面前，产业发展和市场利润追求成为当今时代科学技术发展的重要动力。

第一次工业革命中，珍妮纺纱机、改良蒸汽机、蒸汽机车在工业领域大规模应用，以工匠精神和实践经验推动了重要发明创造，以实践和市场驱动为特征完成技术突破到产业发展，技术在人类历史上第一次支撑人类划时代的生产方式大变革。这一时期英国成为工业强国，中国则错失良机逐渐衰弱。

第二次工业革命以电动机和内燃机的发明和使用为重要标志，主要体现在动力和信息两大领域。在科学理论和方法指导下形成重要技术突破，科学家和科学理论成为技术创新的主角，形成以科学理论指导技术创新为特征，对工业生产力的全面创造，支撑和开辟了科技与经济互相促进的大工业时代。德国和美国成为第二次工业革命的中心，而英国等传统国家丧失优势地位。

第三次工业革命以原子能技术、航天技术、电子计算机技术的应用为代表，还包括人工合成材料、分子生物学和遗传工程等高新技术。这次工业革命是信息技术引领的全面革命，完全是以科学为基础的技术发明和创新，催生了新兴的"知识工业"部门的大发展，引起产业结构的新变化。这次工业革命完全由科技创新支撑引领人类进入信息社会新时代，实现人类的跨越式发展。这一时期涌现出很多杰出的科学家，加速了科技发展进程，完成以学科交叉融合助力产业发展的价值提升。美国引领第三次工业革命，人类进入创新驱动的知识经济新时代。这次工业革命既是由于科学理论出现重大突破，一定的物质、技术基础的形成，也是由于社会发展的需要，特别是第二次世界大战期间和第二次世界大战后，各国对高科技迫切需要的结果。

从两次科学革命、三次技术革命和三次工业革命发展历程来看，随着时代发展，科学对技术的依赖性越来越强，出现"科学技术化"的趋势。同时，技术也更加科学化，更加依赖科学理论方法指导。科学和技术是互为前提、互为依靠的，因此科学革命和技术革命的界限越来越模糊，从科学理论和方法到技术发明创造的时间也不断缩短，尤其是产业发展需要成为技术应用的主要拉动力量，从科学理论到技术发明，再到技术应用与产业发展，整个周期不断缩短，形成部分叠加和迭代。

2. 科技革命的主要驱动力

总结历次科技革命兴起的原因，主要包括：一是科技发展的质变和突破创造原生推力；二是产业发展和资本对利润的追求成为科技革命的持续拉力；三是国家之间日益激烈的竞争需要提供外部动力；四是各国有利的创新环境助力科技本身取得重大突破；五是资源环境日益紧迫的约束和限制倒逼人类实现创新驱动可持续发展。

科技进步迭代演进的推动力和现实与潜在需求的拉动力，双重互动作用，形成的合力是科技到实践发展最根本的宏观动力，决定着其螺旋式发展的结果。在不同的时代、具体条件和要素影响下，科技进步迭代演进推动力和现实与潜在需求拉动力这两者的作用大小会有所不同。科学技术的发展表现为渐进与飞跃两种基本形式的辩证统一。渐进形式是科学技术的一般进化，即人类对客观世界的认识和改造没有突破原有的规范和框架，只是原有规范和框架的局部修正或者拓宽和深化。

科学发展的飞跃形式是科学技术革命。当在某一历史时期，科技进步迭代演进推动力和现实与潜在需求拉动力两者合力作用由量变达到质变时，就引爆了科技革命。每一次科技革命都不仅促使了劳动生产力极大发展，还使社会发展的主体—人的能力得到巨大提高。科技革命和人的各种实践活动使得人的存在方式、发展条件和世界面貌发生了天翻地覆的变化。

（二）科技革命与农业科技发展

自第一次科技和工业革命后，人类社会从几千年的农业文明过渡到了近现代工业文明。每一轮科技进步和生产工具上的重要突破和变革，都将农业发展推上新的台阶，农业作为人类赖以生存和发展最基础产业地位随着科技革命的发生而不断增强。

1. 科技革命对农业的影响

从远古到古代，从近代到现代，从刀耕火种的传统农业到信息化和智能化的现代农业，科技的每次突破都带来农业的根本进步，其直接因素是科学上的重大理论和技术突破催生农业技术革命，引起农业生产方式发生根本性的变革。因此，科技革命是农业科技革命的基础和支撑，二者的发生并不同步，通常科技革命成果对农业的影响相对滞后。由于农业生产方式较为分散，农业科技革命具有自身特点。

首先，农业科技革命往往从属并滞后于科技革命。农业科技革命的发生不是单独的，是作为科技革命的一部分并且伴随着科技革命的发生而发生。从历次科技革命、工业革命以及产业革命发生的时间和关系上来看，前两次农业科技革命普遍滞后于科技革命的总体发展历程，成为科技革命成果在农业领域的应用过程，从属于整个科技革命发展历程。第三次农业科技革命中，由于生命科学和农业科学自身的快速发展，与农业直接关联的学科开始与其他学科保持同步，不同学科间交叉和融合使得农业发展突破，从而带动农业科技革命与科技革命的历程近似同步起来。

科技革命引起整个社会生产力发生重大变革，而只有科技革命中出现与农业有关的新技术进步，才会直接引发农业生产方式的突破，从而引发农业科技革命。例如，转基因、基因编辑等生物技术发展引起生物育种革命，信息和通信技术突破为农业信息化提供了重要工具。

其次，科技革命成果在农业领域的应用是由被动到主动提升的过程。科学革命的成果在技术和产业领域的运用，需要一定的触发机制。同样，科技革命的成果在农业领域的应用引起农业科技革命也需要一定触发机制。前两次农业科技革命更多的是被动跟随整个科技革命的大趋势，由其他领域传播的通用技术渗透到农业领域，引起外在工具及要素的迭代和提升。

第三次科技革命以来，农业作为最基础和最传统的产业，越来越受到重视，成为具有前景的产业。以生物技术、基因技术、信息技术等为代表的农业科技逐渐兴起，并走到科技发展的前沿，科技对农业的主动改造提升活动日益活跃，形成农业科技革命的主动力。

2. 交叉融合技术创新引发新农业科技革命

随着时代的进步，信息、生物、能源等领域突破的先兆愈发明显，以智慧、绿色和普惠为特征的新产业蓄势待发。以人工智能（AI）、脑机接口、量子信息、区块链、5G移动通信、物联网（IOT）、大数据、传感器技术等为代表的新一代信息和智能技术，以合成生物学、基因编辑、脑科学等为代表的前沿生命科学和生物技术，以酶工程、发酵工程、转化与催化、营养与健康技术等为代表的生物工程技术，以3D打印、智能装备等为代表的先进制造技术等前沿新技术，与传统物理、化学、生命、机械等学科相结合，综合化与集成化渗透扩散，推动现代农业科技创新步伐显著加快，引领支撑现代农业形成新突破和新业态、新产业，生物育种、生物制品、生物反应器、现代食品产业等以农业前沿和颠覆性技术为核心的新兴产业喷薄而出。

此外，促使农业科技革命发生的外在因素主要表现在人口增长带来的粮食短缺、人力和自然资源限制等外在压力，社会资本的流动也进一步带动了农业科技革命的兴起。

（三）农业科技革命与农业产业内生增长

农业是具有悠久历史的传统产业，经过了上千年漫长的发展历程。与其他行业相比，农业具有生产周期长、受气候环境等外在因素影响大、投入回报率总体不高等突出的行业特点。农业发展除了受科技因素的影响，还更多的受自然资源和条件制约，科技不能改变所有影响因素，尤其是客观的自然规律和资源条件，它更多在作物本身、生产工具革新、生长环境改善等方面发挥重要作用。例如，生物育种技术带来作物性状提升，智能化机械提高农业生产效率，精准土壤营养改良和灌溉等技术改善生长环境等。

科技革命不仅为农业发展带来新的直接可应用的技术突破，也为农业产业革新带来新的理念和思路。尤其是与作物相关的生命科学技术，从根本上改变了作物育种，从源头上为农业的发展提供了科技支撑。此外，农业生产工具的革新和发展使得人类得以迅速提高生产效率，用较少的劳动力就能养活更多的人口，使得剩余劳动力得以进入二产和三产行业。最后，科技革命带来全方位的改变，彻底改变了农业生产方式，引发农业产业逐渐追赶工业发展，并吸收工业发展成果和经验，使得农业外在影响因素都可处在人类可控范围内。

在科技的主导和引领下，未来农业将以下一代前沿生物技术和智能技术颠覆性融合的高新技术为支撑，不断催生出颠覆性技术、颠覆性产品，有可能从根本上改变现有的技术路径、产品形态和商业模式，实现农业生产精准智能、安全高效、健康优质、绿色可持续发展，以更低的成本、更环保的生产方式、更高效的资源利用效率生产更充足、更健康、更绿色的农业产品、业态和服务，并维持和提升农业的可持续发展潜力。

第二节　不同阶段农业科技革命的特点

200多年前，英国经济学家马尔萨斯提出，人口按几何级数增长，而粮食等生存资料只能按算术级数增长，所以不可避免地要导致饥馑、战争和疾病。多增加的人口总是以某种方式被消灭掉，人口不能超出相应的农业发展水平。这就是困扰人类千万年的"马尔萨斯陷阱"。然而，几次科技革命和工业革命一次又一次创造了大量的物质财富，人类逐渐摆脱了饥荒、疾病及生存威胁。每一次科技和产业革命爆发时，"破坏式"地推动边际递减曲线右移，将经济增长率拉到一个更高水平，经济社会更繁荣。人口数量和科学技术形成正反馈系统，即人口越多，科技越发达；科技越发达，生产技术日新月异，生产力不断提高，可以养活更多的人口。

每一次工业革命间隔的时间大约是100年，重大技术红利维持时间为55年，经济维持在中高增长，然后持续递减，面临45年左右的低增长状态，直到下一次重大创新的到来。科学技术作为第一生产力，对农业产业现代化的推动作用更是显而易见。现代农业科技发展为解决粮食安全、减少世界贫困人口和推动农村发展做出了历史性的贡献。农业科技的每次进步都给农业这一古老产业带来了新的生机与活力。

因为人类的主动参与，农业从自然状态形成最初级阶段的原始农业，尤其是人类在农业生产过程中使用工具的水平直接决定了农业的发展水平。历次科技革命和工业革命为农业发展提供了先进的生产工具，直接带动有几千年历史的传统农业加快向现代农业方向发展。但由于同时期农业的发展相对工业要落后，科学革命、技术革命和工业革命的成果对农业的影响与工业并不同步。根据科技革命对农业技术的影响程度，以及生产工具对农业生产力的提升作用，可以看出，从传统农业、近代农业、现代农业到未来农业，每个阶段的进步都和工业化的农业生产工具息息相关，农业科技革命的最终目的是解放人的劳动力，减轻农业对资源和环境的依赖，提高投入和产出比。世界农业科技创新驱动农业的发展历程已经完成从农业 1.0 到农业 3.0 的演变，并引领农业迎来第四次革命，步入了 4.0 时代。

一、经验和工具支撑的传统农业阶段

农业 1.0 是传统农业，即人力与畜力为主的经验农业时代和小农经济时代。这一阶段以人力、畜力、手工工具为特征。技术革命体现在人类能够制作和使用金属制造的劳动工具，最为典型的特征是以手工工具以及借助畜力的自给自足生产方式。

金属农具和木制农具代替了原始的石器农具，铁犁、铁锄、铁耙、耧车、风车、水车、石磨等生产工具得到广泛使用；畜力成为生产的主要动力；此外，逐步形成一整套的农业技术，如选育良种、积肥施肥、兴修水利、防治病虫害、改良土壤、改革农具、利用能源、实行轮作制等。在相当长的时间内，农业技术状况长期保持不变，农民对生产要素的需求也长期不变，传统生产要素的需求和供给处于长期均衡状态。

传统农业在自然经济条件下，采用人力、畜力、手工工具、铁器等为主的手工劳动方式，靠世代积累下来的传统经验发展，以自给自足的自然经济居主导地位。传统农业是一种生计农业，农产品有限，家庭成员参加生产劳动并进行家庭内部分工，农业生产多靠经验积累，生产方式较为稳定。传统农业生产水平低、剩余少、积累慢，产量受自然环境条件影响大。

农业的产生是人类历史上最大的转折点。农业、畜牧业的产生，使人类的经济从旧石器时代以采集、狩猎为基础的攫取性经济转变为以农业、畜牧业为基础的生产性经济。人类从食物的采集者转变为食物的生产者。这一获得食物方式的转变，改变了人与自然的关系。农业和畜牧业的发生标志着人类对自然界认识的一个飞跃，标志着人类在生活资料的生产方面，从较多地依靠、适应自然转为利用、改造自然，要求人类更多地认识、改造自然界，利用自然资源为人类的经济服务。在农业生产的基础上，人们开始对日月星辰的活动、对水土的特点、气候现象进行观察，积累经验，从而产生初步的天文地理和数学知识，把人类对客观世界的认识推到一个新的高度。

二、机械化驱动的近代农业阶段

18世纪至19世纪中叶为农业2.0时代。农业2.0是近代农业，即机械和工业化农业时代。这一阶段农业科技革命催生了以机械化、良种、化肥、农药为特征的小规模农业。典型的特征是科技革命带来机械工业和现代化学工业的发展，提升了人的劳动效率，改善农作物生长环境，从而提高生产效率和农作物的产量。

借助第一次工业革命的成果，大量的机械工具、蒸汽机、无机能源应用到农业领域。人类社会的生产工具得到了革命性的发展，人类发明和使用了以能量转换工具为特征的新的劳动工具，从而极大提高了农业的作业效率和单位收成，从传统农业进入了机械化农业。

近代农业发展过程中，工业生产半机械化和机械化工具迅速普及使用，以及自然科学和农业科学成果在农业生产中发挥重要作用，极大地提高了农业劳动生产率，农业开始从自然经济转变为商品经济。良种化、机械化、工业化、化学化和市场化是这个时代农业的主要特点。18世纪英国成功设计了种子条播机、脱谷机、收割机、饲料配制机；19世纪内燃拖拉机的产生使畜力牵引为机械动力所替代，德国的齐德勒制成滴滴涕；20世纪合成氨、尿素、六氯环己烷、对硫磷等，化肥、农药工业长足发展。19世纪德国学者施来登、施旺创立了细胞学说，英国学者达尔文创立了进化论，奥地利生物学家孟德尔和美国生物学家摩尔根建立了遗传理论，俄国土壤学家道库恰耶夫发展了土壤学科。

由于农业的良种化、化学化、机械化的应用，使农业的面貌焕然一新。由此将 4 000 年的传统农业推进到近代农业，逐渐产业分化，形成专业化、社会化的商品经济结构，带来了 20 世纪农业的高速发展。但这个时代的农业也引发了土地化学污染、生态环境破坏、自然资源破坏、能源过度消耗等一系列严重问题。

三、工业化推动的现代农业阶段

19 世纪下半叶至 20 世纪末为农业 3.0 时代。农业 3.0 是现代农业，即信息和生物等现代科学技术为主要特征的农业。这一阶段农业科技革命以生物育种、智能农机、信息农业、生态循环等现代技术为核心，从利用生物技术改良育种，到生产过程全程自动化和信息化控制，再到整个农业建立起生态循环，达到提高作物产量、降低资源消耗、保持环境友好的最终目的。

同样依托工业技术的快速发展，生物技术、信息技术的突飞猛进，应用于农业生产，使得农业生产更加科学化、集约化、商品化和产业化。以生物技术与信息技术为主要代表的农业科技革命，将近代农业推进到现代农业，进入以现代科学技术为主要特征的农业，农业成果更加多品种、高品质、无公害，农业专业生产也向农工商一体化发展。

农业的知识化、信息化、生物化、生态化、多样化和国际化等是这个时代农业的主要特点。19 世纪后期，德国化学家李比希的农业化学研究和植物营养元素的发现，直接导致了化学肥料工业的出现，施用化学肥料的做法日渐普及，使传统的耕作技术发生了巨变。其后，由于合成化学的发展，使农药和除草剂被大量应用于农作物病虫害的防治，极大提高了农作物产量和抵御自然灾害的能力。在 19 世纪进化论和遗传学研究的基础上，20 世纪以来，科学家在动植物遗传方面做了大量的研究，特别是 1953 年沃森和克里克发现了 DNA 双螺旋结构，揭开了生物科学研究的新纪元。DNA 双螺旋结构的建立、遗传密码的破译和重组 DNA 的实现，打开了生命之谜的大门，引发了一场最重大的生命科学革命。在分子生物学的推动下，人们在分子水平上探讨了细胞组成及生物大分子的结构与功能关系，进而引发了20世纪70年代生物工程技术的问世，包括细胞工程、基因工程技术和细胞融合技术等在内的生物工程在农业的广泛应用推动了农业科技的快速发展。在上述理论和生物技术研究的基础上，农业在选育优良新品种方面取得了几次重大突破。美国的杂交玉米、墨西哥高产抗病矮秆小麦、菲律宾矮秆水稻均获得了巨大的成功，中国杂交稻的选育与推广又取得了划时代的巨大成就。20世纪50～60年代的"绿色革命"，辅之化肥、农药的应用，以及农业机械的推广，使世界谷物总产由1949年的6.78亿吨提高到2018年的25.87亿吨，基本上满足了人口由24亿增到75.94亿的需求，有效地解决了众多国家的粮食自给问题。

在作物育种方面，生物工程技术打破了传统的生殖屏障，克服了常规育种手段只能培育出品种间或种内杂交新品种的不足，实现远缘杂交。在防治农作物病虫方面，通过生物工程制成的微生物农药克服了长期使用化学农药带来的严重后果，如污染环境、危害畜禽健康、毒杀害虫天敌、破坏生态系统平衡以及不断提高的害虫抗药性等，显示出化学农药无可比拟的优越性。在畜牧业生产方面，最明显的进步是由遗传学带动的畜禽良种选育和人工授精方法。巴斯德在厌氧条件下制成了鸡霍乱杆菌弱毒疫苗，并接种给鸡，使其产生免疫力，他还用高温条件培养炭疽杆菌的方法，获得弱毒株，在畜禽传染病防控方面做出了开创性贡献。体细胞克隆、体外授精产生的试管家畜已经成为现实。胚胎移植、胚胎分割、胚胎性别鉴别等技术也广泛地应用于畜牧业生产中。盐渍土改良、节水灌溉、多熟制种植、地膜覆盖、重大病虫害综合防治等一批栽培管理技术的应用进一步提高了农业生产力。酶工程、发酵工程等高新技术的应用，推动了食品产业大发展；转化与催化技术的突破，使生物质能源大规模商业化成为可能。

工厂化农业集新材料技术、自动化技术等科学技术为一体，综合现代农业先进适用技术成果，达到农产品周年生产和供应的目的，并实现部分农产品的跨地域生产。工厂化农业技术的发展和广泛应用，使原本受制于自然、靠天吃饭的农业实现工厂化生产，不仅大大提高了单位面积作物的产量，同时也大幅度提高了劳动生产率和资源利用率。信息技术与农业机械、装备和设施深度融合，实现农业数字化、精准化和自动化生产。现代农业科技发展为解决粮食安全、减少世界贫困人口和推动农村发展做出了历史性的贡献。

现代农业萌发于资本主义工业化时期，兴起于第二次世界大战之后，在现代工业和现代科学技术基础上发展起来的。其主要特征是：一是广泛地运用现代科学技术，由顺应自然变为自觉地利用自然和改造自然，由凭借传统经验变为依靠科学，成为科学化的农业，使其建立在植物学、动物学、化学、物理学等科学高度发展的基础上。二是把工业部门生产的大量物质和能量投入到农业生产中，以换取大量农产品，成为工业化的农业。三是农业生产走上了区域化、专业化的道路，由自然经济变为高度发达的商品经济，成为商品化、社会化的农业。

四、智能化引领的新农业科技革命

21 世纪是农业 4.0 的时代。农业 4.0 是未来农业，是以物联网、大数据、人工智能、机器人等技术为支撑和手段的一种高度集约、高度精准、高度智能、高度协同、高度生态的现代农业形态，是继传统农业、机械化农业、自动化农业之后的更高阶段的农业发展阶段，即智能农业。这一阶段主要以人工智能、物联网和大数据等驱动，农业不断智慧化。主要特征是利用物联网获取数据，通过人工智能进行处理和反馈，实现无人化和智能化管理，从而突破人力、资源、环境等因素的制约。

21 世纪后期，随着人工智能和机器人技术的发展，人类社会改造自然的工具也开始发生革命性的变化，其中最重要的标志是劳动工具智能化。农业 4.0 是农业现代化建设的深度发展阶段，以更高层次的集约度、精准度、协同度实现精准、智能的农业生产，是以"互联网＋"为驱动的"信息支撑、管理协同、产出高效、产品安全、资源节约、环境友好"的现代农业发展升级版。

生物技术和信息技术的交叉融合成为农业发展的新引擎，推动着农业常规技术的效率革命和全面升级，突破了传统农业生产过程完全依赖自然条件的约束，开辟了实现农业由资源依附型传统农业向高质量现代农业发展转变的新途径，成为现代农业发展的不竭推动力。下一代生物技术和智能技术更是通过颠覆性、革命性变革，使这一转变进入了快车道。

随着信息科学、生命科学、能源科学和材料科学等若干新兴学科发展，不断突破新的前沿以及学科交叉融合，催生前沿技术迅速发展，正在引领农业产业的新变革。当前我们已经进入农业 4.0 爬坡阶段，新农业科技革命将助推农业 4.0 攀上本轮发展的最高峰，形成新的引领性力量，彻底改变农业的生产、组织方式。

第三节　促进农业科技革命兴起的技术贡献

纵观农业发展史，生产工具改进、动植物品种改良与环境改善、生产组织方式优化是农业发展进化的三大主要途径。农业科技革命主要从生产工具、作物品种、组织形式上影响农业的生产方式，从而提升农业的投入产出比，达到用更少的人力和资源，在环境影响最小的情况大达到最大收益。其中，生物技术和信息技术是对农业发展最重要的两个技术领域，将继续引领未来农业现代化发展。

一、先进工具助力农业生产效率提升

制造和使用劳动工具是人类文明得以延续和发展的重要标志，农业的发展历程与生产工具的改进息息相关。人类社会生产动力大致经历了人力、人力+畜力+机械力+自然力、人力+畜力+机械力+自然力+机器力三个重要阶段，随之形成由不同动力驱动下的农业生产工具，助推农业生产效率大幅度提升，引发农业生产变革。

从远古传统农业到工业革命前，农业基本上都属于手工农业，主要依靠人力、畜力及水力等部分自然力量辅助完成农业生产。犁和水车是远古传统农业生产工具的重大进步，标志着人类开始使用畜力和自然界的力量开始代替人力，提高农业生产效率，解放生产力。在小农经济时代，生产足够的粮食满足人口增长的需求是第一要务，因此制作和使用手工工具对提高农业生产效率意义重大。

曲辕犁和耕作工具

唐朝以前笨重的长直辕犁，回转困难，耕地费力。江南地区劳动人民在长期生产实践中，改进前人的发明，创造出了曲辕犁。生产工具是生产力的一个重要因素，一定类型的生产工具标志着一定发展水平的生产力。农具的改进以及广泛采用，对唐朝农业生产的发展起了重要作用。

水车和灌溉工具

水车在中国农业发展中有很大贡献。它使耕地地形所受的制约大为减轻，实现丘陵地和山坡地的开发。不仅用之于旱时汲水，低处积水时也可用之以排水。水车作为中国农耕文化的重要组成部分，它体现了中华民族的创造力，见证了中国农业文明，为水利研究史提供了见证。水车的发明奠定了人民安居乐业、社会和谐稳定的基础。

第一次科技革命和工业革命后，蒸汽机的出现带动了工业和交通运输业，人类从此由农业社会向工业社会演进。第二次技术革命与工业革命以来，内燃机动力的出现为农业生产提供了可移动的重要动力。近代农业是农业机械发展最快的阶段，以联合收割机为代表的各类专用农业机械的应用，大幅度降低了农业劳动强度，提高了劳动生产率，满足了日益增长的工业对农业原料的需要。以内燃机为动力，专业性农机器具配套的农业机械化推动农业朝着现代化方向发展。

拖拉机与农机动力

1868 年，蒸汽拖拉机问世，农业机械化革命真正开始。人类从使用人力和畜力的农机开始向机械动力转变，尤其是第二次技术革命内燃机的发明进一步使得动力小型化，带有配套作业农机器具的全功能拖拉机大规模投入使用在耕地、播种、施肥、灌溉等各方面，农业生产效率发生了翻天覆地的变化。

联合收割机与效率革命

20 世纪 20 年代，联合收割机首先在美国的小麦产区大规模使用，随后迅速推广到了苏联、加拿大、澳大利亚和西欧诸国。联合收割机是大田作业不可缺少的农业机械，用其收割小麦，可比一般人工收割减少脱粒损失 5% ～ 8%，并节省大量劳力。一台大型谷物联合收割机一天可收割小麦 400 ～ 500 亩，带来生产效率的巨大提升。现代化生产工具的提升带来农业生产效率的提高，为农业规模化生产和经营以及智能化设备提供了重要前提和基础。

第三次科技革命和工业革命以来，信息化和自动化成为工业领域的重要特征。尤其是先进的工业技术被集成应用到农业生产的方方面面，智慧农业、工厂农业、无人机技术等开始大规模应用，彻底减轻了农业生产对人力、资源和环境的依赖性。

智慧农业与智能化工具

物联网技术的广泛应用将传统农业提升到新的层次，通过运用传感器和软件，通过移动平台或者电脑平台对农业生产进行控制，使传统农业更具有"智慧"。智慧农业是农业生产的高级阶段，是综合新兴的互联网、移动互联网、云计算和物联网技术为一体，依托部署在农业生产现场的各种传感节点（环境温湿度、土壤水分、二氧化碳浓度、图像等）和无线通信网络实现农业生产环境的智能感知、智能预警、智能决策、智能分析、专家在线指导，为农业生产提供精准化种植、可视化管理、智能化决策。它与现代生物技术、种植技术等高新技术融合于一体，对建设农业 4.0 具有重要意义。

植物工厂与工业化农业

通过设施内高精度环境控制实现农作物周年连续生产的高效农业系统，利用智能计算机和电子传感系统对植物生长的温度、湿度、光照、二氧化碳浓度以及营养液等环境条件进行自动控制，使植物生长发育不受或很少受自然条件制约。植物工厂是一种高投入、高技术、精装备的生产体系，集生物技术、工程技术和系统管理于一体，使农业生产从自然生态束缚中脱离出来，按计划周年性进行植物产品生产的工厂化农业系统，是现代生物技术、环境控制、机械传动、材料科学、设施园艺和计算机等多学科集成创新、知识与技术高度密集的生产方式，是吸收应用高新技术成果最具活力和潜力的领域之一，代表着未来农业发展方向。

二、综合技术突破引领农业高质量发展

农业是古老的行业，经过科技的改造和提升，现代农业已经集聚了当代最先进的科技成果，形成从品种选育、土壤改良、病虫害防治等全流程的技术支撑体系。尤其是现代生物技术的发展对品种选育和改良这一根本因素进行了提升，赋予作物品种高产、优质、抗旱、抗虫害等综合性状，从根本上提升了农业产出效率。

中国通过农业技术突破在第一次工业革命到来之前长达 3 000 年里，在与农业相关的科学技术取得了卓越的成就，引领了世界传统农业的发展，代表了世界农业的最高水平，达到用最少的耕地养活了世界上最多的人口。从国外传入新作物品种以及通过自然和人工经验选育作物种子保持优良性状是农业生产资料方面的进步和提升。

例如种植业和畜牧业的诞生将采集发展为种植业以及将渔猎发展为畜牧业，保证了食物的稳定供给；以铁犁为代表的劳动工具出现大大提升了生产效率，耕作方法由粗放转变为精耕；灌溉技术的发展极大提高了粮食产量，为古代社会繁荣昌盛奠定了基础；作物品种多样，尤其是明代期间从国外引进玉米、红薯、马铃薯等全新的作物品种，使得古代中国在有限的耕地上粮食大大增产，明代人口数量增长显著，首次突破一亿。

作物品种引进

我国古代农作物从上古时期吃无毒植物,到有选择地种植数种作物,随后又不断进行选种和品种培育,并从美洲、中亚等地引入玉米、小麦、土豆、红薯、番茄等外来作物,使栽培作物品种得以进一步丰富和发展。在此期间,历代政府对于农作物种类抑或品种的推广,起到巨大的推动作用。

第二次科技革命时期,物理学、化学、生物学、地学等学科发展迅速,并且大量渗入农业领域,各学科对农业生产发挥不同的作用,从而形成农业科技体系。19世纪中期,达尔文的杂种优势理论以及孟德尔和摩尔根的遗传学理论推动了作物育种技术的大发展,李比希的植物矿质营养学说、缪勒开创的化肥工业和现代施肥技术以及有机化学发展产生的现代合成植保技术等,直接促进了现代育种技术和农业化学技术为主导的近代农业。

作物育种和绿色革命

1941年,以诺贝尔和平奖获得者N. E. 克劳格为首的小麦育种家在洛克菲勒基金会的支持下前往墨西哥进行小麦育种,经长期研究,选育出矮秆、高产、耐肥、抗锈病、抗倒伏的具有广泛适应性的小麦新品种,使得墨西哥小麦产量增产5倍,掀起了绿色革命。印度从墨西哥引进高产小麦品种,同时增加了化肥、灌溉、农机等投入,至1980年促使粮食总产量从7 235万吨增至15 237万吨,由粮食进口国变为出口国。菲律宾结合水稻高产品种的推广,采取了增加投资、兴修水利等措施,于1966年实现了大米自给。

杂交水稻

中国成功研究出"二系法"杂交水稻,创建了超级杂交稻技术体系，使我国杂交水稻研究始终居世界领先水平。截至 2017 年，杂交水稻在我国已累计推广超 90 亿亩，共增产稻谷 6 000 多亿千克。中国发明的杂交水稻，除国内发展迅速外，在国外，已有越南、印度尼西亚、菲律宾和美国在生产上大面积应用，并取得了显著的增产效果，为确保我国粮食安全和世界粮食供给做出了卓越贡献。

随着第二次科学革命进化论和DNA遗传理论的发现，尤其是 1953 年，沃森和克拉克发现遗传物质脱氧核糖核酸DNA的双螺旋结构。1973 年波耶的基因重组成功，开创新分子遗传学、分子生物学和生物工程技术。生物技术突破了物种的界限，使得常规育种技术难以解决的作物品种间育种成为可能，育种目标更加精确，育种时间大大缩短。生物技术对生物兽药、农药、动物疫苗、生长调节剂、生物肥料和微生物等涉及农业生产整个环节产生深远影响，从而使得科学技术可对农业生产全流程进行干预和提升。

转基因技术和动植物育种

转基因技术的发展始于DNA双螺旋结构的发现。随着DNA限制性内切酶和DNA连接酶等工具酶的相继发现，为体外遗传操作提供了便利的工具。自 1996 年大规模商业化种植以来的 20 年里，转基因作物已为超过 6 500 万的贫困人口提供安全的粮食，节省了 1.83 亿公顷的土地。仅在 2016 年，就减少了全球 8.2% 的农药使用量和 270 亿千克二氧化碳排放量，帮助人类应对人口增长和气候变化所带来的挑战，进一步提高经济和社会效益。

近 30 年来，信息技术、生命科学、空间技术、海洋技术等为代表的新一轮的科技革命浪潮中，农业科技正赶上科技革命的整体步伐。多学科交叉和技术集成应用将农业推向更高水平，农业正成为科技含量集中的高技术产业。

智能化育种

　　依托人工智能、基因组测序、基因编辑等相关技术，实现作物组学基因型与表型大数据的快速积累，通过遗传变异等数据的整合，实现作物性状调控基因的快速挖掘与表型的精准预测，通过人工改造基因元器件与人工合成基因回路，使作物具备新的抗逆、高效等生物学性状，并通过在全基因组层面上建立机器学习预测模型，创建智能组合优良等位基因的自然变异、人工变异、数量性状位点的育种设计方案，最终实现智能、高效、定向培育新品种。

三、生产组织方式支撑农业产业转型

　　农业现代化发展受科技和工业革命不同阶段的影响，从技术上和生产组织方式上都形成阶段性明显的特征。生产组织方式的变革既依赖于地理环境资源等，又依赖于技术的进步和社会的发展阶段。

　　工业革命前，农业是在自然经济条件下，通过手工劳动方式，靠世代积累下来的传统经验发展，以自给自足的自然经济居主导地位。它是一种生计农业，农产品产量有限，家庭成员参加生产劳动并进行家庭内部分工，农业生产多靠经验积累，生产方式较为稳定。总体上来说，农业生产水平低、剩余少、积累慢，产量受自然环境条件影响大。

　　经历两次科技革命和工业革命后，农业进入机械化和半机械化生产方式，内燃机、电力及化学工业发展为农业生产提供了工具和资料。从技术上主要表现在大规模使用农业机械，改良作物品种，使用化肥和农药。从组织方式上主要表现在企业开始作为生产主体，进行规模化生产。随着石油和电力等能源使用和动力转换，减少了劳动力使用，企业作为主体开始推动农业规模化生产。一产和二产开始紧密结合，二产提供的农业生产工具提高粮食生产并对一产提供的原料进行加工，提高农产品的附加值。这一阶段主要是农业哺育工业，为工业提供原材料；工业反哺农业，为农业提供生产工具和生产资料。

　　世界各国在推进农业现代化过程中，有两种典型的组织模式，一是人少地多的美国模式，二是人多地少的日本模式（包括韩国、中国台湾等）。在中国建设现代农业过程中，由于各地农业生态类型、自然资源条件和社会条件的差异，因而在现代农业的建设和运作上，各地有着不同的探索。主要包括四种典型组织运行模式。

物联网外向型创汇农业模式

外向型创汇农业的模式，是指利用沿海地区的区域优势，采取相应政策吸收扶持龙头企业，重点发展优质种苗、特色蔬菜、优质花卉、名优水果、优质家禽和特种水产等资金和技术密集型农产品生产。生产和加工优质农产品出口，带动区域经济发展和农民增收。

龙头企业带动型的现代农业开发模式

龙头企业带动型的现代农业开发模式，是指由龙头企业作为现代农业开发和经营主体，本着"自愿、有偿、规范、有序"的原则，采用"公司＋基地＋农户"的产业化组织形式，向农民租赁土地使用权，将分散的农民土地纳入企业的经营开发活动中。

农业科技园的运行模式

由政府、集体经济组织、民营企业、农户、外商投资兴建，以企业化的方式进行运作，以农业科研、教育和技术推广单位作为技术依托，引进国内外高新技术和资金、各种设施，集成现有的农业科技成果，对现代农业技术和新品种、新设施进行试验和示范，形成高效的开发、中试和生产基地，以此推动农业综合开发和现代农业建设的运行模式。

山地园艺型农业模式

山地园艺型农业是立体型、多层次、集约化的复合农业，在充分考虑市场条件和资源优势的基础上，确定适宜当地发展水平的产业和项目，引进先进技术成果与传统技术组装配套，待引进技术和品种试验成熟后，采取各种有效措施在当地推广。

第三次科技和工业革命以来，随着通信技术迅猛发展，带来极高的网速、极低的时延、极密的连接，让智能万物互联农业成为可能。生物技术和信息技术的交叉融合成为农业发展的新引擎，推动着农业常规技术的效率革命和全面升级，突破了传统农业生产过程完全依赖自然条件的约束，开辟了实现农业由资源依附型传统农业向高质量现代农业发展转变的新途径，成为现代农业发展的不竭推动力。下一代生物技术和智能技术更是通过颠覆性、革命性变革，使这一转变进入了快车道。

农业生产将更多地应用智能互联、物联网、大数据、电子商务等互联网技术，有效摆脱自然灾害的因素，不再束缚于土壤种植的约束，使农业作业更加生态化、智能化、都市化、自由化。人类可以更低的成本、更优化的资源结构、更好的流通环节，从大自然中获取健康的、干净的、可持续的食物。

第四节　农业科技革命的发展规律

近些年来，随着全球科技创新空前活跃，科技革命以前所未有的速度，驱动着农业科技革命以更快的速度更新和迭代。随着新技术的出现和多学科技术跨界融合，农业科技革命发生的间隔将大大变短、界限不再明显，科技对农业生产的贡献率显著提升、对三产融合的促进作用日益突出。

从历次农业科技革命影响和发展趋势来看，科技革命对农业的影响已经逐渐从提高生产工具的效率扩展到提升生物体的自身功能及全要素，从提供农业技术发展到多学科交叉，从单一的农业生产拓展到一二三产业有机融合，从资源消耗向资源创造方向发展。最终，在科技革命的助推下，农业将不仅仅是科技革命的受益者，也将成为其他领域的强大推动力。历史上的历次农业科技革命除具备科技革命的普遍规律外，农业科技革命的发展还有其自身的规律，主要体现在以下方面。

一、由单一学科到多学科交叉融合

从原始农业到现代农业，农业科技发展从单一的涉及种养殖有关专门学科，发展到多个领域的多学科交叉融合。第一次科技革命和工业革命前，农业还是依靠手工和畜力劳作，作物品种通过自然选育和驯化形成，通过经验积累和实践探索栽培耕作等技术以提高产量。科技革命和工业革命后，随着各学科的快速发展，农业逐渐分化出更精细的学科，涵盖从作物育种、肥料、土壤、植保等细分学科，与此同时，信息技术、机械自动化、传感器技术等工业领域使用的先进技术也加强了对农业生产过程的控制。

在新一轮的农业科技革命中，农业学科将继续与物理、化学、生物等传统学科，以及人工智能、大数据、区块链、机器人、智能制造等新兴学科深度交叉，创造出新的农业科技交叉学科，将农业整个业态提升到新的高度和水平。

二、由生产工具改进到全链条提升并举

梳理农业以及农业科技革命的发展历程可以得知，在农业的发展历史中，在科技革命前，提高农业产出的重要方式是扩大生产规模。科技革命和工业革命后，生产工具得到发展和进化，对提升农业生产效率起到至关重要的作用。一方面使得农业生产规模能够迅速扩大，农业产出总量提升；另一方面提高了劳动效率并节省了劳动力，促进了工业和服务业等其他行业的发展。

随着科技的发展，农业的提升不仅来自于效率改善和规模效应，技术进步成为效率改善和规模效应的重要推动力。尤其是生物技术和信息技术的发展和交叉融合，科技进步已经从单纯地向农业生产部门提供生产工具以提升效率，发展到科学理论和技术发明对遗传物质的改变和性状精准控制，实现育种提升、不受自然条件干扰和劳动力制约的工厂化智慧农业。科技从外在对生产工具的提升到作用于农业生产内部全过程和全周期，使得农业整个环节和要素都得到加强和改变，所产生的叠加效应延伸并扩展了农业整个创新链和产业链。

三、由封闭的自然经济到开放的一二三产业融合

科技革命和工业革命前，农业自诞生以来便是一种自然经济，也可以说是自耕农经济，主要表现在靠天吃饭，靠劳动力投入和靠自然资源消耗等"三靠"而且具有分散性（家庭为单位）、封闭性（农业和家庭手工业结合）、自足性（生产的主要目的是满足自家生活需要和纳税），是一种完全自给自足的自然经济形态。

农业科技革命发生以来，农业经过科技的提升和改造，形成了同工业发展类似的规模化组织方式和集约式生产方式，也进一步拉伸了农业的产业链，使得农业不再仅限于传统的种植和养殖。新一轮的农业科技革命将使农业工业化的趋势进一步加强，围绕农业催生的第三产业蓬勃发展，一二三产业融合和四化同步效果更加显著。

四、由纯自然资源和能源消耗到新价值再创造

尽管发展了数千年，但农业仍然是严重依赖自然资源、环境资源和经济资源的"重资产"产业，如土地、水、气候、生物资源、劳动力资源等。在传统农业生产模式下，要想提高粮食产量，养活更多人口，就需要投入更多的土地和水等自然资源以及劳动力，同时农业生产受环境制约，在生产过程中也对环境造成越来越大的破坏。

农业科技革命的兴起使得农业生产过程受资源环境约束越来越小，并且使得农业成为其他行业新资源的重要供给。例如智能温室使得气候等自然环境对农业影响越来越小，节水灌溉技术使得用较少的水就能满足更多的作物生长，转基因及基因编辑育种等对生物性状的精准控制减少了对生物资源的依赖，信息化和智能化的智慧农业降低了对劳动力资源的消耗。此外，循环农业和生态农业的发展也使得农业对资源的消耗转化为资源的保护和新价值的创造。

五、由传统要素驱动到资本和市场共同驱动

农业具有公益性，一方面农业是保障民生的战略性基础产业，政府发挥重要引导作用；另一方面，相对于二产和三产，农业投资周期长，

风险较大，投资回报率不高。科技革命前，农业发展主要是由传统自然要素驱动，主要从依靠各种传统生产要素投入（比如土地、资源、劳动力等）来促进增长的发展方式。这是一种原始和初级的驱动方式，适合于科技创新匮乏的时期，靠简单的资源叠加完成提升。相对于创新驱动来说，要素驱动没有长期发展的可持续性，并且在资源投入到一定程度会出现瓶颈，产生边际递减效应，形成要素驱动发展的"天花板"。

农业科技革命的发生和兴起，使得农业逐步从要素驱动转向全要素生产率驱动已成大势所趋。在全要素生产率驱动中，科技、资本和市场成为农业发展的主要驱动力，尤其是科技可以突破现有资源限制，产生指数式增长，随之而来的是农业将越来越成为有利可图的可持续发展的产业，会吸引越来越多的资本投入，农业投资回报率不断加强，市场将成为农业发展的强劲拉力。

第五节　新农业科技革命的内涵

世界人口的过快增长导致全球出现了资源危机和粮食危机，对农业产生了巨大的压力。而发展中国家还处在由传统农业向现代农业的转型过程中，农业生产力还比较低下。由此而产生的如何保证农业持续发展，满足人类世世代代的生存需要，已经成为世界性的首要问题，世界各国特别是发展中国家均在转变经济增长方式，积极寻求农业的新出路。

第二次世界大战以来，全球各国在实现工业化和现代化的过程中，在极大地提高劳动生产率、促进经济迅猛增长的同时，由于人口过度增长和人类不合理行为，造成生态平衡失调和自然环境严重破坏，对未来农业产生了非常不利的影响。因此，人类正在积极转向"可持续发展"的生产方式，开发"绿色产业"，谋求"新的农业革命"。目前，随着信息技术、生命科学和生物技术、新材料技术、洁净高效能源技术、航空航天技术、海洋技术等高新科技的高速发展和在农业领域的开发应用，一场新农业科技革命已经启动，正在推进农业走向创新驱动、内涵式发展的道路。

一、新农业科技革命的概念

在新的历史时期，新农业科技革命是指，站在百年未有之大变局的时代前沿，在确保人与自然和谐共生的前提下，以保障人类需求和农业可持续发展为目的，在深入揭示生物生命奥秘的基础上，通过农业科学与生命科学等多学科的交融，从深度与广度上深入推进农业科学的更新与拓展，并以技术创新为先导，从根本上推动农业科技创新体系和农业产业体系突破性变革。这次"新农业科技革命"是一种广义的农业技术革命，就是用当代高新科技来"武装"和改造农业生产和整个农村经济的革命（图 2-1）。

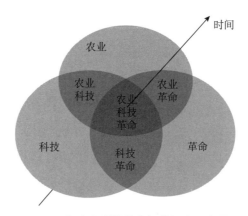

图 2-1 新农业科技革命相关概念示意图

从农业科技创新看，新农业科技革命是通过农业科学与多学科的交融，抢占生命科学、信息科学、大数据、人工智能等高新技术的制高点，以高新技术为支撑，加快高新技术在农业上的应用，引起农业科技超常规飞跃发展，从深度与广度上大大推进农业科学的更新与拓展。同时，创建并完善与之相适应的农业科技创新体制和机制，为农业科技实现新突破及可持续发展提供保障。

从创新体系建设看，新农业科技革命是要求以现代科学技术，特别是高新技术来改造传统农业技术体系，逐步建立高效的农业科技管理体系、国际先进水平的研究开发体系、宏大的农业技术推广与服务体系、强大而稳定的农业科技保障体系、与市场经济体制相适应的健全的新型农业科技创新体系，以及开放、流动、竞争、协作的新型机制。

从经济社会发展看，新农业科技革命是以技术创新为先导，推动农业技术体系和农业产业体系突破性变革，科技贡献率、土地产出率、劳动生产率、资源利用率等出现大幅度提高和突破性增长，进而推动整个农业产业体系及相关经济部门发生变革和进步，带动农业和农村经济的全面发展。

从变革发展方向看，新农业科技革命将围绕农产品总量供给、食品安全、生态环境保护等可持续发展目标，结合国情采取有效的农业科技革命战略，引发农业生产力的根本变革和巨大进步，充分发挥农业多功能性，为国家的长治久安和人类命运共同体的实现奠定更加坚实的物质基础。

二、新农业科技革命的要素

新农业科技革命需要依托科研院所、大专院校和新型研发机构的研发供给，充分发挥人才力量，广泛、快速地推广及应用先进科技成果，助推新农业科技在较短的时间里转化落地，取得成效。通过建设农业园区、农业高新技术园区等创新平台载体，利用先进科学的技术集成，推动新兴产业培育发展，更快地推动产业融合，促进农业农村现代化建设，用科技支撑引领县乡村发展，实现乡村振兴。

在这场新农业科技革命中，理论体系、组织体制、人才储备、政策支持、科技应用等多元要素集聚，形成合力，才能助推农业变革，发生质的变化。

（一）新农业科技革命的主体

新农业科技革命的主体是指新农业科技革命的实施者，是参与农业科技革命的各方面力量，包括政府、市场、社会各个方面，是个多元化的组合体。

1. 服务型政府

从历史看，经济不断发展，社会不断进步，人民生活不断改善，上层建筑就要适应新的要求不断进行改革，服务型政府的本质就是让人民满意。通过制定政策、完善法律政策体系、规范社会各方面力量的创新行为，激发创新活力，维护稳定有序局面；通过加大科技创新投入和创新金融工具、跟踪前沿技术、加强基础研究，促进示范转化；通过服务各类创新主体，加强统筹协调，营造良好环境和社会氛围。

2. 科研机构

科研院所、大专院校等科研机构聚集着大批科技人才，是创新活动最密集的地方，也是创新成果层出不穷的地方，通过不断更新农业科技知识体系，不断培育新农业科技革命人才，成为现行农业科技体制机制下重要的创新成果供给者。新型研发机构以市场需求为导向，以培育新动能为目标，建立起了科研成果潜力释放与市场需求紧密结合的新机制，是新时代促进科技与经济结合的新模式，是聚集高端创新资源、提升原始创新能力、开展产业技术研发和成果转化的重要载体，正在成为积极推动新农业科技革命发展的一支重要力量。

3. 农业科技创新型企业

农业科技创新型企业有独立的、或与科研院校联合共建的企业研发机构，或有长期结对、稳定合作的技术依托团队，具有一定数量从事技术创新、产品开发的科技人员，具有一定的研发投入，在转变经济发展发式、实施创新驱动发展战略、推进农业创新创业创造中担负着极其重要的作用，因此它们既是市场的主体，又是创新的主体，更是新农业科技革命的重要实施者。

4. 新型职业农民

新型职业农民是以农业为职业、具有相应的专业技能、收入主要来自农业生产经营并达到相当水平的现代农业从业者。新型职业农民是市场主体，具有高度的稳定性，具有高度的社会责任感和现代观念，重视农业的产出和市场价值，注重资源的合理配置，具有较高的生产积极性，是新农业科技革命创新成果的具体使用者。

5. 农业社会化服务组织

农业社会化服务组织面向社会开展技术扩散、成果转化、科技评估、创新资源配置、创新决策和管理咨询等专业化服务，对政策、各类创新主体与市场之间的知识流动和技术转移发挥着关键性的促进作用。他们与政府、企业、科研院所、创新人才、公众等新农业科技革命的各个主体之间存在广泛联系和特定的业务关系，是促进各主体之间信息沟通、协调合作的最佳角色。

（二）新农业科技革命的客体

新农业科技革命的客体是指这一场科技革命要改变的对象，或者随着科技革命不断变化的对象。

1. 农业科技知识体系

新农业科技革命将人类在各领域取得的科技进步尽可能多地应用到农业领域。以人工智能为代表的第四次工业革命已经到来，高新技术从各个方面冲击影响着当代农业，首先改变了农业科技知识体系，产生了许多新的农业科技进展。这种农业科技知识体系的变化突出表现在传统农林学科的调整上，产生了精准农业、农业物联网、植物工厂、农业机器人等很多新的交叉学科。

2. 农业生产力水平

农业科技不断向深度和广度发展，科学研究的重大突破正在使农业产生质的飞跃，出现革命性变化。农业科技将在探索作物、畜禽、鱼虾等动植物和微生物生命活动奥秘及高效利用水、土、光、热资源等方面取得重大突破，从而使农业高产、优质、高效的相互结合达到一个新的水平。

3. 农业生产关系

新农业科技革命必将打破旧的农村生产关系，加快构建现代农业产业体系、生产体系、经营体系。以土地制度为核心的农村生产关系将进一步强化土地"集体所有、家庭承包、多元经营"的改革方向，新科技的广泛使用将提高土地所有权、承包权、经营权"三权"分置改革在农业组织化、规模化、产业化、科技化上制度红利的释放。在坚持家庭联产承包责任制基础上，新型职业农民和高科技农业企业将成为种田的主力，科技要素投入将在收益分配时占更大权重。

4. 农业科技体制机制

世界各国特别是发展中国家的农业发展已经到了加快转变发展方式的新阶段，将更加依靠科技创新实现内涵式增长，让新农业科技革命带来的创新红利更及时、更广泛、更深入地在农业生产一线发挥作用、体现价值。以提升农业科技创新效率、加快农业科技成果转化应用、加强农业科技条件能力建设、加快农业科技人才队伍建设、营造农业创新良好发展环境为目标的农业科技体制机制改革，将伴随新农业科技革命的全过程。

（三）新农业科技革命的引发要素

美国科学哲学家库恩认为：科学革命实质上是"范式"（Paradigm）的更替。因此，新的农业科技革命是一场转换范式的革命，是由以不可持续发展为特征的农业科技范式向以可持续发展为特征的农业科技范式的根本转变，是对现有农业科技范式的扬弃，对其不可持续性特征的否定。对于新的农业科技革命不能作纯技术的理解，它不同于常规意义上的科技进步，而要实现范式的转换，通过重大的科技创新并在农业生产中广泛应用，引发农业生产力的根本变革和巨大进步。

1. 新的理论体系

随着全球经济的发展和技术的突破，新时期的农业科技战略方向势必由数量导向转变为质量导向，农业科技的理论体系将适应这一转变，形成以高质量发展为目标的新的理论体系。同时，基础研究的新发现、前沿技术的新突破为农业科技新的理论体系提供了有力支撑。

2. 新的科技应用

新的理论体系必将产生新的技术成果，当它们应用到生产实践中，将切实改变生产力和影响生产关系。如信息技术在设施农业中的应用，构成农业物联网，加强了对局部农业生产环境的控制能力，实现水、肥、光、温、湿等因子一体化调控，显著提高了土地产出率和劳动生产率，用更少的劳动力投入实现更多的农产品产出。

3. 新的组织体制

科技发展到今天，各专业学科交叉、融合、渗透日益加深，创新越来越依赖于多领域知识之间的融合，因而协同创新越来越受到重视。新的高效的组织体制作为协同创新的重要体制机制保障，将分散的各创新主体组织起来，将人才、资本、信息、技术迅速组织起来并高效运转。

4. 新的商业模式

商业模式是企业市场价值的实现模式，也是创新成果市场价值的实现模式。通过科技创新可直接创造新产品和财富，更能引发和带动商业模式创新的频繁发生，新的商业模式通过最大化实现创新成果价值来促进科技创新。随着世界全球化、信息化、市场化不断深入，传统商业模式受到了前所未有的挑战，创新商业模式势在必行。

5. 相应的人才储备

科技创新主体是人，发动一场新农业科技革命离不开一支规模宏大、结构合理、素质优良的创新人才队伍。某一领域的创新突破可以靠一两个关键性领军人才，但要广泛应用新技术、新成果并形成产业，则需要一批相关人才组成梯队。因此，在招才引智、建立相应人才储备时，应以高等院校、龙头企业、重要产业集聚区等为依托，打造吸引各类高端人才的有效载体，切实解决住房、工作、生活等方面的实际问题，努力营造人人渴望成才、人人努力成才、人人皆可成才、人人尽展其才的良好氛围。

6. 相应的政策体系

科技政策是一个国家为实现一定历史时期的科技任务而规定的基本行动准则，是确定科技事业发展方向，指导整个科技事业的战略和策略原则。科学政策在整个新农业科技革命中，表明支持什么、反对什么、发展什么、限制什么，起着协调控制的作用，保证新农业科技革命朝着一定的目标、沿着正确的路线有序发展。因此，以科技政策为核心的新农业科技革命政策体系应包括科技金融政策、保险政策、税收优惠政策、人才培养政策、成果转移转化政策、利益分配政策等。这一政策体系将为新农业科技革命顺利实施保驾护航。

三、新农业科技革命的特点

新农业科技革命以智能农业为主要特征，具有 5 个鲜明特点。

1. 学科交融性

现代农业科学技术与传统农业科学技术相比，具有智能化、物化、产业化、企业化和国际化等 5 个显著的特征。多学科交叉、多技术耦合、多领域渗透呈现高速融合共生趋势，是一次"完整意义"的复合型科学革命、技术革命和产业革命与经济社会转型进步的交叉融合变革。

2. 创新颠覆性

颠覆性创新不断涌现，催生新经济、新产业、新业态、新模式，为解决重大问题提供了新思路、新方法、新途径和新平台，其广度和深度将远远超过我们的想象，将深刻改变世界农业的面貌。

3. 协同跨界性

协同创新、跨界思维将打通不同部门、产业、企业之间的壁垒，推动政产学研金介媒的深度融合。农业进入了效益导向、链条延长、功能融合、业态拓展的新阶段，智能化、社会化、生态化和一二三产业融合发展、人—机—物三元一体的"跨界协同创新"日益凸显。

4. 合作竞争性

受经济全球化、新兴经济体崛起、技术进步速度加快、产品生命周期缩短等多种因素影响，技术和人才等创新要素跨国流动的规模和水平不断提高，改变了国家和企业的技术创新模式。在农业生物技术、农业信息技术等方面的国际合作日益扩展，除传统上政府间的科技合作外，民间，特别是企业间的跨国合作蓬勃兴起，并已从传统简单的竞争关系走向了竞争与合作并存的复杂关系。

5. 革命叠加性

当前传统农业、机械化农业、信息化农业和智能农业相互叠加，在科技进步迭代继承演进进程下，必将从用工业方式改造传统农业的农业 2.0 版的现代化，进步到 21 世纪生态文明需要的农业 3.0+4.0 版的现代化。

四、新农业科技革命的使命

随着全球人口持续增长，对粮食、动物源食品和其他农产品需求将呈刚性增加，并伴随着全球农业面临可用耕地不足、水资源短缺、生态系统退化和气候变化等诸多问题，必须依靠科技创新，大力发展新农业科技革命。在新的历史时期，新农业科技革命必定承载着时代赋予的历史使命。

新农业科技革命是由高新技术的应用而导致的，而且高新技术的研究、开发和应用占有尤为重要的地位。特别是生物技术、信息技术起着先锋和主导作用。新材料与新能源、航空与航天以及自动控制等现代技术也加速了对农业的武装，它们必将推动一个新的农业技术体系和产业体系的形成，将农业生产提升到一个新的高度。

　　新农业科技革命将催生一批突破性的关键技术，现代生物技术大规模产业化，农业科技全面信息化，农业科技体制、农业科技推广制度、农业科技成果产业化得到重大突破，农业经营管理水平显著提高，农业工厂化生产方式得到广泛应用，农民素质得到普遍提高，将建立更加完善的农业社会化服务体系，产生新的农业科技与生产经营管理制度，促进持久、包容、可持续的经济增长，逐渐在全球范围内消除饥饿，让农民成为体面的职业。

国际农业科技发展经验

当前，以多技术耦合、多学科交叉、多领域渗透为主要特征的新农业科技革命浪潮已经到来。加之全球气候变化、水资源短缺、资源环境压力持续增加等因素制约，为应对上述挑战，世界主要先进国家、国际合作组织、跨国集团等根据自身资源禀赋条件，纷纷采取了系列措施和有效做法，对我国新农业科技革命具有重要的借鉴和启示作用。

本章研究的国家主要包括以美国、巴西为代表的大规模农业，以德国、法国为代表的中等规模农业，以日本、以色列和荷兰为代表的特色农业；国际组织主要包括以政策和科技创新为主的联合国粮食及农业组织、国际应用生物科学中心和国际农业研究磋商组织；跨国公司主要包括以作物保护—种子—生物技术为代表的德国拜尔作物科学公司、以食品创制为代表的瑞士雀巢公司、以农业化学研发为代表的陶氏化学公司、以作物保护和种子业务为代表的先正达集团股份有限公司、以农业机械研发为代表的美国迪尔公司，具体见图3-1。

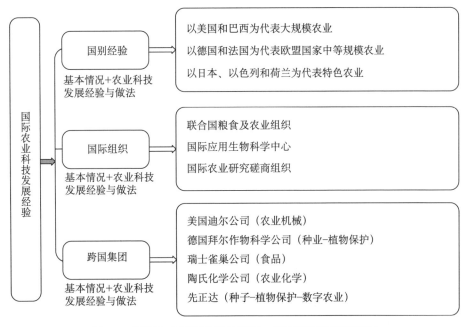

图 3-1　国际农业科技发展的国别、国际组织和跨国集团

第一节　国别经验

世界农业先进国家在农业科技发展过程中，由于国情和本国资源禀赋的不同，农业科技创新模式也不相同，对我国新农业科技发展均有一定的启示和借鉴作用。其中典型模式有以美国和巴西为代表的先进生物技术、信息化和智能化，以德国和法国为代表的自动化、机械化、数字化、适度规模经营，以日本、以色列和荷兰为代表的农业精准化、三产高度融合。

美国是发达的农业科技强国，农业资源丰富，人少地多，大规模农场集约化、专业化程度高，农产品市场竞争力强；巴西农业资源禀赋较好，农业资源利用潜力大，重视农业科技创新，是成功实现粮食进口国转变为世界粮仓的国家典范；德国是以机械化和自动化发展为目标，是中等规模农场经营典型代表，农业组织化、机械化发达，产业链完整、农产品附加值高；法国是欧洲最大的农业国家，畜牧业和食品加工业发达，农业竞争力强，组织化程度高；日本是小规模农业国家典型代表，农业资源禀赋差，农协组织发达，农民兼业化、三产融合度高；以色列农业科技发达，节水、无土栽培等技术对农业发展贡献大，是世界资源节约型农业的典范，荷兰是一个人口稠密的资源贫瘠小国，但却是科技型农业国家，设施农业发达，园艺产业世界竞争力强，花卉年生产量居世界首位。以上国家农业科技发展经验对我国不同生态类型区均有很好的启示和借鉴作用。

一、大规模农业

美国和巴西的大规模农业科技创新和农业社会化体系，以及前沿科技与农业深度交叉融合、资源可持续利用、多元化农业金融政策实践经验等对我国东北、西北等地区发展大规模农业经营、实现机械化作业具有重要的借鉴作用。

（一）美国

1. 农业基本情况

美国面积约为 962.9 万平方公里，位居世界第四位，其中耕地面积 1.74 亿公顷，占国土面积的 20%，占世界耕地总面积的 13.18%，是世界上耕地面积最大的国家。美国大部分地区属于大陆性气候，其中本土大陆为北温带和亚热带气候，佛罗里达以南属热带气候，阿拉斯加属亚寒带大陆性气候，夏威夷属热带海洋性气候。全国大部分地区雨量分布比较充沛且均匀，年均降雨量为 760 mm，淡水资源丰富，但也存在水资源可持续利用的问题。美国发展农业有着得天独厚的条件。土地、草原和森林资源拥有量都位于世界前列。海拔 500 米以下的平原占 55%，土壤质地肥沃，适合农业机械化耕作和规模经营。美国拥有永久性草地 2.4 亿公顷，森林和林地 2.65 亿公顷。但是，美国农业也存在不利因素，主要是山脉大多数是南北走向，北方寒流可以沿着山脉走向向南推进，逐步影响南部地区作物的生长。

美国一直在世界农业生产领域和出口领域等方面占据主导地位。在农作物生产方面，美国共有农场 207.6 万个，粮食产量约占世界总产量的

1/5，是世界上第一大农作物产品出口国。主要农产品产量、占世界总产量百分比和居世界位置如表 3-1 所示。

表 3-1　美国农业生产情况（2018 年）

主要农产品	产量	占世界总产量（%）	居世界位置
玉米	3.70 亿吨	35.58	1
大豆	1.27 亿吨	35.04	1
牛肉	0.13 亿吨	19.97	1
奶牛	0.09 亿头	66.20	1
棉花	0.19 亿包	17.7	3
小麦	0.48 亿吨	6.46	3
花生	0.03 亿吨	8.57	4

注：数据来源：http://www.fao.org/statistics/zh/

2. 农业科技发展经验与做法

（1）以科技创新为支撑的农业社会化服务体系助力现代农业发展。美国十分重视科技创新，特别是利用基因组学和精准育种技术对农作物产量的突破。通过重组 DNA 的转基因技术把不同植物甚至动物具有的各种新性状基因转移到所需要的植物中去，以培育出一批具有高产、抗虫、抗特病、抗旱涝等特征的优良农作物新品种。根据全球视野育种目标，结合基因组信息、设计育种技术和精确育种技术，开展品种选育、种子生产、适合全链条标准化和规模化推广，将精确、快速、高效地改善农业生产力和农产品质量。在科技创新的基础上打造产学研一体的社会化服务体系，铸就了其在世界农业的垄断地位。例如美国"三位一体"的农业教育、科研和推广政策，分别对应农学院、农业试验站和合作推广站三个系统，相互联系，相互促进。农学院是核心组成部分，学院的教授要同时负责教学、科研与推广工作。教授将最新研究成果通过讲课、示范等方式传授给学生，也可到农场主那里推广新技术。在推广新成果过程中，能及时发现生产实践中的问题，这些问题又成为新的研究项目，实现了农业科技与农业推广的良性循环。

（2）前沿科技与农业领域的交叉融合抢占农业发展先机。美国充分利用互联网技术、大数据技术、物联网技术、传感技术、视频和自动控制技术等尖端技术，借助前沿科技与农业的交叉融合抢占农业发展先机。大规模农业国家大农场模式也为前沿科技应用提供了一个很好的载体，一是将前沿技术融入农业科技，促进创新发展。积极把航天卫星、遥感技术、计算机科学等高尖技术应用在整地、播种等农机具上，快速实现农机自动操作、实时监控、数据管控等，使农机作业更加精准、快速地实现整地、播种、除草施肥、除病虫害管理等作业环节，农业生产效率大大提高。二是大数据技术为农业信息监测带来新机遇。人工智能、机器学习、区块链等技术的发展，为农业信息监测提供了高效的收集、分析、存储、共享和集成异构处理和分析算法，将农业、资源等相关领域的大量研究成果应用在生产实践中，在动态变化条件下自动整合数据并进行实时建模，促进形成数据驱动的智慧管控。

（3）以信息数据化为核心的智慧农业重塑农业科技发展新格局。美国具有庞大的农业信息库，农业部与全国44个州的农业部门合作，设立了100多个信息收集办事处以及相应的市场报关员。如A-GRICOLA数据库是由美国国家农业图书馆和农业部共同开发，该数据库收集了10万份以上的农业科技参考资料；美国的"全国作物品种资源信息管理系统"管理了60万份植物资源样品信息，可在全国范围内向育种专家提供服务。数据科学和信息技术能够极大地提高对复杂问题的快速解决能力，将农业和资源等相关领域的大量科研成果应用到生产实践中，在动态变化的条件下实现自动整合数据并进行实时建模，形成数据驱动下的智慧管控。美国重视推进精准农业的发展，将先进信息技术集成应用于

美国——农业政策布局

近年来，美国国家科学院、美国农业部先后发布了《国家植物基因组计划五年规划2014—2018》《美国农业部植物育种路线图》《植物遗传资源、基因组学和遗传改良行动计划2018—2022》和《至2030年推动食品与农业研究的科学突破》等重要报告，对作物科学面临的关键问题进行了分析。美国未来优先发展的领域将包括但不局限于植物种质资源开发、植物表型组学、植物与微生物互作、植物遗传转化等。

1.国家植物基因组计划五年规划 2014—2018。美国的国家植物基因组计划 (National Plant Genome Initiative, NPGI) 制定于 1998 年，旨在揭示植物基因组结构和功能的机理，并将其转化为重要经济作物及具有潜在经济价值的作物。NPGI 每 5 年制定一个五年规划来组织协调，至今已完成了 3 个五年规划。此次新制定的规划有 6 个目标，其中 2 个目标关注开放获取数据和知识共享及扩大工具和数据库的互操作性，另 4 个目标集中于加强基因组学在农业中的应用。

2.美国农业部植物育种路线图。2015 年 3 月，美国农业部规划了未来 5～10 年的优先领域及其研究方向。一是加强国家植物种质系统的建设，二是开发满足未来需求的作物品种。展望 10 年之后期望开展的研究，一是整合所有的知识和新工具新方法以提高育种能力，最大程度减少成本和时间。二是开展基因工程、基因组学和植物育种交叉研究，开发出能够直接对植物进行遗传改变的非转基因技术。三是继续围绕国家植物种质系统开展相关研究。

3.植物遗传资源、基因组学和遗传改良行动计划 2018—2022。核心任务是利用植物的遗传潜力来帮助美国农业转型，积极应对破坏性疾病、害虫和极端环境给农业带来的挑战，以实现成为全球植物遗传资源、基因组学和基因改良方面的领导者的战略愿景。

4.2020 年美国农业部发布《美国农业部科学蓝图：2020—2025 年科学路线图》(USDA Science Blueprint: A Roadmap for USDA Science from 2020 to 2025)，提出可持续集约化农业等五个主题，明确美国农业、自然资源和粮食系统协同联动机制，旨在坚持服务客户需求为重点，推动农村繁荣发展，提升农业生产水平，改善居民营养供给，保护土地、林地等自然资源，为世界粮食供应做贡献。

农业，将高精准度和可现场部署的传感器、生物传感器等开发及应用作为未来技术突破的关键。新一代传感器技术包括对物理环境、生物性状的监测和整合，运用材料科学及微电子、纳米技术创造的新型纳米和生物传感器，对水分子、病原体、微生物循环运动过程进行动态监控。传感器所具备的快速检测、连续监测、实时反馈能力，将为系统认知提供数据基础。

（二）巴西

1. 农业基本情况

巴西位于南美洲东部，国土总面积 854 万平方公里，居世界第五位，其中耕地面积 6 000 万公顷，占国土面积的 7%。国土 80% 位于热带地区，日照充足，雨水充沛，旱涝灾害少。最南端属于亚热带气候。亚马孙平原属于赤道气候，年平均气温在 27 ～ 29℃。中部高原属于热带草原气候，分旱、雨季。南部地区平均气温在 16 ～ 19℃。巴西具有得天独厚的自然条件，亚马孙河是世界上流域最广、流量最大的河流，誉为"地球之肺"之称的亚马孙森林面积达 750 万平方公里，占全世界森林面积三分之一，其中大部分位于巴西境内。正是得益于得天独厚的地理条件，巴西是世界上适于农林牧渔各业全面发展的少数国家之一。地形主要分为两大部分，一部分是海拔 500 米以上的巴西高原，分布在巴西的南部，土地肥沃、基础设施雄厚、熟练农业劳动力资源丰富。该地区生产了巴西大部分的谷物、经济作物和出口粮食。另一部分是海拔 200 米以下的平原，主要分布在北部的亚马孙河流域和西部，是林产品、可可、热带水果的重要出口基地。

巴西也被专家誉为"21 世纪的世界粮仓"，最重要的产品是咖啡、大豆、小麦、大米、玉米、甘蔗、可可、柑橘和牛肉（按重要性排序）。其最重要的出口产品是咖啡、大豆、牛肉、甘蔗、乙醇和冷冻鸡。

据联合国粮食及农业组织（FAO）显示，2018 年巴西大豆、甘蔗、玉米、棉花和咖啡的产值可占农牧业生产总值的 80%，其中大豆的产值最高，巴西是咖啡、大豆、玉米等作物的主要生产国之一，产量在国际市场上具有明显优势，其中甘蔗、咖啡和柑橘等产量位居世界第一。巴西有很好的发展渔业条件，但是现在渔业生产水平还较低。巴西养殖类海产品产量 72.25 万吨，其中罗非鱼产量 40.03 万吨，占全国水产养殖类产品产量的 55.55%，是全球第四大罗非鱼生产国，仅次于中国、印度尼西亚和埃及。巴西的森林面积，全球第二，约为 492.55 万平方公里，主要是热带雨林。其森林覆盖率约为 58.9%。巴西农产品贮藏、运销和加工的能力有限，缺乏技术，无力对农产品进行深加工，增值的利益被转移到发达国家。巴西的牧场面积是耕地面积的 3 倍,广阔无垠的牧场为发展畜牧业提供了良好条件。养牛的头数和牛肉的产量均占世界第 2 位,猪的头数名列世界第 3 位。养牛业以放牧为主,集约化的奶牛场集中在大城市附近,奶产品仍需大量进口。

2. 农业科技发展经验与做法

(1) 发展生物能源科技,促进农业资源循环利用和提高经济效益。巴西农业发展的典型经验是利用科技创新实现农业资源循环利用,也给自身带来多重利益,既保障了粮食价格稳定、提升了农业收益、缓解了粮食生产过剩矛盾,还实现了国内农业快速发展。巴西农业在重视发展粮食生产的同时,不断协调粮食农业与能源农业之间的关系,包括适时开发非粮作物和充分利用非耕地,积极开展生物能源技术创新和发展生物燃料产业;加强生物能源生产、加工、销售等环节之间衔接与转换。并积极通过科技创新,多渠道发展农业新能源,例如城市生活垃圾、农林废弃物、禽畜粪便等,通过研发生物催化和生物转化技术,不断提升农业生产能力;同时优化结构,节能降耗,不断提高农业经济效益。不仅使巴西有效防治污染,并治理和修复恶化的农村生态环境。

(2) 充分发挥农业合作社的集成优势,增加农业产业市场竞争力。巴西农业经营主体以商业大农场和家庭农场为主,商业大农场占出口主导的地位,家庭农场则是巴西国内农业市场的主要供给者。随着机械化、信息化程度不断提高,为适应日益激烈的市场竞争环境,巴西中小农场纷纷加入"合作社",以产业化运作管理提高农业生产力、市场竞争力,增加自身收益。目前,巴西合作社按照专业分类可分为:农牧、消费、信贷、教育、住房、基础设施、矿产、生产、劳动、卫生、交通、旅游休闲及特殊援助性合作社 13 大类,其中农牧合作社数量最多、规模最大。据统计,巴西境内有农业专业合作社超过 1 600 家,会员超过 100 万户。巴西农业专业合作社是非营利性民营企业,实行股份制运营,奉行自愿加入、民主管理准则,其宗旨是立足农业,注重为社员提供农业产前、前中、产后的全面服务。这种农业合作社的集成优势保障了农业产业市场竞争力,目前,巴西已成为世界第三大粮食出口国,并形成了巴西独特的品牌优势,促使巴西农产品在国际市场上占据优势地位。

（3）以惠农利民为导向的多元化农业金融政策保障农业科技创新发展。巴西政府依据土地占有的面积、农业产值、农业生产率和农业现代化水平发放农业信贷，这种以惠农利民为导向的多元化农业金融政策保障农业科技创新发展。目前，农业贷款90%来自商业银行，10%来自政府。所有商业银行吸收存款的25%～30%必须用于农业贷款，并且规定农业信贷年利率最高限额8%～9%（低于市场利率12%），对中小农户贷款利率更优惠为3%～6%。形成以商业银行为主体，组成了国家开发银行、合作银行、私有银行、获准经营农业信贷的合作社以及农业保险等多元化金融支农的良好局面。在农业财政支持的基础上，农业保险由中央银行独家经营，其他银行做代理，保险覆盖多个领域，保险阶段细化至备耕、种植、管理、销售4个时段；保险金额以生产成本为上限；政府通过补贴支持农业，直接减免一定比例费用。在政策大力支持引导下，巴西农业金融多元化发展，进一步促进了巴西农业科技创新和农业生产的稳健增长、农民收入的提高和贫困率的下降，维护了社会公平与稳定。

二、中等规模农业

德国、法国是中等规模农业国家的典型代表，农业发展以信息化和精准化为主要目标，农业产业链条相对完整，产业融合度高。这对我国华东、华北等经济发达地区发展适度规模经营、促进三产融合具有重要的启示作用。

（一）德国

1. 农业基本情况

德国位于欧洲中部，是欧洲邻国最多的国家，国土面积35.7万平方公里。农业用地面积1 671万公顷，约占德国国土面积的一半，其中耕地面积1 182.2万公顷，占农业用地的70.7%，草地面积469万公顷，占28%，其余为果园、葡萄园等。2017年农林渔业就业人口61.7万，占国内总就业人数的1.39%。德国的北部是海洋性气候，相对于南部较暖和。西北部海洋性气候较明显，往东、南部逐渐向大陆性气候过渡，年降水量500～1 000 mm。德国境内大小河流纵横交织，水域面积86万公顷，占全国面积的 2.4%。温和的气候、丰富的水资源为农牧业生产提供了良好的自然条件。

德国农业十分发达，农业科技领先，标准化、机械化程度高，种植业和畜牧业均已实现机械化作业，劳动生产率居欧盟先进水平，每个农业劳动力可以养活 150 多人。在欧盟成员国中，德国在动物生产方面居第二位，在植物生产方面居第四位。世界范围内，德国是仅次于美国、荷兰的第三大农产品与食品出口国。德国的农业发展以中小家庭农场为主，90% 农户经营畜牧业及种植业，10% 农户是种植啤酒花、水果、蔬菜及烟草等专业户。德国农业劳动力少，主要依靠高度发达的机械化生产。在德国，小麦、谷物的生产、收储，牧草的收割、翻晒、起堆、打包等作业环节，全部使用机械。

2. 农业科技发展经验与做法

（1）注重发展现代大数据体系与现代智能技术，提升农业生产率。德国十分注重发展农业基础性数据采集，建立了大农业数据体系，数据管控的精准农业已成为自身现代农业的重要生产形式。大农业数据体系与现代智能技术为农业行业带来创新和改变，促进农业生产要素的流动，以市场手段合理优化农业生产要素的优化配置。主要呈现出以下几个特点：一是建立农业社会化服务信息网络，及时收集农业生产需求，打造精准化农业社会化服务信息平台。二是鼓励和支持农业社会化服务人员深入田间地头，与农户零距离接触，实行生产与服务联动，大力打造农业社会化精准服务体系。三是重视现代科技在社会化服务体系中的应用，加快信息技术广泛应用于农业电子商务链、重视和应用"3S"技术（遥感技术 Remote Sensing、地理信息系统 Geography Information Systems、全球定位系统 Global Positioning Systems 的统称）。四是充分利用现代的大数据体系，将农业科技、通信技术、信息技术、计算机技术全方位地为农户提供服务，形成现代科技在农业全领域、全行业、空地一体的服务格局。目前，德国已建成地理信息系统、全球定位系统和遥感技术，检测技术和预测预报及农业生产；3S 技术和机器耕作结合大大提高了农业生产效率，降低了成本；在大型收割机上安装接收机接收卫星信号，可以获取田间粮食产量信息。技术应用使每公顷土地节省 10% 的肥料和 23%

的农药，节省 25 千克种子。

（2）大力发展生态有机和环保型农业，促进农业产业生态良性循环。德国有机农业的核心是建立和恢复农业生态系统的生物多样性和良性循环，充分应用现代科学最新技术成果，通过各种农艺措施，创造有利于作物生长和抑制病虫害的环境条件。一是通过研发土壤病毒诊断及去除技术，创造益生生物环境。针对作物长期连作造成的"土壤病"，植保科学通过化学技术和图像处理技术，从土壤中分离鉴定相应的植物毒素，把这些积累的毒素从土壤中清理出去，并提倡少耕法，促进多种作物共生共存，创造益生生物环境，保障作物健康生长。二是从源头控制病虫害发生的环境条件，促进有机农业生产。针对酸性土壤导致病原菌快速生长的问题，德国科学家针对作物具体病害，制定了不同的作物物理防控方案，通过减小密度、缩小郁蔽度、增强透光来控制病虫害，取得了巨大效果，有效地控制了病虫害的发生。三是应用植物化感技术增强作物抗逆能力。德国科学家通过寻找使植物强壮、增强植株抗性的新途径，用自身机能保护替代药物防治。保护比防治更重要，这是德国科学界的普遍认识。

（3）完备的创新体系为科技创新提供持续的动力。德国较强的创新实力得益于完备的创新体系，为德国的研究与创新活动提供持续的动力，一是政府与私人研发机构建立了良好的合作关系，政府制定了连续系统的创新战略和创新政策，为科技创新营造良好的环境。二是由四大非营利科研机构（马普协会MPG、赫姆霍茨国家研究所HGF、莱布尼茨国家研究所WGL、弗朗霍夫协会FHG）、公立科研院所、大学科研机构构成的公共科研体系，各机构分工有序、特色鲜明。三是企业创新主体地位突出，持续投入技术研发。四是德国科学基金会（DFG）、欧洲研究委员会（ERC）、各种公立和私立基金会、协会和商会等组织发挥了桥梁作用，促进了产学研用结合。五是德国有 106 所综合性大学、207 所应用技术大学、2 455 所职业专科学校，大学、职业学校等教育系统注重培养科学研究型人才、高技术人才和职业技能型人才，为科技创新源源不断地输入高素质人才。完备的创新体系实现了五个对接，即专业设置与产业需求对接、课程内容与职业标准对接、教学过程与生产过程对接、毕业证书与职业资格证书对接、职业教育与终生学习对接。

德国——积极扶持数字农业

德国农民联合会统计数据显示，一个德国农民可以养活 150 多人，与 1980 年相比是其 3 倍。目前，德国正致力于发展更高水平的数字农业。通过大数据和云技术应用，一块田地天气、土壤、降水、温度、地理位置等数据上传到云端，在云平台上进行处理，然后将处理好的数据发送到智能化大型农业机械上，指挥它们进行精细作业。德国研发数字农业技术作为重要任务之一。2018 年在农业技术方面的投入为 54 亿欧元。德国 SAP 公司推出了数字农业解决方案。该方案能在电脑上实时显示多种生产信息，如某块土地上种植何种作物、作物接受光照强度如何、土壤中水分和肥料分布情况，农民可据此优化生产，实现增产增收。拥有百年历史的德国农业机械制造商科乐收集团与德国电信开展合作，借助工业 4.0 技术实现收割过程全面自动化。利用传感器技术加强机器之间的交流，使用第四代移动通信技术作为交流通道，使用云技术保证数据平安，并通过大数据技术进行数据分析。德国电信 2 年前推出了数字化奶牛养殖监控技术。农民购买温度计和传感器等设备在养殖场装置，这些设备可以监控奶牛何时受孕、何时产仔等信息，而且可以自动将监控信息以短信形式发送到养殖户的手机上。现代德国大型农业机械都是由 GPS 导航系统控制。农民只需要切换到 GPS 导航模式，卫星数据便能让农业机械精确作业，误差可以控制在几厘米之内。

（二）法国

1. 农业基本情况

法国国土面积 67.3 万平方公里，本土面积 55.4 平方公里，耕地面积 3 350 万公顷，森林面积约 1 600 万公顷。法国南部沿海为地中海气候，热量充足，光照强烈，水分足够，适宜葡萄和油橄榄等经济作物的生长；西北部大西洋沿岸为温带海洋性气候，气候温和，降水均匀，有利于牧草生产，为畜牧业发展提供良好条件；中部为温带大陆性气候，热量充足、光照强，有利于粮食作物成熟，适宜种植小麦等粮食作物。全国年降雨天数 100～200 天，90% 的地区年降水量为 700～800 mm。法国本土地势东南高西北低，大致呈六边形，三面临水，南临地中海，西濒大西洋，西北隔英吉利海峡与英国相望。法国地形平坦，平原占国土面积的 60%，西欧平原大部分面积位于法国境内，给法国农业带来丰富的耕地。

法国是欧洲第一农业生产大国，其农产品出口长期居欧洲首位，粮食产量占全欧洲粮食产量的 1/3，农产品出口仅次于美国，居世界第二位。其产品以粮食、奶制品、葡萄酒、甜菜和油性作物为主，粮食产量近 15 年来连续稳定在 650 亿千克，超过欧盟地区粮食作物总产量的五分之一；葡萄酒产量居世界首位，法国是欧盟最大的农业生产国，也是世界主要农副产品出口国，长期位居欧洲首位。机械化是法国提高农业生产率的主要手段，法国已基本实现了农业机械化，农业生产率很高。法国畜牧业产值占农业总产值的比例在 70% 以上，而且畜种结构齐全，个体单产水平较高。绵羊、山羊、猪、马和家兔存栏量均占欧盟的 10% 左右，牛和鸡存栏量均占欧盟的 20% 以上，鸭、鹅和火鸡存栏量则达到 45% 以上。农业食品加工业是法国外贸出口获取顺差的支柱产业之一，欧洲前 100 家农业食品工业集团有 24 家在法国，世界前 100 家农业食品工业集团有 7 家在法国，法国的农副产品出口居世界第一，占世界市场的 11%。

2. 农业科技发展经验与做法

（1）加强顶层设计与系统规划，构建高度专业化的农业科技服务体系。法国农业一直遵循科学规划、顶层设计，一张蓝图绘到底的理念，因地制宜布局种植、养殖、加工各业，形成了科学规划指导下的高度专业化的农业发展局面。首先，法国的农业实行严格的职业准入制度，农民必须接受一定的职业教育，取得合格的文凭和证书才能取得从事农民这一职业的资格，才能享受国家的优惠政策和补贴支持，从而使得农业和农业教育之间形成了良性循环。其次，建立"三位一体"科技服务模式。政府、农业合作组织以及私人企业作为提供服务的主体，相互配合，取长补短，发挥各自优势，使法国的农业信息化服务体系细致而全面。法国政府占据了农业服务的主导地位，包括定期公布农业生产信息、管控农业生产销售环节的正常秩序、根据国际大宗商品及主要农产品的价格变动为本国农民提供最新的生产建议等。法国农业部主要负责该领域的工作，但包括法国经济部、外交部等在内的其他部委同样会提供信息支撑。法国的农业合作组织形式多样，但各组织均有清晰的自身职能定位，并带有半官方色彩。由于农业合作组织存在形式灵活，多数处在与农民交流的"第一线"，为法国农业发展起到了不可或缺的作用。私人企业在法国的农业信息化服务体系中虽不占主要地位，但仍然是一个重要的补充力量。

（2）积极培育创新农业经营主体，激发农业发展活力。法国通过科技创新手段积极培育适应自身国情的农业合作社、中等规模家庭农场等新型经营主体，实现了农工商一条龙、产供销一体化经营的模式。这些新型经营主体注重与科技型组织合作，着眼解决制约农业生产的技术问题，大力开发和使用对环境破坏小的生物制剂和有机肥料，有效促进了种子基因技术、生物杂交技术、病虫害防治和农业肥料等方面农业科研体系的完善与发展。目前，农业合作社、中等规模家庭农场等新型经营主体已形成了规模化、机械化和集约化的生产方式，90%以上的农场主加入了农业合作社，年营业额可达 1 650 亿欧元，甚至有些合作社逐渐发展成为世界知名的大型农业和食品企业集团（如法国种业巨头利马格兰集团），有效提高了农业生产效率，突破了法国小农生产与大市场之间的矛盾，激发了农业生产活力。

（3）以创新型食品产业为引领，带动农业产业链条延伸。法国是世界第三大农产品出口国，法国酒和食品一直在全球享有盛誉，这与法国农业部和法国食品协会大力推进的法国国家精品品牌建设有直接的关系。为了提升本国农产品的形象，建立了完善的农产品质量认证体系，并建立了多种品牌建设促进机构进行农产品品牌推广活动。法国农业食品部门包括加工农产品和食品的公司，大部分由中小企业组成，40%的劳动力分布在肉类和奶业，农业食品合作社占该部门营业额的 40%。该部门有18 365 家公司，年营业额达 1 706 亿欧元，其中出口占 22%。法国的大部分出口产品均产自本土，出口量最多的几种产品是：葡萄酒、烈酒、罐头及食品杂货、谷物以及奶制品。法国的食品政策持续进步，政府通过农业、卫生和消费者事务部门积极检查和管制食品卫生安全。科技上的突破、崭新的生产技术、业界人士累积的专业经验以及欧盟政策框架内的新法律法规，均促进了法国食品安全监控系统的发展和完善。

三、特色农业

日本、以色列和荷兰是小规模农业国家典型代表，根据本国农业资源禀赋差的特点，形成了本国各具特色的农业发展模式。依靠国家政策、三产融合、精准农业等使农业劳动生产率、土地产出率和资源利用率快速提高，精品农业较为发达，优质、优价同步。这种特色农业发展模式对我国南方丘陵、干旱半干等大多数地区发展精准农业和三产融合具有重要的启示作用。

（一）日本

1. 农业基本情况

日本位于亚欧大陆东部、太平洋西北部，领土由北海道、本州、四国、九州4个大岛和其他6 800多个小岛屿组成，因此也被称为"千岛之国"，国土面积37.79万平方公里，是世界人口密度最大的国家之一；耕地面积449.6万公顷，占国土面积的12%，森林覆盖率高达67%。日本属温带海洋性季风气候，终年温和湿润，冬无严寒，夏无酷暑。夏秋两季多台风，6月份多梅雨。1月平均气温北部−6 ℃，南部16 ℃；7月北部17 ℃，南部28 ℃。年降水量700～3 500毫米，最高达4 000毫米以上。日本属于多山国家，80%国土面积是丘陵和山地，平原主要分布在河流下游近海一带，多为冲积平原，耕地十分有限。

日本土壤质量贫乏，平原面积狭小，耕地十分有限，2017年日本全国农业耕地面积为402万公顷，没有发展农业的先决条件，是中小规模农业类国家农业农村现代化典型代表。然而，日本农产品出口逐年攀升，特别是政府实施一县一品、一村一品的政策，每个县都有属于自己独特的产品，而且高达95%以上；日本家庭农场的规模偏小，倡导精细化生态种植；农户经营组织形式多样化，商品率高，科技贡献率高。例如保温育苗、品种改良、农药和化肥改良等技术，保障了农作物亩产量大幅上升；塑料大棚、温室等技术，农作物一年四季均可耕种；转基因、生物合成等新技术，促进了农业快速发展。日本的农业劳动力数量逐年下降，3%的农业人口支撑着农业生产。2018年2月，日本统计局对于劳动力就业情况的调查显示，日本农、林业从业者约有339万人，同比去年增加21万人。但在日本12个行业类别中，农、林业劳动力总数最少，约占劳动力总量的2.8%。

2. 农业科技发展经验与做法

（1）完备的农业技术研发体系推动传统农业快速转型升级。日本通过完备的农业技术研发体系积极推进种植业、养殖业、食品业等农业领域的基础研究和应用开发，每年都产生大量科研成果并及时应用到生产实际，为推动传统农业快速向高效农业、精准农业发展提供了技术保证。一是加速农业生物技术研究开发。政府及时成立了"生物技术战略会议"机构，制定《生物技术战略大纲》，并将生物技术研发纳入国家科技发展规划，全力推进生物技术研发工作。主要包括基因组研究、新型食品开发、环保生物技术开发及生物技术与其他尖端技术交叉研究等。二是推进农业和食品领域纳米技术应用研究。政府从20世纪80年代开始实施纳米技术研究的相关计划，通过制定《纳米领域推进战略》等措施，加速推进纳米技术的研究开发。研发重点是以生物功能的创新利用为目的，通过纳米技术和生物技术等其他农业技术的交叉融合，进行纳米级的生物结构探明、功能解析、新功能生物材料研制以及低成本高效率的纳米技术实用化开发等。三是利用最先进技术促进精准农业发展，实现生产经营的低成本高效益，确保产品质量或以减轻环境负担等为目的，将自动化、信息化和智能化等最先进技术及集成系统应用在现代农业的先进生产和管理方式中，是21世纪农业的重要发展方向，形成了适合本国国情的"日本式精准农业"模式。

（2）打造高端特色食品产业链，提升农产品科技含量和竞争力。日本十分重视打造高端特色食品产业链，关注食品成分、功能与人体健康之间的关系。早在20世纪80年代就成立了功能性食品研究会，进行大规模的研究与开发工作，近年来，更是注重发展基于学科交叉的基础和应用创新技术，为高端特色食品产业发展增加新动力。日本食品领域的创新是全产业链的创新，围绕食品的生产、深加工、仓储、物流、检验检疫、安全监管等产业环节均不断取得科技突破和进展。物流、包装等行业的科技创新也为日本打造高端特色食品产业链提供了重要保障。尤其是物流行业的发展，目前已经进入全面创新时代，无人机、无人车、机器人自动分拣作业、无人调度系统等为代表的新型供应链组件不断推进物流往装备化、智能化方向发展。经过多年发展，其老年食品及相关产品的销售覆盖了商超、便利店、电话订购、网络订购、药妆系店铺等所有主要消费渠道，主导企业的研发能力强劲，膳食产品、营养补充食品、保健食品、健康食品等供给品类丰富，消费观念深入人心。

（3）强化对农业科技初创公司的金融扶持。日本的农业科技创新主体以民营企业为主，而民营企业的融资渠道主要以银行支持为主。在农业科技型企业融资中，银行占主体地位，还拥有企业部分股份，银行和企业联系非常紧密。但这种融资模式也存在门槛高、周期长、费用高等特点，融资对象也偏好大型或风险较小的农业科技型企业。对于从事信息农业、智能农业、精准农业的初创型农业科技公司来说，政府提供的金融信贷支持政策相比银行贷款具有更强优势，主要包括农业机械化基金（农业机械购置贷款项目，年息为 6.5%，融资期限可长达 7 年）和农业改革基金两种模式。除重点支持一批关键共性技术、重点领域领跑技术创新外，更注重通过培育完善的经营体制创新发展绿色生态、循环可持续的农业，成为农业科技初创企业发展的关键性助力。

（二）以色列

1. 农业基本情况

以色列位于西亚黎凡特地区，地处地中海东南沿岸，国土面积 25 740 平方公里（实际控制区域），2019 年 GDP 为 3 950.99 亿美元，人均 GDP 为 43 641 美元。以色列地处西亚干旱地区，国土面积的 2/3 以上为沙漠和戈壁地貌，农业从业人员约占全国总人口的 5%。以色列人均水资源占有量为 400 立方米，而世界人均水资源占有量是 8 800 立方米，为严重缺水的国家。干旱缺水成为制约以色列农业发展的最大因素。干旱半干旱的气候类型，导致了该国降水量的稀少和水资源的匮乏，全国降水量少且分布不均匀，全国一半以上的面积年降水量不足 180 mm，南部内格夫沙漠地区年均降水量仅为 25 ～ 40 mm。地表水资源分布很不均匀，80%

的水集中在北部地区，但全国 65% 的耕地却在南部。地下水含盐量高，难以利用。

以色列蔬菜种植占全国农业生产的 20%，园艺生产的 40%。年蔬菜产值接近 1 亿美元。为了使蔬菜能在各种不同的气候和地形条件下生长，以色列在种植中使用了大量技术先进的种植方法，包括装有气候控制系统的温室及无土栽培技术。以色列现在有 1 800 公顷使用各种先进农业技术的种植温室。其中温室种植的西红柿有 500 公顷，包括樱桃西红柿，还有 440 公顷的黄瓜，25 公顷的胡椒，另外有 264 公顷甜瓜（使用塑料覆盖棚）和 7 公顷温室种植的甜瓜。使用无土栽培技术可以消除许多使用土壤作为培养基时种植作物所产生的危害，而且可以在灌溉时更好地加以控制。现在，以色列使用此项技术种植的面积已达 100 公顷。在露天种植西红柿时，每公顷的产量为 60 ～ 80 吨，而在使用气候控制技术的温室中种植，平均产量则达 200 ～ 300 吨，最高时每公顷产量甚至达到了 500 吨。以色列共有大约 52 600 公顷的果园，这些果园年产水果500 000 吨，价值 4.5 亿美元。水果生产占以色列全部农业生产的 15.1%，水果出口占全部新鲜农产品出口的 11.7%，每年大约出口 55 000 吨水果。以色列成功地创造了许多水果高产纪录。鳄梨是以色列主要的出口水果，以色列是世界上鳄梨年人均消费量第二大的国家（平均每人 4 千克），仅次于墨西哥；适宜的气候条件，使以色列可在每年晚至四月份，仍向国际市场推出鳄梨。

2. 农业科技发展经验与做法

（1）大力发展以滴灌技术为核心的高效节水农业，保障作物生产。以色列人把水称之为"蓝色的金子"，大力发展以滴管技术为核心的高效节水农业。全国生产、生活用水靠四通八达国家地下输水管道供给。农作物、果园、蔬菜的灌水，由最为节水的滴灌设备来解决。目前，以色列 60% 以上的农田和 100% 的果园、绿化区和蔬菜种植等都采用滴灌技术。以色列自 1948 年建国至今，应用滴灌技术使耕地面积从 16.5 万公顷增加到 43.5 万公顷，农田灌溉面积从 3 万公顷增加到 23.1 万公顷，水资源的利用率达到了 95% 以上。用滴灌方法生产的西红柿每公顷产量达110 吨，辣椒、葡萄各 40 吨，茄子 70 吨，滴灌技术在以色列既实现了节水，又增加了作物产量。以色列农业生产中水、肥的有效利用率能够保持在惊人的 80%～90%，节水率维持在 50%～70%，肥料能够节约30%～50%。不仅如此，为了预防土壤次生盐渍化问题的出现，还对传统灌溉所使用的沟渠占地问题进行了处理，从而成倍地提升单位面积农作物产量，土壤条件已经不再是困扰作物生长的因素，仅仅成为农作物生长过程中所需要依托的一种媒介。目前，世界各地都在推广应用以色列的滴灌节水灌溉技术。以色列也是世界上使用污水灌溉最成功的国家，使用污水量和使用污水比例为世界第一。

（2）利用科技创新引领精准农业突破资源限制瓶颈。以色列在有限土地资源条件下，能够成为农业强国的最重要因素是大力发展精准农业，并特别重视农业领域的生物技术、纳米技术、信息技术等尖端技术研发，每年投入巨资推进研发应用、争夺知识产权和抢占市场，利用最先进技术促进精准农业发展，并将智能化、自动化、信息化等最先进科学技术高度集成并应用于现代农业生产，形成若干集成技术系统，形成了适合本国国情"精准农业"发展模式。其代表性技术一是发达的自动化温室控制技术，从 20 世纪 70 年代至今，完全实现了智能化与自动化，一个温室大约 4 000 平方米，从播种开始到收获，全过程电脑控制，基本上不需要人力，而且将滴灌技术引入温室系统，进一步提高了花卉、蔬菜等农作物的产量。二是精确化的育种开发技术，依据市场的需求，不断开发高效无公害及抗病虫害农作物种子，利用生物工程技术开发的新品种能够降低对农药和化肥的依赖，保证能在自然状态下生长，其良种开发技术位居世界前列。

（3）重视经费投入支撑农业科研与推广体系建设。以色列政府高度重视经费投入支撑农业科研与推广体系的建设，每年用于农业科研与技术推广方面经费高达数亿美元，占国民生产总值比例居世界前列。目前，以色列农业科研单位以国家研究机构为主，还设有地区性研究机构，已建立一整套由政府部门、科研机构、农业合作组织和农户紧密配合的农业研究和推广体系。隶属于农业部的推广体系为农民提供免费技术服务，推广人员是解决农业生产实际问题的专家，以色列政府通过农业推广服务体系对农业的发展起到了非常重要的作用。在农产品销售服务上，以色列在特拉维夫有全国农产品内销组织，在全国各地设有分部，其职能是收购、加工和批发农产品，70%以上农产品通过该组织购销。该组织为非营利性组织，通过收取手续费来维持其运行。以色列农产品出口组织是一个非营利的半官方公司，在国外设有8个办事处，主要任务是组织货源、推销产品以及收集市场信息。政府不负担费用，也靠收取手续费来维持运行。此外，农户还成立了一些跨地区的专业组织，例如花卉组织、蔬菜组织和畜牧组织等。这些组织负责行业协调，也提供产销服务。还有许多从事农业经营活动的管理顾问公司，设备供应安装公司，产品集运公司，材料、种子、苗木供应商，化肥农药厂，农产品加工厂，科研所，交易所，生产协会和销售委员会等，以契约或股份作纽带，把产供技贸加运各方联结起来，组成了利益均沾的联合体，成龙配套地为农户提供产前产中产后的各种服务。

以色列——物联网技术助力农业精细化发展

以色列农业发展呈现出信息化、自动化以及精细化发展特征，农业科技竞争力强，农业现代化水平国际领先，尤其体现在物联网技术上。一是利用传感器节点构成的监控网络实现自动化、智能化、远程控制，从而提高流通组织化程度，促进农业电子商务和现代物流发展，促进了农业生产、经营、管理、服务全产业链深度融合。二是农业物联网重点发展粮食作物的精准种植作业、果园生产的信息采集、精准灌溉有效控制、农业环境的有效监测和施肥精细化作业、畜禽水产养殖全方位监测网络和系统化养殖等方面应用。三是滴灌系统，该系统依靠传感器监测土壤数据，远程决定何时浇水以及浇水量，目前以色列全国80%的地区使用这种灌溉方式，既节省水资源，又节约人力成本。四是农业生态环境监测领域，主要是通过利用先进的传感器以及建立在其基础之上的感知技术、信息融合以及信息传输技术、互联网监测技术等，实现农业信息化平台在农业生产中的全覆盖，在保护地栽培上应用广泛。此外，以色列通过物联网技术实现其农产品存放保鲜和农产品包装的规范化监管，形成了一套世界领先的农产品可追溯系统。

（三）荷兰

1. 农业基本情况

荷兰位于欧洲西北部，是著名的亚欧大陆桥的欧洲始发点，东面与德国为邻，南接比利时，西部和北部濒临北海，地处莱茵河、马斯河和斯凯尔德河三角洲。荷兰地形低平，冬暖夏凉，资源禀赋贫乏，人口密度比中国高出两倍，是欧洲人口密度最大的国家。荷兰是典型人多地少的国家，国土面积达 4.15 万平方公里，其中，耕地仅 1.054 万平方公里，草地及牧场面积仅有 0.826 万平方公里，荷兰国土的 18% 是人工填海造出来的。低平是荷兰地形最突出的特点。荷兰总人口 1 680 万，人口密度超过 407.5 人/平方公里，荷兰受大西洋暖流影响，属温带海洋性气候，冬暖夏凉，荷兰夏季平均气温为 16 ～ 17 ℃，冬季平均气温为 2 ～ 3 ℃。荷兰的降雨基本均匀分布于四季，年降水量约为 834 毫米，适宜大多数作物的生长。

荷兰在如此不利的条件下，荷兰却在花卉、农产品加工等农业领域取得了辉煌的成就，其中花卉、乳制品、水果、蔬菜等出口位居世界前列。荷兰农业产值占国内生产总值的 2%，是世界上最主要的农产品出口国之一。在荷兰的农业构成中，畜牧业占 50%，园艺业占 38%，农田作物占 12%。农产品和食品出口额达 292.8 亿美元，仅次于美国、法国，进出口总量为世界第三，净出口为全球第一。花卉生产居世界首位，年出口约 50 亿欧元，占世界市场的 43%。世界上 75% 的花卉种球都产自这里，素有"欧洲花园"和"花卉王国"的称号。荷兰玻璃温室面积达到 16.5 万亩，约占全世界温室总面积的 1/4，西荷兰是温室最集中的地区。玻璃温室约 60% 用于花卉生产，40% 主要用于果蔬类作物（主要是番茄、甜椒和黄瓜）生产。在荷兰 24 853 个纯种植业农场中，花卉园艺农场有 9 035 个，占比 36%。从育种、育苗、生产到交易和流通等，荷兰的花卉产业链非常完整，并且各环节科学分工、高效联动。荷兰人利用不适于耕种的土地因地制宜发展畜牧业，现已达人均一头牛、一头猪，跻身于世界畜牧业最发达国家的行列，畜牧业仅次于丹麦。荷兰还是世界上奶酪产量最大的国家，世界上成立最早的豪达奶酪交易中心久负盛名，其运营时间已有 300 多年之久。此外，荷兰也是马铃薯种薯最主要的生产国之一。

2. 农业科技发展经验与做法

（1）全面发展设施农业，促进农业生产效率提升。荷兰大力发展以玻璃温室为特色的设施农业，极大地促进了农业生产效率提升。通过应用太阳能发电等技术，追求温室的绿色、低能耗和多功能，关注设施农业的可持续发展，使设施农业成为一个集农业生产、能量供应、科普教育和休闲旅游为一体的综合产业。一是拥有世界领先的玻璃温室技术，建立起世界一流的设施农业系统，玻璃温室优势明显，不仅极大地减轻了温室材料的重量，而且显著提高了透光率及抗风耐压性能，大幅降低了能源消耗，提高了生产效率，据统计，荷兰拥有世界上 1/4 的温室面积，约 1.1 万公顷，每天可出口大约 170 万盆花和 1 700 万枝鲜切花，每年的切花产值已达 20 亿欧元。先进的设施农业使荷兰摆脱了土地、阳光等资源短缺的劣势，成为农业出口大国。二是为解决土地资源短缺的问题，政府积极地扶持家庭农场等农业组织，提高农业主体的活力，这也为增强荷兰农业的宏观竞争力提供了基础。三是针对人均土地资源非常有限的问题，大力发展规模化农业。以设施园艺农场的规模经营（不含露地栽培和牧场）为例，单个农场的平均面积为 3 公顷，且也有一些大型农场的面积超过 10 公顷。虽然荷兰国土资源有限，但通过扩大农场的经营规模，劳动生产率得到了显著提高。

（2）科技支撑全面提升农业产业附加值。从世界农业的视野来看，荷兰农产品出口率世界第一，土地生产率世界第一，设施农业世界一流，创造了举世瞩目的"农业奇迹"。同时，荷兰农业的科技含量在世界上也遥遥领先，拥有高度发达的设施农业、精细农业、高附加值的温室作物和园艺作物产品。特别是在花卉产业上，荷兰政府将花卉产业定位为持续、独立、具有国际竞争力，并把花卉业作为一个高度发达的完整产业体系进行运营和发展。这个体系包括了花卉产品的育种、生产、收购、加工、储运和销售的全部环节。荷兰以先进的手段装备花卉产业各环节，广泛运用精细设施，着力提高各环节的科技含量及其附加值。比如普通的土豆只能销售 1 元钱一斤，而经过肯德基加工成薯条，一盒薯条可以卖到十几元。从农产品的种植和加工，到农产品品牌的设计和推广，科技越来越多融入农业生产和销售中，从而提高农产品附加值。荷兰农产品附加值在世界领先，其根本原因在于花卉业的科研发展十分突出。花卉业的发展战略以技术为中心，强调适度规模经营、高度集约化管理、发展高新技术产品、占领技术制高点。自20世纪90年代以来，荷兰每年农产品净出口值一直保持在130多亿美元，约占世界农产品贸易市场份额的10%。荷兰人均农产品出口创汇居世界榜首。

（3）以订单农业为抓手发展科技导向的高端产业。荷兰订单农业发展模式使农产品在生产之前就已经明确了销路，在一定程度上避免了价格波动和市场供求变化所带来的风险，特别是花卉蔬菜产业，价值大、成本高，受市场风险的影响更明显。订单农业主要有三种发展模式，包括市场与农户对接模式、合作社与农户对接模式、企业与农户对接模式。这类农业模式有效促进了设施农业的科技创新发展，主要体现以下几个方面，一是促进农业生产设施向高度自动化、机械化和信息化发展，不仅体现在自动补光、调控温度和湿度、调节通风等精准环境控制上，也助推了生物技术、信息技术的更新迭代。二是利用大数据管理介入农业生产，实现水肥智能管控与生物干预防控。三是无土栽培模式得到规模发展，设施园艺的无土栽培比例高达90%，普遍采用的全岩棉营养液栽培模式有效避免水分流失或渗漏。四是产业链各环节职责清晰，从种苗、种植、服务组织、收购、分拣、销售等都有对应的经营主体，各环节分工明确、紧密协作。

第二节　国际组织经验

国际组织是促进新农业科技革命的重要力量之一，随着全球化的深入发展和各国联系的日益密切，国际组织的作用越来越突出，这些国际组织曾发起和推动了20世纪七八十年代风靡全球的"绿色革命"，取得了一大批农业科技成果，在广大发展中国家得到迅速推广，为世界农业科学技术研究与发展，特别是有效解决战后世界粮食与饥饿问题，以及广大发展中国家的经济复苏与社会发展做出了举世公认的重要贡献。国际组织一直站在国际科技视野，持续关注全球气候变化、水资源短缺、粮食安全等世界农业难题和挑战，开展了高端科技研发、生态环境建设、金融支持政策等一系列举措，对我国农业发展具有很好的借鉴和启示作用。

一、联合国粮食及农业组织

（一）基本情况

联合国粮食及农业组织（FAO）于1943年开始筹建，1945年10月在加拿大魁北克宣告成立，1946年12月成为联合国专门机构。该组织是目前联合国系统最大、最有影响的粮农专门机构，总部设在意大利罗马。从1994年开始，为了更好地改善乡村人口的生活和促进世界经济发展，粮农组织经历了自成立以来最为重大的结构调整，下放执行活动、简化程序和减少费用。改革后的粮农组织由8个部组成，即农业及消费者保护部、经济及社会发展部、渔业及水产养殖部、林业部、知识及交流部、自然资源管理及环境部、技术合作部、人力财政及物质资源部。粮农组织的改革是一个持续的过程。

FAO的宗旨是通过加强世界各国和国际社会的行动，提高人民的营养和生活水平，改进粮农产品的生产及分配的效率，改善农村人口的生活状况，以及帮助发展世界经济和保证人类免于饥饿等。该组织的业务范围包括农、林、收、渔，生产、科技、政策及经济各方面。工作职能主要包括搜集、整理、分析并向世界各国传播有关粮农生产和贸易的信息；向成员提供技术援助；动员国际社会进行农业投资，并利用其技术优势执行国际开发和金融机构的农业发展项目；向成员提供粮农政策和计划的咨询服务；讨论国际粮农领域的重大问题，制定有关国际行为准则和法规，加强成员之间的磋商与合作。

（二）农业科技发展经验与做法

1. 以科技创新为支撑实施重大研究计划，保障粮食安全。

农业科技创新涉及农业整个价值链，从农作物、林业、渔业或畜牧业生产到市场准入投入的管理，并正在通过利用最新的科学和以知识为基础来确保现场行动的有效性。FAO实施粮食安全特别计划（SPFS），旨在通过帮助小农提高其生产力和收入，确保更稳定地获得粮食以改善低收入缺粮国的家庭和国家粮食安全。强调对限制因素和解决办法进行监测分析，把耕作制度作为整体，确定影响粮食安全的供给、储备、市场等多方面因素，应用科技创新证明已有增产技术，为参加国提供可能提高农业生产、稳定农民收入和农业可持续发展的方法体系。另外，在智能和预测技术（分析和人工智能）以及互联数据驱动系统（分布式数据层、区块链等）、便携和具移动性（智能手机、物联网、云服务）的数字技术转型驱动下，FAO正在利用数字技术的力量，加速和扩展在粮食和农业方面具有巨大潜力的创新思想，以将数字解决方案和服务转变为全球粮食提供保障。其目的是探索负责任的应用和采用现有及前沿科学技术，设计与推广新的服务、工具和方法，以增强农村家庭的能力，并激发青年在粮食和农业方面的创业精神。

2. 利用科技手段建立全球化农业信息平台，开展预警与早期干预

FAO建立全球粮食和农业信息及预警系统（GIEWS），持续监测粮食供给和需求，评估世界各国总体粮食安全形势，定期发布客观分析报告，并在国家或区域发布粮食危机预警与早期干预。一是设立了紧急行动及恢复司，可对受特殊自然或人为灾害影响的国家粮食和农业紧急需要作出更加有效和迅速的反应，利用全球粮食和农业信息及预警系统提供的信息，监测作物和粮食供需情况，并对正在出现的粮食危机发出警报。二是通过开展紧急救济和恢复活动（TCE），主要针对易受自然灾害（如暴风、地震等）和人为灾难（如地区间冲突等）影响，粮食安全和生计得不到保障的情况，通过与政府、联合国其他组织等合作，向受实地区提供粮食援助等，避免灾难进一步恶化。

3. 新技术与新成果的应用推动解决贫困与温饱问题

FAO实施农村减贫战略计划，促进发展中国家互相分享农业创新技术和成果、交流发展解决方案，带动农村经济快速发展、增加贫困人口收入，推进农村转型以提高粮食安全和营养健康。一是建立减贫网站，将部分发展中国家已取得的减贫经验和成效，以直观有效的方式分享给其他国家，有利于新技术与新成果的应用推广。二是在世界范围内，围绕提高农业生产力和增强可持续性，改善谷物生产、畜牧业、园艺、渔业和水产养殖、水土管理和保护等领域，在多国举办约1 300场培训，部署 2 000 多名专家和技术人员，现场分享实践经验和技术。三是为发展中国家引进 330 种动植物品种、120 种农业创新技术和 200 种农业机械和工具，极大提升了对象国自我造血功能。新技术与新成果的推广应用使农村生产、粮食安全和营养健康等方面问题均得到改善，为解决世界贫困与温饱问题发挥关键作用。

促进生态农业全球化发展

2018 年 4 月，FAO 在意大利罗马召开了以"更广泛推进生态农业，实现可持续发展目标"为主题的第二届国际生态农业研讨会，旨在进一步促进全球生态农业良性发展。生态农业融合了传统农业精华和现代科学知识，对农业系统采用生态、经济和社会学做法，并关注植物、动物、人类和环境之间的多重互动。生态农业不仅能够保护自然资源和生物多样性，促进适应和减缓气候变化，提高农民抵御自然灾害的能力，还能促进健康和有营养食物的生产，推动地方经济发展。鉴于这些多重惠益，生态农业成为实现联合国《2030 年可持续发展议程》应对相关挑战的一种重要途径。目前，农业政策越来越需要应对双重挑战，即如何生产出足够的食物以满足不断增长的人口需求，同时还能保证环境恢复，包括土壤和生态系统健康。

生态农业参与农业系统内土壤、植物、动物、人类及环境之间的相互作用，它囊括了粮食系统的多个方面，包括生态恢复、政治与社会稳定、经济可持续性。生态农业方法首先可恢复土壤生命，以重建或加强基于土壤的多重生物进程。这就需要增加并监测土壤中的有机物，促进并监测土壤的生物多样性，以及通过农民田间学校等参与性科学手段提高农民知识水平。他们是生态系统的主力管理员，也是生态农业的核心。

二、国际应用生物科学中心

（一）基本情况

国际应用生物科学中心（CABI）是一个非营利性的政府间国际组织，

成立于 1910 年，总部设在英国，在巴西、中国、加纳、印度、肯尼亚、马来西亚、巴基斯坦、瑞士、特立尼达和多巴哥、英国、美国和赞比亚均设有研究中心或办事处。CABI 现有 48 个成员国，近 500 名员工分布在 16 个国家。其宗旨是"致力于提供信息以及利用其应用科学方面的专长解决农业和环境问题，促进世界人民生活的改善"。CABI 致力于改善全球粮食安全和环境保护等全球关注的问题，帮助农民提高产量、减少损失，抗击病虫害对农业和环境的威胁，保护生物多样性免受外来入侵物种的侵害，改善农业和环境科学的知识获取。CABI 拥有世界领先的应用生命科学文摘数据库 CAB Abstract，还出版了多媒体大全类产品、图书、电子书和全文电子资源等出版物。CABI 的出版收入直接投入到国际发展项目中，帮助改善全球生计。

（二）农业科技发展经验与做法

1. 推动多领域前沿技术与农业交叉融合，促进全球农业发展

CABI 通过利用多领域前沿技术与农业交叉融合，推动农业科技发展，促进国际社会发展目标实现。一是在国际卫生、农作物保护、生物安全、生物技术和遗传学、畜牧业、生物多样性等众多领域进行深入研究，能够提供客观、权威的信息。二是以信息促进发展计划协助发展中国家获取科技信息，通过将信息处理、加工、转化，将其应用在当地的知识系统中，经过对当地知识系统的改进和提高，对特定的地区和国家形成农业科技支撑。

2. 基于专门的科研资源开展病虫害综合生物防治

CABI 通过由亚洲、非洲、欧洲和加勒比海的中心组成的网络进行工作，并由独特的文献和标本收藏所支持，实施基于生物防治的虫害综合管理策略。主要研究：权威的作物害虫、病原物及寄生线虫的鉴定与分类；作物健康诊断及治疗（害虫综合防治，农业、林业和自然生态系统中害虫和杂草的生物防治，开发生物杀虫剂）；生物降解与生物侵蚀的管理和应用；生物多样性保存；外来入侵害虫的防治；土地使用及气候变化影响的评估；并提供在所有这些领域内的培训、咨询和建议。

CABI国际应用生物科学中心互动百科大全数据库

　　CABI-Compendia Interactive Encyclopedias国际应用生物科学中心——互动百科大全数据库是CABI国际应用生物科学中心在2016年推出的全新互动式大百科。CABI互动百科大全是一个专业及学术领域里的百科式数据库。

　　CABI互动百科大全数据库是一个互动百科全书式的多媒体资源，它将农作物保护、动物健康和生产、园艺作物、林业和水产养殖领域各个方面不同类型的科学信息有机地汇集在一起。每个大全都提供了详细的数据表——将全球范围内各学科领域的信息汇集到同一数据库平台下，有助于研究人员进行跨学科领域研究。所有这些信息来源于相关专家，并由一个独立的科技组织编辑。来自专业组织的数据、图片、地图、书目数据库和文献全文都充实着这些数据表。这些数据表和数据不断地被审核、更新，且数据每日更新。五大资源与网址：

Animal Health and Production 动物健康与生产大全，不同种类的动物疾病、动物病原体和载体的科学基本信息；畜牧、家畜家禽种类的遗传学和营养学。

Aquaculture 水产养殖大全，水生动物和植物生产，自然资源与环境，生物多样性，贸易，食品安全，扶贫工作，谋生方式。

Crop Protection 农作物保护大全，广泛覆盖全球范围内的害虫、疾病、杂草、天敌、寄主农作物、存在的国家。

Forestry Compendium 林业大全，涵盖世界范围内的热带、亚热带、温带和北方树种的主要经济价值和鲜为人知的地方性树种价值。

Horticulture Compendium 园艺大全，一个关于园艺作物的全新百科全书式的多媒体资源。农作物数据表的数据都是来自于专家组织。

三、国际农业研究磋商组织

（一）基本情况

　　国际农业研究磋商组织（CGIAR）成立于1971年，总部设在美国华盛顿特区，由世界银行、联合国粮农组织、联合国开发计划署、联合国环境计划署等国际组织在内的 64 个成员及私人基金会共同资助，是一个战略联合体，为 15 个国际农业研究中心提供经费，包括非洲水稻中心（Africa Rice）、国际生物多样性中心（Biodiversity International）、国际热带农业研究中心（CIAT）、国际林业研究中心（CIFOR）、国际玉米小麦改良中心（CIMMYT）、国际马铃薯中心（CIP）、国际干旱地区农业研究中心（ICARDA）、国际半干旱地区热带作物研究中心（ICRISAT）、国际粮食政策研究所（IFPRI）、国际热带农业研究所（IITA）、国际家畜研究所（ILRI）、国际水稻研究所（IRRI）、国际水资源管理研究所（IWMI）、世界农用林学中心（ICRAF）、世界渔业中心（World Fish）等研究机构，与各国农业研究机构、民间团体、私营机构有合作关系。涵盖了农业和林业的各主要领域，所属研究中心遍及世界各地，并且拥有目前世界上数量最多的种质资源。目前，有 8 000 多名磋商组织的科学家和职员在 100 多个国家工作，对农业部门的每一个分支包括生物多样性、食物、饲料和树木种植、环保耕作技术、渔业、林业、畜牧业、粮食政策和农业研究等提供服务。磋商组织拥有一系列杰出成就，包括研发优质蛋白玉米、非洲新稻、新品种罗非鱼，推广害虫综合防治与生物防治技术，在亚洲和非洲采用免耕种和低耕种法，促使非洲的生产者们进入国际大豆市场以及为发展中国家培训科学家和研究人员 7.5 万多人等。CGIAR 以高品质的科学研究为前提，致力于通过以更强大的食品安全保障、更好的营养和健康保障、更高的收入以及更高效的自然资源管理系统使穷人受益，通过与国际农业研究机构、民间团体以及私营机构合作，推动农业的持续发展。

（二）农业科技发展经验与做法

1. 采用农业粮食系统创新方法提高全球粮食生产能力

CGIAR 采用农业粮食系统创新方法提高全球粮食生产能力。重视农业粮食系统（AFS）创新，采用综合的农业系统方法来大规模提高农业的生产力、可持续性和适应性，设有 8 个产业方向的 CRPs，包括渔业研究计划，森林、树木和农林业研究计划，家畜研究计划，玉米研究计划，水稻研究计划，薯类和香蕉研究计划，小麦研究计划，豆类及旱地谷物研究计划。创新方法专注优化农业价值链在选定地区的贡献，提高全球粮食生产能力，减少贫困，改善食物和营养安全，同时提高可持续性。

2. 实施交叉学科的综合计划，促进全球农业可持续发展

CGIAR通过实施交叉学科的综合计划，促进全球农业可持续发展。一是与农业粮食系统中相关的农业生态系统紧密协作，含 4 个全球综合性CRPs，包括营养与健康农业研究计划，气候变化、农业和粮食安全研究计划，政策、制度和市场研究计划，水、土地和生态系统研究计划。二是通过更强大的食品安全保障、更好的营养和健康保障、更高的收入以及更高效的自然资源管理系统使穷人受益，通过与国际农业研究机构、民间团体以及私营机构合作，推动农业的持续发展。

第三节　跨国集团经验

跨国农业集团是推动新农业科技革命的另一种中坚力量，在国际市场上往往具有较强的竞争力，一些跨国集团公司也是本国农业科技创新的主体，这些大型农业跨国公司的一个共同特点是重视科技创新和产品研发，凭借科技竞争力快速占领市场，同时积极拓展市场推广，建立培训、消费引导等服务体系保障消费，市场认可度高，品牌优势明显。在科技引领方面，跨国公司在基因编辑、生物抗逆、光合作用、生物固氮等世界性农业生产难题方面提供了革命性技术解决方案；同时加快了以农业物联网、农业大数据、农业人工智能和农业机器人等为代表的智能智慧农业技术研发，这也逐渐成为世界农业科技发展的新方向和新趋势。随着全球一体化发展，全球农业呈现高速化、全球化、垄断化、多元化、精准化、一体化等发展趋势，而跨国公司的科技创新将在全球农业发展中扮演越来越重要的作用，其先进的经验做法值得我国农业企业学习借鉴。

一、拜耳作物科学公司

（一）基本情况

拜尔作物科学公司成立于 1863 年，由弗里德里希·拜尔在德国创建，拜尔作物科学公司（Bayer Crop Science Company）是拜尔集团三大业务子集团之一，总部位于德国蒙海姆，是全球著名的以科技创新为主的作物科学公司。公司产品范围广泛，包括作物保护、种子、生物技术等领域，2018年6月7日，拜尔公司宣布完成对美国生物技术公司孟山都的收购，成为全球最大的农化巨头。拜尔作为高品质食物、饲料和纤维生产行业的合作伙伴，致力于提供系列优秀产品和周到服务，促进现代农业可持续性和非农业同步发展。拜尔作物科学公司由6个业务运营部门组成，4个地区作物保护部门，1个环境科学部门和1个生物科学部门。拜尔公司起家于德国，19世纪末开始进入国际市场，并逐渐覆盖到北美、亚太、拉美、非洲等地。经过150多年快速发展，公司已逐步成长为全球创新农业研发巨头。

拜尔作物科学公司注重作物从种到收整个过程，提供高效解决方案，协助全球农民满足不断增长的食物、饲料、能量等需要。公司在追求业务发展和公司盈利的同时，一直将经济效益、生态效益和环境效益视为同等重要的三部分，并通过四个措施来实现，一是提高农业效率和生产力，减少从种到收以及收获后损失，提高经济利益；二是通过防控病虫害，减少对生态环境影响；三是保护野生动物习性，提高农田生产力，实现生态效益；四是通过保障粮食安全和食品安全，满足对替代能源持续不断需求，贡献社会效益。2018年拜尔作物科学公司销售额高达143亿欧元，约占拜尔集团销售额的三分之一以上，业务覆盖全球120多个国家，亚太地区总部设立在新加坡，拜尔作物科学（中国）总部位于北京，生产基地位于杭州，主要生产和销售有益于健康的优质、高效、安全、无公害的杀虫剂、杀菌剂、除草剂等作物保护产品，帮助全球农民提高作物质量和产量。

（二）农业科技发展经验与做法

1. 注重依靠科技创新巩固核心业务布局与产业服务

拜尔公司科技创新优势领域是植保领域，在巩固其优势地位基础上，不断发展生物农药领域，并将生物农药作为传统化学农药的补充进行组合使用，同时以公司核心种子品牌SeedGrowth为核心，构建高度整合的种子应用体系，为综合作物解决方案提供丰富农资产品，引领核心业务全面均衡发展。一是建立完善农资产品生产线，构建了植保+种子处理应用体系，发挥协同效应；二是确保植保三大类产品均衡发展，拜耳公司注意到杀菌剂增长迅速、种子处理剂潜力巨大的市场商机，致力于生产高附加值产品，逐步削减老产品，加速新老产品更新换代，保障新产品对植保业务销售额增长贡献率70%；三是抢先布局生物农药领域，将其作为传统化学农药的补充，进一步整合植保业务资源。

2. 利用数字信息化技术助力农户实现可持续生产

拜尔作物科学公司不断加大对研究和开发部门的投资，以支撑面临新型挑战的农业行业发展，拜尔作物科学拥有一条业内最为先进和强大的新品开发线，每年的研发开支总额超过10亿欧元以上，利用自身在这些新技术平台上的经验和竞争优势，引导和提供可持续作物解决方案的使用和普及，保障全球农业可持续发展。另外，拜尔作物科学公司不断将数字化和信息化技术应用于农业生产之中，数字化农业是将农户在田间的经验知识与你每天都使用的科技结合起来，使农户的农田种植生产更容易。它优化农田管理决策，以更加可持续的方式种植出更多的粮食。主要包括气象预测、土壤养分检测、病虫害防治识别等方面，并充分考虑不同生态类型区气候、地形因素等，为不同地区农业生产提供实用技术的决策辅助。未来，拜尔将加强信息化研发投资力度，通过现代技术创新，助力农户实现可持续生产。

二、瑞士雀巢公司

（一）基本情况

雀巢公司（Nestle）是由亨利·雀巢1867年创建，总部设在瑞士日内瓦湖畔的韦威，以生产婴儿食品起家，产品业务逐渐拓展，以生产巧克力棒和速溶咖啡闻名遐迩。在全球拥有500多家工厂，为世界上最大的食品制造商。2011年7月11日，雀巢公司计划出资21亿新加坡元（约17亿美元）收购糖果制造商徐福记的60%股权；2018年8月28日，雀巢公司以71.5亿美元授权协议成功收购星巴克，进一步推动了企业快速发展。雀巢公司本着提升生活品质，贡献于更健康未来的理念，与数十亿人的生活息息相关，期望为个人、家庭、社区和地球建设更美好健康的世界贡献力量。

雀巢公司是世界上最大的食品制造商，也是最大的跨国公司之一，十分注重科技研发体系建设，在不同地区设立了研发实验室，工厂实验室、地区实验室、瑞士维威中央控制实验室等，这一套完整的研发平台，确保了雀巢产品高质量、高品位和高信誉。在科研资金投入方面，雀巢公司强调科研以市场为导向，不断增加科研经费投入，持续调整生产结构和产品结构，新产品逐年增加。2018年销售额914亿瑞士法郎，同比增长2.1%；净利润为101亿瑞士法郎，同比增长41.6%，在世界500强中排名第69位。公司拥有适合当地市场与文化的丰富产品系列，在世界各地80多个国家中建有500多家工厂，所有产品生产和销售由总部领导下的200多个部门完成。雀巢公司销售额主要来自国外的市场，因此雀巢公司也被称为"最国际化的跨国集团"。

（二）农业科技发展经验与做法

1. 因地制宜的研发体系与全球领先的科研能力巩固企业核心竞争力

雀巢一直把科技创新视为企业的核心竞争力，这家全球第一食品企业依靠因地制宜的研发体系和不断增强的研发能力，保障企业持续的生命力。在全球整个食品企业中雀巢公司投入研发经费是最多的，正是科技的力量帮助雀巢公司书写下许多世界第一。一是在全球建立了30个左右的研发中心和拥有5 000多名研发人员，每个中心都有自己的研发模式和主攻方向，结合区域特点，因地制宜构建研发体系。二是雀巢总部研究中心拥有400多名科学家，主要从事基础研究工作，不断用科技创造新产品，改善用户生活。

2. 迎合市场消费需求，加快科技型产品研发与个性化产品定制

雀巢公司根据客户体验、市场需求和时代要求不断创新产品，加快科技型产品研发与个性化产品定制，这种导向性创新为企业注入了新活力，促进了企业全面发展。一是建立倒金字塔式的研发创新体系，位于最底部的是瑞士洛桑雀巢研究中心，主要负责公司的基础研究工作；中间部分是遍布全球20多个国家和地区的产品技术研发中心，主要从事系列产品开发工作，为雀巢公司在全球各地工厂提供技术支持。二是在不同国家地区均建立客户交流体验中心，迎合市场消费需求不断创新产品，

保障雀巢公司各种研发成果不断从实验室走向市场，适应不同消费者对食品的个性需求。

加强科技创新，颠覆传统消费理念

瑞士雀巢公司一直把科技创新作为企业的生命线，该公司2019年推出的减糖巧克力，实现了突破性创新。这种可可含量70%的新式黑巧克力产品，其最大的特点是所有原料均来源于可可果本身，而不额外添加任何精制糖，也不会影响产品的口感和品质。众所周知，黑巧克力又称纯巧克力，市售黑巧克力中可可浆和可可脂总含量一般在70%～85%，其余部分添加精制蔗糖而制成，原配方里的蔗糖不仅仅中和纯可可浆和可可脂的苦味，提供美妙的甜味，同时也起到改善口感、增强风味等诸多作用。但雀巢公司却跳出常规，将黑巧克力中原本占据30%左右的蔗糖完全用可可果肉替代，该创新不仅将可可果的利用率从22%提高到31%，而且从技术层面来看，针对一直困扰着巧克力行业的减糖问题，雀巢提供了一个"保质量、低成本"的解决方案。那么到底什么才是最佳的蔗糖替代物呢？研发者们曾苦苦寻找的"密钥"是可可果肉，其含有82%～87%水分、10%～15%糖（60%蔗糖+39%葡萄糖/果糖混合物）、2%～3%戊糖、1%～3%柠檬酸及1%～1.5%果胶，这项研究改变了传统巧克力制作方法，使巧克力产品显得更高端。

三、陶氏化学公司

（一）基本情况

美国陶氏是一家全球领先多元化的化学公司，成立于1897年，已经有110多年历史，2017年8月31日，陶氏化学公司与杜邦公司成功完成合并，名称为"陶氏杜邦"，拥有农业、材料科学、特种产品三大业务部门，合并后的陶氏杜邦业务总市值达1 300亿美元。公司将可持续发展理念贯穿于创新之中，运用科学和技术力量，为农业进步创造更美好生活。

陶氏化学是全球化工行业的百年老店，作为一家经营多元化公司，陶氏化学凭借其自身强大技术创新能力、渠道整合能力和资本创新能力成功构筑企业的核心竞争优势。同时，公司通过技术交叉渗透产业融合，实现了主要核心技术与生物技术等高新技术交叉融合，逐步开发并完善出全新的产业链条和产品体系。1906年，公司设立农药部门，初步涉足农业化学品行业，并成功生产出第一批农药产品。1913年，公司凭借自身成熟的卤化物生产技术，逐步开发出了新的氯仿合成工艺并抛弃溴代产品，将产品线延伸至四氯化碳、氯化镁、氯化钙等氯化物。恰恰这些氯化物在杀虫剂、农用化学品等领域拥有极高的商业价值以及实用价值。进入21世纪，在全球竞争加剧和行业整合越来越频繁的背景下，陶氏化学公司不断加强创新，并辅以资产整合，拓宽自身产品领域。公司收购了埃尼化学的聚氨酯业务、罗门哈斯的农用化学品业务，完善和延伸自身下游产业链，成功在特殊化学品和高新材料上奠定全球领先地位，成为世界第二大化工企业。陶氏集团为全球约180个国家和地区的客户提供种类繁多的产品及服务，在全球拥有约5.3万名员工，在35个国家和地区运营200多家生产工厂，产品系列多达7 000多种。

（二）农业科技发展经验与做法

1. 个性化的科技解决方案为农业可持续发展提供技术支撑

陶氏杜邦公司全力打造个性化的作物解决方案，积极布局数字农业，通过科技创新来实现生产更自然、产品更生态，为农业可持续发展提供技术支撑。一是在种子、农化产品还有数字工具等这些领域积极投入研发经费，积极研发相关产品和技术，挖掘土壤、作物、空气等方面的大数据，再利用先进的算法和技术平台对生产田间实现平方米级分析，指导农民精准定位、精准控制、精准作业、精准生产，使生产更为高效。二是陶氏杜邦公司还十分注重技术研发，在全球设立了150多个研发机构，特别注重推进基因编辑等基础研究发展，通过科技创新来实现生产更自然、产品更生态。

2. 围绕农业生产一线需求构建研发与培训服务体系

陶氏化学公司非常注重倾听和尊重农户的需求，积极构建研发与培训服务体系，帮助农户掌握先进技术并运用于耕作经营，助力全球农业科技变革和可持续发展。由于农户缺乏获取创新技术的渠道，且接受新技术需要时间长，公司一是注重技术传播，积极开展远程视频培训，尽可能覆盖到更多的用户。二是积极培养耕种生产能力，依靠耕种经营化和商业运营能力提升用户的整体收益。

积极研发新型材料，微生物农药促进植保变革

陶氏化学公司一直是一家科学企业，例如该公司近期研发的苏云金芽孢杆菌（Bt）是最常用微生物农药之一，目前在生物农药市场上所占份额最大。然而，由于孢子对雨水和紫外线较敏感，晶体蛋白在植物叶子上的停留期较短，导致Bt在田间缺乏长期活性。在雨水和阳光难以控制的条件下，陶氏化学公司积极加速提高产品对这些环境因素抵抗力，充分发挥Bt在田间优势的新型材料研制。陶氏化学公司研发的新材料能够使液态Bt制剂模拟雨水中两个小时之后，仍可留存75%的Cry蛋白。与之相比，对照Bt制剂模拟雨水中相同时间后，植物叶子的表面上已无Cry蛋白残留。这些材料也可以喷雾干燥，在进行喷雾干燥以及在水中再分散干燥产品后，暴露于模拟雨水后的Cry蛋白质存留率仍高达58%。同时，陶氏化学公司的材料也能增强Bt孢子抗紫外线能力，Bt孢子在模拟阳光下暴露两小时后，存活率仍保持在95%。而暴露于相同条件下时，则无存活孢子，该研究为微生物剂农药的发展起到了重要推动作用。

四、先正达集团股份有限公司

（一）基本情况

先正达集团股份有限公司，是由中化集团、中国化工集团将其下属农业板块资产（化肥、农药、种子）注资的公司。包括中农科技，涉及中化化肥、荃银高科、安道麦A、扬农化工等上市公司。中农科技将更名为"先正达集团股份有限公司"。作为新先正达集团公司的家底之一先正达（Syngenta），总部设在瑞士巴塞尔，于2000年11月13日，由阿斯特拉捷利康的农化相关业务–捷利康农化公司以及诺华的作物保护和种子相关业务分别从原母公司中独立出来，重新合并组建全球性、最具有

实力的农业科技型的企业。是全球第一大农药、第三大种子的高科技公司，农药和种子分别占全球市场份额的 20% 和 8%。在全球农业科技领域，先正达拥有高效的运作和管理模式。跨作物、跨地区的市场营销能力使其在全球农业市场中游刃有余。雄厚的科技创新研发实力使其在瞬息万变的业界保持创新优势。公司业务遍及全球 90 个国家和地区，拥有约 21 000 名员工，其中约 5 000 人从事研究和开发工作。每年，先正达投资于研发的经费超过 8 亿美元。先正达的领先技术涉及多个领域，包括基因组、生物信息、作物转化、合成化学、分子毒理学，以及环境科学、高通量筛选、标记辅助育种和先进的制剂加工技术。作为全球领先的、以研发为基础的农业科技企业，先正达与全球 400 多家大学、研究机构和私人企业开展广泛的合作。先正达公司在中国的发展史可以追溯到 100 多年前。自卜内门/汽巴在上海开设办事处及第一间工厂开始，公司在中国的业务就同国家的发展同步。

2016 年 2 月 3 日，中国化工宣布将通过公开要约收购瑞士农化及种子公司先正达，收购价格为每股 465 美元，股权收购价为 430 亿美元。收购完成后，中国化工可获得国际一流的农化、种子研发技术、品牌及渠道资源，并显著提高其农业科技水平。中国化工收购瑞士先正达项目为迄今为止中国企业在海外进行的最大一笔并购交易，本次并购银团项目得到了境内外银行机构的积极响应和大力支持。

（二）农业科技发展经验与做法

1. 基于绿色增长计划减少资源消耗，推动农业科技进步

先正达通过提高生产效率以减少资源消耗，基于绿色增长计划推动农业科技进步。一是减少农用物资投入，在不消耗更多自然资源投入的前提下，实现农作物高效生长，完成更多粮食生产，提高平均生产效率。先正达在水稻、玉米和马铃薯等作物上建立了 104 个示范参考农场，减少农用物资投入，比较 2014 年的基线数据，参考农户的平均生产效率提升了 8.62%；在不消耗更多土地、水和其他自然资源投入的前提下，将世界主要作物的平均生产效率提高 20%。二是不断推动更多生物多样性，减少土地退化。先正达逐步提升 1 000 万公顷濒临退化耕地的肥力，在 2 200 万公顷的土地上推广了保护耕地的措施，在 500 万公顷耕地上提高

生物多样性。

2.通过卫星遥感等智能化手段布局农业数字化解决方案

先正达致力于通过创新的科研技术，积极布局农业的数字化解决方案，推动农业现代化与可持续发展。一是通过卫星遥感和互联网相关的技术进行实时数据检测，及时掌握农作物的生长情况和健康状况，以便于更加精准地实施作物解决方案。二是通过实时数据分析与数字化手段，辅助管理者进行决策，优化作业效率，最大限度优化植保产品的作用。三是实现对农机作业与操作人员的可视化管理，通过智能化管理手段，降低农场运营成本。

3.以科技创新为手段推动产业链创新升级

先正达高昂的研发投入与领先的创新实力都处于行业前沿，不断以新技术、新产品、新成果推动农业产业链变革升级。一是在植保领域，先正达拥有无可比拟的新产品上市数量与产品渠道，其杀菌剂产品彰显全球领导者实力。二是在种业领域，先正达致力打造世界一流种业研发和工程技术中心，促进高效种质创新，加速新品种创制，提升重要农作物种子的产量、抗病性、抗逆性和品质。三是在生物技术领域，先正达建立了玉米、水稻、小麦、番茄和向日葵的基因编辑平台，积极推进各种优异性状的开发，全面推动农业产业创新升级，助力提升农业科技竞争力。

五、迪尔公司

（一）基本情况

迪尔公司（John Deere）是全球著名的农机巨头，总部设在美国伊利诺依莫林市，成立于1837年。创始人是约翰迪尔，他最早研制出一种不粘泥土耕种犁，并由此开始创立了迪尔公司。迪尔公司经过180年来的发展，与世界各地用户携手合作，不断成长壮大。经过一个多世纪的发展，该公司已经成长为生产全球领先的工程机械、农用机械、景观工程设备、草坪机械设备、场地养护设备、灌溉产品等的公司。自20世纪20年代起，迪尔工程机械公司向土建、公共事业、物料处理和森林领域提供各种高效率和高可靠性的设备，并赢得了广泛赞誉。

迪尔公司主要有三个业务部分：一是农业和草坪设备、建筑和林业设备以及信贷，该业务重点是帮助用户改善全球生活质量，提高工作效率，并通过先进的经销商网络开展产品销售和服务，提供全方位农业解决方案；二是商用和民用设备生产，主要包括北美品种最齐全的草坪和园林拖拉机、高尔夫球场设备、剪草机、其他户外相关产品；三是景观工程及设备，该业务重点是为园林绿化提供灌溉设备和苗圃用产品，另外，建筑与林业设备是北美地区主要的建筑设备制造商，也是全球领先的林业设备制造商；信用公司是美国最大设备融资公司之一，为公司发展提供了重要金融保障，主要提供循环信用、运营贷款、作物保险、股权融资等。迪尔公司在取得持久业绩的过程中，不仅坚持诚信和社会责任感，而且要求其所有的经销商都必须遵循该公司的《供应商行为守则》。迪尔公司 2018 营业收入年销售 373.58 亿美元，净利润为 23.68 亿美元，主要销售收入来自农业机械。迪尔公司在全球 11 个国家设有相关制造基地，全球雇员达 44 000 人，产品行销 170 多个国家和地区，是目前世界最大农业机械制造商和第二大工程机械制造商。

（二）农业科技发展经验与做法

1. 依托农业机械化和金融保障政策推动自身科技发展

迪尔公司之所以能够成为全球最大的农机生产公司，除了依托其强大的农业生产机械化研发能力外，还与美国政府建立的完善农业科研政策和金融保障体系密不可分。一是逐渐加大对大田农业生产机械的研发力度，迪尔公司农业机械产品质量好，性能佳，标准化和通用化程度高，操作方便，整体研发处于世界先进水平。二是政府逐年增加农业科技创新和示范推广经费，充足科研推广经费保障了新产品、新技术、新工艺的快速推广应用。三是农业信贷支持力度持续加大，为满足农业发展资金需要，政府积极引导相关农业信贷公司支持农业生产活动发展。

2. 瞄准世界科技前沿，加强基础研究积累与农业生产装备研发

新一轮科技浪潮已经来临，迪尔公司瞄准世界前沿科技，重视基础研究积累，加强农业生产机械的研发力度。一是伴随着无人机、机器人、物联网、智能监控越来越多应用在农业各个领域，迪尔公司重视基础研究积累，采用包括机器学习、机器视觉、大数据、云计算、人工智能在内各项新技术，为农业发展带来持久的革命性变化。二是逐渐重视对大田农业生产机械的研发力度，要实现农业生产机械化，首先要实现粮食生产机械化。迪尔公司致力于农业生产装备研发，并于 20 世纪 40 年代帮助美国成为全球第一个实现粮食生产全程机械化国家，到 20 世纪 60 年代后期，逐步实现了粮食生产前、中、后全过程高度机械化，到 20 世纪 70 年代初期，还实现了油菜、棉花等经济作物和特色作物生产全程机械化。

多技术耦合农用机器人研发与应用

迪尔公司旗下的一款成功产品 LettuceBot（生菜机器人），利用计算机视觉技术，先拍摄目标区域的植物，然后进行分析，判断哪些是要保留的正常农作物，哪些是需要清除的杂草，机器人会在杂草附近的一小片区域内喷洒除草剂。作为典型的精准农业，机器人自动化作业，不仅提升效率，而且大量减少农药的使用，其所喷洒的除草剂只有传统方式的十分之一。同时机器人安装多达 20 个高速处理器，引入深度学习技术，可以准确高效地实现植物识别，在喷洒农药和化肥等同时，LettuceBot 可以根据农作物种植的间距，结合历史产量经验，判断哪片农作物需要保留，哪片农作物需要调整，甚至需要推掉，重新种植。数据表明，LettuceBot 每分钟可照顾 5 000 株植物，以每小时 5 英里[①]（约 8 公里）的速度行进时，可进行精度为 0.25 英寸[②]（约合 0.6 厘米）的持续作业。按照 1 个机器人配备 1 辆拖拉机计算，1 天可完成 40 亩土地的完整作业。截至 2017 年，LettuceBot 的用户累计在 35 000 亩土地上扫描了 20 亿株植物，而且全部进行了记录和分析，科技创新大幅度提高了农业生产效率。

---

① 1 英里=1.609 公里。

② 1 英寸=2.54 厘米。

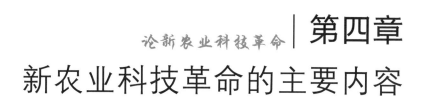

论新农业科技革命 | **第四章**

新农业科技革命的主要内容

第一节　新农业科技革命的先兆热点与可能方向

当前，新一轮农业科技革命和产业变革不断推进，分析新农业科技革命的潜在方向与引爆点，有助于我们及时开展前期布局，把握前沿方向，并搭乘上新一轮革命的快车。从当今世界科技发展的态势看，奠定现代科技基础的重大科学发展基本发生在 20 世纪上半叶。到目前，"科学的沉寂"已达到 60 余年。世界经济的发展由于上一轮科技革命的作用已经有限，步伐明显放缓，全球也形成了对新技术革命速度加快、时间提前的迫切呼唤。同时，科学技术知识体系积累的内在矛盾凸现，在物质能量的调控与转换、量子信息调控与传输、生命基因的遗传变异进化与人工合成、脑与认知、地球系统的演化等科学领域，在能源、资源、信息、先进材料、现代农业、人口健康等关系现代化进程的战略领域中，一些重要的科学问题和关键核心技术发生革命性突破的先兆已日益显现。在与农业有关的领域中，生物技术、信息技术、互联网技术的重要性充分凸显，各大学科的跨界融合成为潮流，农业科技贡献率也日益提高，同农业农村的经济、社会、文化、生态深入协同发展，对我国农业生产和消费产生了深刻影响。随着生物技术的突飞猛进的发展以及与人工智能、大数据、传感器、下一代移动通信等技术的结合，逐渐成为新农业科技革命的可能引爆点。

在生物技术中，光合作用利用技术、生物固氮技术、基因聚合技术、基因编辑技术、合成生物学技术、组学与生物大数据、干细胞具有代表性；农机与信息化技术中，垂直农业生产、人工智能农业技术为代表的一批先进技术可能改变生产耕作制度，引起颠覆性变革。这些技术可能是新农业科技革命的先兆热点和发动机，将点燃新农业科技革命的火焰。当然，科技革命往往需要放在历史范畴去考虑，也具有不可预测的属性，目前我们的知识或眼界所限还不一定能够准确研判，可能我们当前未知的某种X因素也许会突然出现并加速、扩大新农业科技革命的进程，本章内容不一定能全面反映（图4-1）。

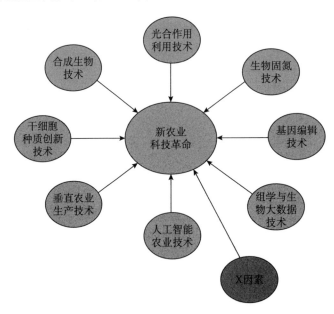

图4-1 目前引领新农业科技革命的前沿技术

一、光合作用优化改良技术

1. 技术背景

光合作用是地球上植物和微生物最大规模地利用太阳能，把二氧化碳和水合成为碳水化合物并放出氧气的过程，为人类、动植物及微生物的生命活动提供有机物、能量和氧气。到目前为止，由于在光合作用及相关研究取得重大突破而被授予诺贝尔奖的次数已达 10 次，光合作用研究成为基础科学以及应用基础科学研究领域中的热点。

目前世界人口以每年 1.2% 的速度增长，到 2050 年左右将超过 100 亿人，预计全球粮食产量平均每年增长 2.4% 才能满足人口持续增长的基本需求。然而目前四大粮食作物的产量仅以每年 0.9% ~ 1.6% 的速度增长，远远无法满足人口增长所需。因此，在粮食安全需求的压力下，高产始终是农业生产不懈追求的目标。然而，近年来作物产量的增长已达到一个平台期，单产增幅日益缓慢，进一步提高作物产量需要新的途径和策略。

光合作用是几乎所有生物的能量来源，也是作物产量形成的物质基础。研究表明，大田作物的实际光能转化效率仅为其理论最大值的 1/5，提高作物光合作用效率被认为是未来大幅提高作物产量潜力的一个关键而有效的途径。

2. 发展现状

目前，随着研究手段和方法的进步以及对光合作用分子机理的进一步研究，光合作用已经成为了一项前沿交叉性研究，与农业、能源、环境等的发展密切相关。

（1）优化光能的吸收、传递和转化效率。植物对光能的吸收、传递和转化效率是决定光合作用效率的重要因素。通过基因工程技术降低强光下的光抑制作用和增加光合电子传递速率等方法可提高植物光合作用效率及生物产量。

光合作用中高效吸能、传能和转能的分子机理是光合作用研究领域的核心问题之一。已知天线色素和反应中心色素蛋白复合体是光合作用高效吸收、传递和转化能量的结构基础。现今已能确定光合作用光能的吸收、传递和转能均是在具有固定分子排列及空间构象、镶嵌在光合膜中的捕光及反应中心色素蛋白复合体中高效进行的。中国科学院植物研究所解析了高等植物光系统 I（PSI）光合膜蛋白超分子复合物，PSI-LHCI（光系统 I-捕光蛋白复合物）是一个极高效率的太阳能转化系统，该成果为揭示高等植物 PSI-LHCI 高效吸能、传能和转能的机理奠定了坚实的结构基础，对于阐明光合作用机理及能源开发利用具有重大的理论和实践意义。

（2）实现光能高效利用，提高碳同化效率。光能的高效利用不但可为植物的碳同化提供还原力，还可以进一步促进光能的高效吸收。RuBisCO（1, 5-二磷酸核酮糖羧化酶/加氧酶）是光合作用过程中决定碳同化速率的限速酶，提高 RuBisCO 酶的羧化活性是提高光合碳同化效率的有效途径。同时，光呼吸途径是一个高耗能的过程，正常条件下可损耗光合产物的 25% ~ 30%，抑制植物光呼吸途径中相关代谢产物关键转运蛋白的表达，可提升光合产物的积累，可见改变光呼吸途径可成为提高光能利用效率进而提高作物产量的重要手段。

在多数高等植物中，每个叶肉细胞可含有 100 个以上叶绿体，每个叶绿体中含有约 100 个拷贝的叶绿体基因组，因此叶绿体具备作为植物细胞工厂的强大能力和丰富物质基础。作为特异的反应器，叶绿体进行光合能量转化生成多种代谢产物，是植物生命和农业生产的基础。相对核基因组，叶绿体基因组具有很多特殊优势（如高表达量、母系遗传、基因叠加能力等），因而叶绿体基因工程在作物改良和生物技术产业中拥有巨大开发潜力（如抗逆、抗病、产量与营养、生物医药、生物能源、环境保护等）。

（3）C_4 光合途径以及 CO_2 浓缩机制的改造和适配。光合 CO_2 浓缩机制是多种高效光合途径的通用策略，是生物结构与功能精巧统一的典型代表。研究表明，C_4 植物因其叶片具有特有的 Kranz 结构能将 CO_2 浓缩至 RuBisCO 周围，提高 RuBisCO 羧化效率，降低光呼吸作用，从而具有较 C_3 植物更高的光合作用效率、水分利用效率、氮素利用效率及抗逆境胁迫能力。如何将 C_4 光合作用途径导入 C_3 作物中，使其具有 C_4 光合作用的功能，进而实现提高光合效率、增加产量的目的，一直是植物学家的研究热点。国内外有不少实验室针对一个或多个 C_4 代谢过程进行遗传工程改造，评估结果显示一些光合效能的改善，但尚未实现在 C_3 单一类型光合细胞背景下光合效率和产量的根本提升。研究者逐渐认识到，对作为代谢场所的 C_4 类型特殊叶片结构及其调控的了解，包括细胞类型的决定，细胞排列方式的优化，叶绿体、线粒体等细胞器的特殊功能化等，很可能是以 C_4 高光效为目标对主要作物进行遗传改造的前提。

3. 未来展望

（1）利用合成生物学的方法对光合途径进行改造。未来对光合高效利用的发展趋势是利用合成生物学的方法对光合途径进行改造，如通过引入 CO_2 浓缩机制（CO_2 concentrating mechanism，CCM）（如蓝藻细菌中的 CO_2-HCO_3^- 泵）、改良光合途径的关键酶（如 RubisCO、RCA 等）、优化卡尔文循环、建立新的光合作用代谢支路可以提升作物产量达 30% 以上。

（2）培育具有 C_4 结构及光合作用特征的 C_3 作物。培育具有 C_4 结构及光合作用特征的水稻、小麦等作物，理论上光合作用效率可提升 50%、单产提高 30% ~ 50%、水肥利用效率也将高出一倍以上，具有巨大的增产潜力。但仍需克服很多难题，如实现 C_4 光合作用所需的叶片结构基础、建立 CO_2 浓缩机制等。

（3）利用系统建模解析光合效率调控网络。利用系统生物学的思想和理论，统筹建立光合作用系统模型，进而阐明决定光合效率的关键基因和调控网络。

（4）发掘调控光合作用的功能基因应用于作物育种。利用已有的种质资源及突变体材料，结合基因工程及遗传育种（人工智能辅助高光效育种、C_4 高光效育种、创制新的代谢支路育种以及光合作用关键酶改造高光效育种等），进一步筛选功能基因并深入发掘其生理功能及作用机制，实现作物高光效、氮素利用及抗逆抗病能力的协同提高。

（5）人工合成叶绿体。利用人工叶绿体合成人们所需的有机物，重现植物叶绿体的复杂性和光合效率。结合生物学与纳米微流控技术，将叶绿体膜和乙基丙二酰辅酶 A/羟基丁基辅酶 A 循环耦合，合成细胞大小的液滴，不仅可以实现自动化生产人工叶绿体，还能根据人们的需求通过添加不同的酶从而制备不同功能的人工叶绿体，通过光便可以控制这些人工叶绿体合成不同的物质。

二、生物固氮技术

1. 技术背景

生物固氮是指固氮微生物以自生固氮、共生固氮或联合固氮的形式将大气中的氮气还原成氨的过程。共生固氮微生物只有和植物互利共生时，才能固定空气中的分子态氮，共生固氮微生物可以分为两类：一类是与豆科植物共生固氮微生物，另一类是与水生蕨类植物共生固氮微生物。生物固氮在提高作物产量、降低化肥用量和保持农业可持续发展等方面发挥着重要作用。但是，天然固氮体系存在宿主范围窄和固氮活性低等缺陷，固氮生产菌株存在竞争力弱和田间应用效果差等问题，从而大大局限了生物固氮在农业中的广泛应用。如何增强根际联合固氮效率、扩大根瘤菌共生固氮的宿主范围、构建自主固氮的非豆科作物、创制新一代固氮产品是当前国际生物固氮研究的前沿方向，同时也是一个世界性的农业科技难题。

2. 发展现状

当前，生物固氮理论研究已进入后基因组学、表观遗传学和合成生物学交叉融合的新阶段，固氮系统进化、基因网络调控、根际固氮微生物与宿主植物互作以及固氮装置的人工设计等研究不断深入，为生物固氮的农业应用提供了革命性的新策略和新途径。相关研究进展包括：

（1）根际固氮网络调控系统研究。为适应多变的根际环境，联合固氮菌在长期进化中形成了一套复杂而精细的基因表达网络调控系统，在转录和翻译水平上调节其固氮酶活性、碳氮利用和生物膜形成等生命活动。施氏假单胞菌A1501是假单胞菌属中第一株被报道具有固氮能力并完成全基因组测序的菌株，该菌株作为联合固氮研究的模式菌，在根际固氮网络调控机制研究方面的突破将为生物固氮途径再造提供有力的理论指导。

（2）耐铵泌铵固氮工程菌构建。铵是固氮酶表达和活性的主要抑制因子，另外固氮微生物固定的铵一般情况下不会分泌到环境中，打破铵抑制，构建泌铵固氮菌株一直是生物固氮研究的热点。第一代泌铵固氮化学诱变菌株通过L-蛋氨酸磺酸盐或乙二胺诱变获得，但对菌株生长影响太大。第二代泌铵固氮基因工程重组菌株通过定位突变铵同化、铵转运或固氮负调节基因等方式获得，但存在固氮酶活下降和泌铵能力偏低等问题。第三代耐铵泌铵固氮菌株的构建是在第二代菌株的基础上，通过人工设计固氮激活蛋白NifA功能模块和人工小RNA模块来提高固氮酶的耐铵和泌铵能力；如在固氮施氏假单胞菌A1501中，将人工设计的固氮激活蛋白NifA功能模块转入铵转运蛋白基因 *amtB1* 和 *amtB2* 的双缺失突变体中，获得耐铵泌铵固氮工程菌。

（3）固氮大肠杆菌构建。固氮大肠杆菌的人工构建一直是固氮合成生物学的研究热点。以模式微生物大肠杆菌为底盘，重构了产酸克雷伯菌的钼铁固氮酶系统、棕色固氮菌的铁铁固氮酶系统，并且证明重组的铁铁固氮酶系统最少只需要10个基因即可在大肠杆菌中固氮。通过改造氮代谢总体调控系统中的负反馈信号转导途径，在大肠杆菌中构建了两个优化的耐铵底盘生物模块，进一步构建了耐铵固氮的大肠杆菌菌株。

（4）叶绿体的电子传递链与固氮酶系统的适配性研究。长期以来，叶绿体一直被认为是最适合导入固氮酶系统的真核细胞结构。在大肠杆菌中分别重构了来自植物叶绿体、白体和线粒体的电子传递链模块组分，包括氧化还原酶FNR及电子供体FD，将以上植物源的电子传递链组分逐一替换固氮酶系统中对应的电子传递链组分，并分别引入钼铁及铁铁固氮酶系统。研究结果发现：来源于叶绿体和白体的电子供体FD能够与固氮酶系统中的氧化还原酶NifJ组成有功能的电子传递链模块，支持固氮酶活性；来自线粒体的FNR可与固氮酶电子供体FdxB组合形成杂合模块支持固氮酶活性；来自叶绿体和白体的"植物源FNR-FD"纯合电子传递链模块能够为固氮酶系统提供还原力。以上研究结果揭示了植物细胞器中潜在固氮酶电子传递链的工作模式，为植物自主固氮的实现奠定了重要的理论基础。

（5）超简固氮基因组构建。目前已知的固氮酶系统由于基因簇较为庞大且调控机制复杂，限制了其导入植物细胞的可能性。为了解决这一难题，采用polyprotein的策略（即共转录共翻译，然后利用特异性蛋白酶将多聚蛋白剪切成各个蛋白肽段进行组装）对高度复杂的钼铁固氮酶系统进行合并同类项简化。目前学者们已经成功将原本以 6 个操纵子为单元的、含有 18 个基因的产酸克雷伯菌钼铁固氮酶系统组合为 5 个编码人工 polyprotein 的巨型基因，并证明其可支持大肠杆菌以氮气作为唯一氮源生长。结合前述电子传递链的适配性研究结果，理论上讲只需要 3 个巨型基因就可以构建出能够自主固氮的高等植物。

3. 未来展望

随着人工固氮技术基础理论取得突破，有望在以下方面进行拓展研究与实际应用。

（1）建立非豆科植物与根瘤菌共生固氮体系。共生固氮微生物固氮效率高，但宿主特异性强，只能与某些豆科作物形成固氮根瘤，但无法应用在非豆科作物上。一般认为非豆科植物不能对共生根瘤菌产生的结瘤因子做出应答反应；近年来学者们发现拟南芥可通过抑制微生物关联分子模式（Microorganism-associated molecular patterns，MAMPs）触发的先天免疫反应对结瘤因子做出应答，但是不能够形成侵染机制。菌根在植物界广泛存在，诱导菌根和根瘤共生体形成的机制非常相似，菌根因子的结构类似于结瘤因子，根瘤菌和菌根在早、中期具有共同的传导通路，以菌根因子介导的信号途径同样存在于农作物中。可以设想，通过比较菌根和根瘤共生体信号转导途径的异同，尤其是信号受体和转录激活因子的差异，可以为根瘤菌在非豆科作物上结瘤固氮提供理论借鉴。

（2）在农作物中直接表达固氮酶基因簇。通过基因工程和细胞工程的技术将微生物的固氮酶基因簇导入农作物等目标植物，使植物直接获得固氮的能力，并且可将固氮能力直接遗传给子代。相关研究一直备受关注但进展缓慢，主要原因包括固氮酶基因簇较为庞大、调控系统复杂，以及氧气隔离需求等。目前科学家已在类芽孢杆菌中发现了大小仅为 10.5 kb 的完整固氮酶基因簇，是已知最小的固氮酶基因簇，有助于实现在植物中的异源表达。近年来也有学者利用合成生物学技术，在大肠杆菌中用一个新构建的 nif 基因表达调控系统代替了原来的基因调控元件，大大简化了生物固氮的级联调控机制，为将 nif 基因导入真核生物奠定了基础。对于固氮酶发挥作用所需的低氧分压条件，植物细胞中的叶绿体和线粒体是较为合适的靶标细胞器,其均可提供丰富的ATP及还原力。

(3)人工固氮体系。人工设计固氮和抗逆调控元件与功能模块,构建作物根际人工高效固氮体系并进行系统优化,是当前合成生物技术在农业中应用的一个重要研究方向。国内外有关固氮合成生物学研究的近期目标是是克服天然固氮体系缺陷,创制新一代根际固氮微生物产品,在田间示范条件下替代化学氮肥25%;10年中期目标是扩大根瘤菌宿主范围,构建非豆科作物结瘤固氮的新体系,减少化学氮肥用量50%;20年远期目标是探索作物自主固氮的新途径,在特定条件下完全替代化学氮肥。

三、基因编辑技术

1. 技术背景

基因编辑技术,是指通过定点改变基因组DNA序列进而改变目标遗传特征,利用核酸内切酶等工具实现目的基因的定点插入、删除和替换;已成功在动植物中应用的基因编辑工具包括:归巢核酸酶(mega nucleases,MN)、锌指蛋白核酸酶(zinc finger nucleases,ZFNs)、类转录激活因子效应物核酸酶(transcription activator−like effector nucleases,TALEN)、成簇规律间隔的短回文重复序列相关系统(clustered regularly interspaced short palindromic repeats associated cas system,CRISPR/Cas)等四类应用前景的基因编辑技术。

通过该技术,科学家可以靶向删除内源基因,引入自然发生的等位基因或基因元件,实现品种精准遗传改良,达到快速提高抗病性、产量、品质等性状的目的,并逐渐向人类健康等领域拓展应用。从1993年首篇I−SceI诱导的双链DNA断裂提高烟草同源重组频率,掀开了利用序列特异性核酸酶开展作物基因组精准操作时代的序幕。通过十几年的研究,基因组编辑和先进的繁殖技术相结合,与全基因组选择和大数据育种一同构成了现代动物改良的三大支柱。因其编辑所产生的变异具有稳定性,与通过常规育种和杂交选择所产生的自然变异相同,可以看作当下育种工具的自然延伸。基因组编辑的优势在于,可以仅用一个世代即将特定目标基因引入群体,且不引入其他非目标基因,它产生的祖代农业生物可以用于常规育种计划，通过杂交培育不同的新品系和新品种。基因组编辑潜力巨大，可以有效地解决育种中目标性状选择周期长、见效慢等关键瓶颈问题，为快速导入育种所需的目标性状创造了解决方案。

但是，基因组编辑技术目前仍然面临大量技术难题，例如提高敲除效率、减少脱靶效应、提高同源重组效率、实现基因定点替换或插入、如何高效递送基因组编辑系统进入细胞中等问题，影响了其应用的稳定性和安全性。

2. 发展现状

（1）技术发展沿革。基因编辑技术研究始于 20 世纪 80 年代末的美国，经过了起始期和缓慢发展期后，2013 年起该技术逐渐进入快速发展期。目前基于 CRISPR/Cas9 基因编辑技术发展迅猛，相关论文数量 5 年来增长近 20 倍。CRISPR 起初是在酸奶生产中为应对菌瘟而被发现的细菌免疫防御系统。2012 年 Jennifer Doudna 课题组将其改造为高效精准基因组编辑工具并在体外实验中验证成功，成为了该编辑工具的转折点。一年后，麻省理工学院张锋团队和哈佛大学 George Church 团队相继发表了 CRISPR/Cas9 在小鼠和人类体外培养细胞中的应用，将该技术拓展到真核生物应用中。随后，世界各国研究人员开始聚焦这个新的研究领域，成功实现双子叶植物拟南芥、烟草及单子叶植物水稻、小麦中进行基因组修饰，掀起了新一代基因组编辑的狂潮，并在专利层面进行布局。

（2）专利产权布局。ZFN 核心专利集中分布在 2003 ～ 2008 年，主要被 Sangamo 公司掌控。TALEN 核心专利主要分布在 2009 ～ 2012 年，主要掌握在 2Blades、明尼苏达大学等公益性机构手中，并已被授权于多个农业领域领军企业，如拜耳、杜邦先锋和孟山都等。CRISPR 技术核心专利出现于 2013 年后，目前该类仍存在诸多争议。

（3）技术产业化进程。基因组编辑育种可以高效地实现高产、优质、多抗、广适突破性新作物的培育，符合绿色农业、生态农业的发展目标。在农作物领域，种业巨头孟山都、杜邦先锋、先正达等相继成立基因组编辑研发中心，重点开展基因组编辑基因技术研发和相关农产品培育，一些利用这些技术研发的作物品种也已获得商业化许可。例如产生更多维生素A的"超级香蕉"和切开后不会变褐色的苹果等品种即将上市。预计未来几年基因组编辑作物品种将在全球范围内快速发展。

（4）我国相关研究进展。我国自2003年开始从事基因编辑领域的研究，虽然起步较晚，但后续发展快速，2013年后的相关论文数量增长显著，超越德国、法国和日本等国家，2017年首次超过美国，成为该领域年度发文最多的国家。其研究重点主要集中在生物医药、农业生产、生命科学基础研究领域。在畜禽育种方面，我国于2011年和2014年先后获得世界首例基因编辑牛和羊后，目前已获得基因编辑猪、牛、羊育种新材料30余种，其中在抗结核病牛、肌抑素基因编辑猪牛羊、定点整合技术体系已处于世界先进水平。在作物育种方面，2017年，我国开发了增强型碱基编辑器（enhanced base editor, eBE），实现了更精准的基因组单碱基编辑。2019年，构建了可利用20种已报道碱基编辑器进行编辑的人类疾病相关单碱基突变位点的数据库（BEable-GPS, Base Editable prediction of GlobalPathogenic SNVs）。2018年，科研人员利用Cas9变体（nCas9-D10A）融合大肠杆菌野生型腺嘌呤脱氨酶和人工定向进化的腺嘌呤脱氨酶二聚体，建立并优化出高效、精确的植物ABE（Adenine Base Editor）单碱基编辑系统，实现高效的A·T>G·C碱基的替换。

3. 未来展望

基因编辑生物的产业化推广还有很漫长的路要走，在技术层面还需要进一步提高成功率，简化基因编辑生物制备环节，降低成本和根除基因组编辑的脱靶。

（1）开发新型碱基编辑系统。未来将集中在碱基之间可进行转换的碱基编辑系统进行挖掘。以C变G为例，目前已有关于其设计思路及相关专利的报道。未来将发展更"友好"基因座、外源基因的组织特异性表达，进一步提高外源基因表达的稳定性和可控性。

（2）提高碱基编辑系统的特异性。今后还需开发在全基因组范围具有更高特异性和更高安全性的CBE系统，进一步降低全基因组水平的脱靶效应。或者在可人工进化脱氨酶找寻新的变体，在保证其正常编辑效率的同时能从本质上解决CBE系统在全基因组范围的脱靶。

（3）碱基编辑材料的形式及递送方式革新。如何将碱基编辑材料有效且安全地递送到细胞内是目前碱基编辑系统需要继续改进及发展的重要方面。目前，碱基编辑系统介导的编辑材料通过注射、电转、腺相关病毒及阳离子脂质体介导的转化方法实现。如何缩小BE载体大小使其更容易装载入腺病毒载体、甚至开发出用于基因治疗的新型递送系统及可直接进行组织特异性的递送仍需进一步的探索。

新一轮的生物育种技术革命正在兴起，基因组编辑农作物的商业化和产业化的步伐越来越近。抢占下一代生物技术育种的发展先机，全方位、多角度地深入进行多种植物基因组编辑技术的研究，储备相关技术尤为重要。农业生物育种将迎来全新的发展机遇，为人类提供更加优质、健康、廉价的产品。

四、组学与农业大数据技术

1. 技术背景

组学大数据技术，是通过对足够多的样本进行高通量测序，获得详细基因组、转录组等遗传学大数据进而鉴定出与重要经济性状密切相关的基因组变异及相关调控元件。畜禽遗传育种技术的开发与利用需要充足的组学大数据资源来提供畜禽重要经济性状的遗传靶点与相关调控元件作为重要的编辑和应用素材。

组学大数据分析的优势在于可以全面、系统地挖掘遗传靶点，其分析策略更加适用于本质多为微效多基因调控的经济性状。组学大数据在农业领域中的实现与推广得益于高通量测序成本的下降，以及不断创新发展的组学技术。

2. 发展现状

人工选择很大程度提升了农业动物的重要性状和生产性能，但表型性状背后的遗传机制仍然知之甚少。高通量测序技术的飞速发展、测序成本的下降开启了生命科学领域大数据时代的篇章，人类ENCODE、Roadmap、Fantom等计划的逐步实施有效地加深了人们对疾病产生分子机制的理解。在高通量技术带动下的生命科学领域发展浪潮中，动物基因组功能注解计划（the Functional Annotation of Animal Genomes (FAANG) project）于 2015 年正式启动，其主要目标是全面而完善的注解家养动物基因组中的功能元件。与此同时，我国畜牧学领域也正逐步加大对我国地方畜禽基因功能的注解，完善性状形成的分子调控网络，这些基因组领域的基础性工作是基于分子育种策略培育畜禽品种的理论基础，具有重要的意义。

目前，多个畜禽的基因组计划陆续完成，包括鸡、牛、牦牛、猪、山羊、绵羊、鸭子等。在参与统计的 12 个畜禽参考基因组中，我国主导或者参与完成了 8 个，凸显了我国在农业动物基因组研究领域的领先地位。畜禽动物参考基因组质量的提升极大地提高了基因组变异鉴定的准确性及可靠性，为后续重要经济性状相关候选基因的鉴定及功能验证提供了强有力的支持（表 4-1）。

表 4-1　农业动物参考基因组信息

物种	品种	发表时间（年）	基因组大小（Gb）	完成单位
鸡	红原鸡	2004	1.05	国际鸡基因组测序联盟
牛	海福特牛	2009	2.87	牛基因组测序联盟
马	纯种马	2009	2.47	美国 Broad 研究所
牦牛	青海牦牛	2012	2.66	中国兰州大学
猪	杜洛克猪	2012	2.60	国际猪基因组测序联盟
	五指山猪	2012	2.60	中国农业科学院 华大基因
	藏猪	2013	2.60	四川农业大学 诺禾致源
山羊	云南黑山羊	2012	2.66	中国科学院 华大基因
绵羊	特克塞尔羊	2014	2.61	中国科学院
鸭	北京鸭	2013	1.10	中国农业大学
鹅	浙东白鹅	2015	1.12	浙江省农业科学院 华大基因
驴	亚洲野驴	2015	2.36	内蒙古农业大学 华大基因
鸽子	Danish tumbler	2013	1.11	犹他大学 华大基因 哥本哈根大学

大量的农业经济动物长期以来受到很大的人工选择压力，基因组重测序已经被广泛地应用于农业动物驯化起源以及经济性状遗传变异解析，不仅有益于深入认识复杂性状的遗传学机制，更有助于后期的分子育种实践。

动物重要经济性状决定的分子机制异常复杂，除DNA固有的遗传变异以外，DNA的表观修饰以及基因的转录后调控等过程对表型性状也起着不可忽视的作用。已有大量研究利用转录组测序和非编码RNA测序解析不同性状表型的基因调控网络（表4-2），已成为农业基础研究领域又一研究热点。这些研究从转录组水平出发，对不同品种、不同发育阶段、不同处理条件及不同组织进行比较，对脂肪沉积、肌肉生长、抗逆性等重要经济性状进行了分子机制解析。

3. 未来展望

在农业科技领域，组学大数据与基因组选择、基因组选配、基因编辑、动物克隆等新技术的结合将越来越多地应用于实践，不仅可以提升畜禽新品种（系）培育、杂种优势利用的效率，而且有望真正实现精准育种，极大地加快畜禽种质创新与利用的进程。

（1）畜禽3D基因组学应用。整合组学技术将代替单一组学技术，成为畜禽重要经济性状遗传基础的重要解析手段，实现从基因到表型的因果突变挖掘和机制解析，为分子改良和育种提供重要数据。3D基因组学

表4-2 各畜禽物种近五年转录组文献统计

物种/年份	2016	2017	2018	2019	2020
鸡	101	137	164	202	77
牛	183	204	215	210	73
马	38	32	27	30	17
牦牛	3	5	11	16	5
猪	139	160	183	239	91
山羊	30	29	39	45	14
绵羊	59	66	63	87	30
鸭	14	15	10	24	12
鹅	7	8	11	10	10
驴	1	0	2	1	1
鸽子	3	5	5	4	3

注：数据统计自 Web of Science，截止日期为 2020-05-30。

技术将为畜禽功能基因组学研究与育种技术创新提供突破口，通过解析基因组变异引起的微效多基因调控网络改变从而揭示畜禽性状形成的遗传学基础。畜禽的重要经济性状大多为典型的复杂数量性状，受微效多基因调控，单基因变化往往难以对表型造成明显改变。大量基因组变异主要集中在约占基因组98%比例的非编码区，而研究较集中的导致基因功能改变的编码区变异属于概率极小的"稀有事件"。以3D基因组为核心、结合转录组、甲基化组合和蛋白质组的多组学研究可以揭示非编码变异的空间互作关系与参与的基因调控网络，为揭秘其功能影响与育种应用潜力提供了有力手段。

（2）基因组结构变异的调控。通过改变染色质空间构象进而实现调控基因转录，为解析畜禽性状形成的多基因调控网络提供新视角。但基因组结构变异一直是研究盲点，随着三代测序技术的推广，基因组结构变异的研究门槛降低，为开展深入的畜禽基因组结构变异研究提供了便利。将三代测序技术与3D基因组及其他组学技术结合，能够从染色质空间构象视角解析结构变异的功能影响与性状形成的因果机制，有望取得重大理论创新和技术突破，并充分发掘基因结构变异的育种价值。

联合多组学大数据挖掘畜禽重要经济性状关联的功能基因与位点，并集成基因编辑、动物克隆、干细胞等技术，能够优化畜禽繁育方式，大幅提高畜禽繁育效率，将有望推动畜禽育种向着精准化、多元化、高效化、规模化等方向发展。

五、干细胞种质创新技术

1. 技术背景

干细胞是一类具有自我复制更新和分化能力的细胞，在一定条件下可以分化为多种功能的细胞。根据干细胞在体内所处的发育阶段分为胚胎干细胞（embryonic stem cells, ESCs）和成体干细胞（adult stem cells）。而通过在体外培养的体细胞中添加重编程因子诱导体细胞重编程为多能干细胞，即诱导多能干细胞（induced pluripotent stem cells, iPSCs）的出现，丰富了干细胞的来源。科学家可在这些干细胞的体外培养过程中通过基因编辑等操作获得稳定及目标基因修饰的干细胞系，用以制备基因编辑动物、定向诱导组织修复或器官生成、诱导配子生成、筛选治疗靶点以及研究新药药理等。具有体外可操作性、减少实验动物的使用数量、找到有效和持久的疾病治疗方法、提供大量丰富的实验素材等优点。

目前，干细胞领域在医学应用很多，在农业领域主要应用在动物种业方面。对于畜禽ESCs细胞系的建立进展仍很缓慢，仅在猪、羊和鸡的ESCs研究中获得初步进展。其中对于猪的干细胞相关研究相比于其他动物更加丰富。近年来涉及猪的ESCs、iPSCs、精原干细胞、肠道干细胞、牙胚干细胞、胰腺干细胞、骨髓来源的间充质干细胞和皮肤来源的干细胞等研究成果不断涌现。

2. 发展现状

利用干细胞进行基因编辑可能获得基因编辑家畜，从而得到生长快、抗病力强、高产的优良品种。尽管目前已经报道分离得到许多家畜的ES细胞，但由于这些ES细胞缺乏种系嵌合能力，即无法形成包括生殖系在内的嵌合体，并且在经过有限的传代后很容易分化或死亡，很快便丧失了自我更新能力。此外，在将干细胞疗法应用于人类药物之前，有必要用可接受的动物模型验证这些方法的效率和安全性。目前，由于猪囊胚内细胞团具有更好的附着力、生长和原始克隆形成能力，致使猪ESC、猪iPSCs在临床前应用有较强的便利性。

（1）猪的干细胞研究进展。猪已经成为生物医学研究中最受欢迎的大型动物模型之一，在许多情况下，它被认为是比啮齿动物模型更好的选择。此外，在人类试验之前，使用猪多能干细胞衍生物进行的移植研究可作为安全性和有效性的试验平台。2009年，科研人员通过电穿孔、病毒载体及脂质体介导的策略，将绿色荧光蛋白（green fluorescent protein, GFP）转入第44代猪ESC细胞系，获得了稳定表达GFP并能持续体外增殖90代的GFP-ESC。2012年，学者将猪内细胞团在添加糖原合酶激酶3β和促分裂原活化蛋白激酶1的抑制剂的人ESC培养基中扩大培养，获得了连续培养100多代。Chakritbudsabong等使用携带人类转录因子的逆转录病毒转导方法从胚胎成纤维细胞中诱导产生猪iPSCs，表达干细胞标记基因，能够形成类胚体和畸胎瘤，心肌方向分化后出现持续的跳动并表达心肌细胞标志基因。牙齿来源的干细胞作为组织再生的一种新来源而出现，其优势主要包括非侵入性的收集过程，以及在获得和使用方面不涉及伦理问题。Gurel等从6个月大的家猪的下颌第三磨牙牙胚中分离出来牙胚干细胞，这是首次报道的猪牙胚干细胞分离和鉴定研究；成年猪皮肤来源的干细胞和猪骨髓来源的间充质干细胞也成功分离并体外扩增培养；猪胰腺干细胞在II型糖尿病的移植应用中具有很高的价值，Han等建立了动态表达Wnt3a的猪胰腺干细胞系，并发现Wnt3a促进了猪胰腺干细胞的增殖潜力，为进一步研究猪胰腺干细胞的发育和分化提供了重要的工具；精原干细胞（SSCs）能够自我更新和分化为成熟的功能性精子，是雄性中唯一可以将遗传信息传递给下一代的成年干细胞。猪SSC在基因编辑猪生产中以及在建立用于再生医学的猪模型方面具有重要价值。2020年，Zheng等通过将表达猿猴病毒40（SV40）大T抗原的质粒进行慢病毒转导到猪原代SSC中，开发了具有猪SSC属性的永生化细胞系，首次建立了猪SSC细胞系。所建立的细胞系表达猪SSC和生殖细胞标志基因，能够对视黄酸作出反应，在移植后能够定植受体小鼠睾丸而无肿瘤形成。猪SSC细胞系的建立，可以为猪SSC自我更新和分化的机理研究提供丰富的细胞来源，从而促进针对猪原代SSC的最佳长期培养体系的开发及其在畜牧业和畜牧业中的应用。

（2）其他动物干细胞研究进展。与猪相比其他动物的干细胞研究进展缓慢。目前生产稳定的牛ESC细胞系仍是一个挑战，牛iPSC的培养条件和重编程也还不完全，仍需进一步的研究改进。牛奶是新生婴儿发育、营养和免疫保护所需的复杂液体。Pipino等因此试图分离牛奶中潜在的多能干细胞样细胞群体并研究其特征。分离出的牛奶干细胞显示出了典型的间充质表面抗原（CD90、CD73和CD105）、干细胞标记基因（SOX2和OCT4）并能分化为成骨细胞、软骨细胞和脂肪细胞。提示牛奶可以作为能够分化为多种细胞谱系的多能干细胞来源。Pawar等人从体外受精的山羊囊胚中分离出内细胞团，并培养出了ESC样细胞，这些细胞中碱性磷酸酶和Oct-4的表达均为阳性。此后，De等人对体外生产的处于桑椹胚、囊胚和孵化囊胚期的山羊胚胎进行干细胞分离培养，发现孵化囊胚效率相对更高。获得的克隆保持未分化状态至第15代，具有干细胞形态特征、正常核型，并表达干细胞特异性表面标记。

3. 未来展望

伴随着人类干细胞技术在再生医学和调控网络方面的不断突破，干细胞技术在农业领域应用研究得到了很大的进步，但仍存在许多未知的问题。因此，对现有畜禽品种进行改良、生产基因编辑动物、生产新兽药、研发疾病新疗法以及进行组织修复和器官移植等应用，都需要对畜禽干细胞进行更多更深的探索和研究，同时也需要长时间的不懈努力。

（1）构建干细胞制备循环。阐明如何将干细胞分化成精子和卵母细胞，并实现精卵结合，创建拥有新的遗传组合的胚胎，再从这些胚胎中选择质量较好的分离出更多的干细胞。打造"干细胞—精子和卵母细胞—胚胎—干细胞"的制备循环体系，在体外环境下加速改善后代的性状。这将缩短动物妊娠时间，减少被消耗的动物数量，具有广阔的应用前景。

（2）生产转基因动物。利用胚胎嵌合法或细胞核移植法生产携有外源基因的嵌合体动物还将是 ES 细胞未来研究的重点。该技术将不断加快动物群体遗传变异程度，进行定向变异和育种，有可能创造新的物种。还可在细胞水平对胚胎进行早期选择，提高选择的准确性，缩短育种时间。

（3）生产用于人类器官移植的动物器官。利用人类 ES 细胞与猪等动物的胚胎嵌合，定向诱导人类 ES 细胞分化，为生产人体器官开辟了新途径。

提高干细胞技术是引领未来农业科技变革的重要颠覆性技术，畜禽干细胞的成功和发展将显著提高动物克隆和基因编辑的效率，畜禽生殖干细胞成功诱导分化成配子的成功将极大地简化畜禽基因工程和合成生物技术，引发畜禽种质创新技术的革命。

六、合成生物学

1. 技术背景

作为 21 世纪生物学领域新兴的一门学科，合成生物技术是在生物学基础上，通过引入工程学的模块化概念和系统设计理论，以人工合成 DNA 为基础，设计创建元件、器件或模块，以及通过这些元器件改造和优化现有自然生物体系，或者从头合成具有预定功能的全新人工生物体系，从而突破自然体系的限制瓶颈，实现合成生物体系在智能农业、现代制造业和医学、环境等领域的规模化应用。2014 年，美国国防部将其列为 21 世纪优先发展的六大颠覆性技术之一。我国在"十三五"规划中，也已将合成生物技术列为战略性前瞻性重点发展方向。

随着生物组学、合成生物学等前沿基础学科的快速发展，农业生物技术与信息技术、制造技术、智能技术交叉融合，在全球范围内推动新一轮农业科技革命。农业合成生物技术作为一个颠覆性技术，能够精准定向设计农业生物优良性状，制造突破性农业生物新产品和新制品，促进传统种养殖农业向智造农业的颠覆性变革，培育工厂农业和智能农业等农业新业态和新产业，已成为世界各国抢占未来农业发展制高点的战略必争之地。

2. 发展现状

（1）技术专利文献情况。国际合成生物学研究飞速发展，合成生物学的使能技术、体系构建、实用性技术已经取得了革命性进展。人工生物合成青蒿素、紫杉醇等植物源药物，人工生物合成新分子化学品，人工基因线路诊疗等不断取得新突破。2008—2018 年间全球合成生物学专利共 51 822 项，专利（族）数量排名前五的国家为美国、中国、加拿大、日本和韩国。2008—2018 年，合成生物学研究领域文献量稳定增长。美国在合成生物学领域的发文量占据了领先地位，在 10 年多间发表了 4 300 篇 SCI 论文。农业是合成生物学应用的重要领域。合成生物学将工程原理贯彻到农业生物系统中，通过合成新型代谢通路、精准设计化育种、构建细胞工厂和人工生物体系，有望突破传统农业瓶颈，在提高农业生产力和食品质量、降低生产成本、实现可持续等方面发挥重要作用。

（2）植物学领域进展。通过合成人造"叶绿体"实现自主光合作用、合成代谢通路提高植物的碳利用效率和营养价值、合成植物驯化基因实现高效育种、将苔藓和人造叶子改造作为光合自养生产平台，植物合成生物学正在提供一系列提高农业生产力和食品质量、实现可持续发展的解决方案。

（3）微生物学领域进展。人类首次尝试改造并从头合成真核生物酵母并将其作为细胞工厂实现从传统农业种植生产方式转变为规模化工业发酵生产路线，构建自养型大肠杆菌、新型合成细胞器生产微生物制剂和工程疫苗以此降低生产成本，合成微生物群落提高植物抗逆能力并减少传统化肥使用，合成人工固氮体系实现植物高效固氮，微生物次生代谢人工合成设计新一代农药。微生物合成生物学正在成为解决光合作用、生物固氮和生物抗逆等世界性农业难题的革命性新途径。

（4）技术产业化进展。在资本市场和产业化领域，合成生物学正推动食品行业发生巨变，收获全球资本青睐，新型食品初创公司不断崛起，未来食物已经登陆主流餐饮渠道。据福布斯研究报告显示，在过去十年内，合成生物学产业全球融资已经超过 120 亿美元，核心产品市场规模的复合增长率将超过 25%，在 2025 年将达到 550 亿美元。巴克莱证券农业分析师团队认为，未来十年人造肉的市场规模将占比全球肉类市场的 10%，达到 1 400 亿美元，而人造乳制品的产业化也将创造千亿美元市场。合成生物学智造的未来食品将成为全球经济新的增长点（表4-3）。

3. 未来展望

21 世纪生物科学技术的发展被视为第四次科学浪潮，"合成生物学"被誉为将生物领域基础研究转化为实际社会生产力的学科。

（1）催生第三代生物技术。合成生物学利用系统生物学知识，借助工程科学概念，从基因组合成、基因调控网络与信号转导路径，到细胞的人工设计与合成，完成单基因操作难以实现的任务，将极大地提升基因生物技术的能力并拓展其应用范围。

（2）农业生产提质增效。可以预见在不久的将来，在农业领域通过发展合成生物技术，推动育种模式由传统的个人经验育种向现代的规模

表4-3　部分全球新型食物创业公司简况

公司	国家	成立时间	产品	市值	合作渠道	投资方
Beyond Meat	美国	2009	植物肉	99 亿美元	赛百味、星巴克	美国人道协会、Bill Gates
Impossible Foods	美国	2011	植物肉	20 亿美元	汉堡王	泰森食品
Just Egg	美国	2011	植物蛋	10 亿美元	Tim Hortons	统一集团
Future Meat Technologies	以色列	2017	细胞肉			泰森食品、BitsxBites
Mosa Meat	荷兰	2013	细胞肉			贝尔食品
Perfect Day	美国	2014	人造奶			阿彻丹尼尔斯米德兰公司

化定向合成生物育种转变，在提高育种效率的同时，更加精准地调控农业动植物生产性状，培育优质、高产、抗逆的动植物新品种，创制高附加值农产品或农用品，提高生物质转化效率，推动世界农业从单功能、低效益、高污染、高资源依存型的传统农业向多功能、高效益、绿色低碳、高科技支撑型的现代农业转变。

（3）助力未来种业发展。合成生物学能够开发人工智能合成生物体系为解决光合作用、生物固氮和生物抗逆等世界性农业难题提供革命性的新途径，同时合成生物学可用于研究和开发高产、抗病、耐旱、耐涝的植物材料。世界主要科学经济强国，特别是美国和欧洲已在农业合成生物学领域提出了近期和中长期发展目标，包括发展新一代转化技术、新一代种子技术和培育应对全球气候变化及复杂环境条件的作物等。合成生物技术将开创人类按照自身需求设计农业农作物和微生物优良品种的新纪元，引领未来农产品工厂化生产的发展方向，为颠覆传统农业生产方式提供战略性技术支撑。

七、工厂化农业生产技术

1. 技术背景

工厂化农业是现代工程技术、信息技术与生物技术等高新技术综合集成的产物，是现代工业与农业交叉融合的集中体现。为了突破自然气候对动植物周年连续生产的影响，人为地创造适宜的生长环境，并通过机械化、信息化和智能化手段进行动植物的工厂化生产。

根据生产对象的不同，工厂化农业可分为园艺作物工厂化种植、畜禽工厂化养殖和水产工厂化养殖等产业形态。核心技术装备主要包括智能传感和感知、知识模型和智能决策、智能控制设备和精准作业装备、温室设计和制造等。其显著特征是环境相对可控，受四季气候影响小，对土地依赖相对较弱，产量高、品质易于控制，并可实现周年连续生产，因而被认为是保障食物安全尤其是"菜篮子"有效供给的重要手段，受到世界各国的高度重视。

2. 发展现状

美国、荷兰、以色列、日本等发达国家从 20 世纪 50 年代开始探索

111

工厂化农业技术，到 1980 年前后基本上完成了从传统农业向工厂化农业的转型升级。我国工厂化农业起步于 20 世纪 80 年代初，经过近 40 年的快速发展，生产面积和产量均位居世界第一，产值占农林牧渔业总产值的 44%，为解决我国蔬菜、肉蛋奶和水产品长期周年供应难题发挥了不可替代的作用，已经成为现代农业先进生产方式的典型标志。

（1）园艺作物工厂化种植。目前，国际上以荷兰、日本、以色列等为代表，通过多年的发展已经在设施园艺领域形成了完整的技术体系，无土栽培、节能调温、环境监测与控制、CO_2 施肥、熊蜂授粉、病虫害综合防治、节水灌溉以及智能化管理与网络等技术广泛应用，可实现果蔬计划性、周年性的高效生产。我国在设施结构、环境调控、高效栽培以及植物工厂等研发方面已经形成了独立的技术体系，监测光照强度、环境温度、环境相对湿度、CO_2 浓度、营养液 pH、电导率等传感器广泛运用，基本满足园艺作物工厂化种植对环境指标监控需求。植物工厂 LED 光源创制、光－温耦合环境调控、营养液循环与控制以及基于物联网的智能化管控等关键技术的开发与应用，显著降低了植物工厂能耗，1kg 叶菜生产成本由最初的 50 ～ 60 元降到 20 元以内。光－温－气耦合环境调控技术、水肥一体化智能管理软硬件系统装备以及无线测控网络系统等关键技术取得重要进展，实现温室信息自动采集、自组织传输和智能化控制。温室管理机器人，如番茄采收、嫁接以及移栽机器人，植物工厂定植、移栽机器人等正在开发与应用。

（2）畜禽工厂化养殖。美国、丹麦、荷兰、以色列等发达国家在精准环境控制技术、智能养殖装备、畜牧养殖信息技术、养殖废弃物处理技术等方面十分先进，畜牧科技贡献率非常高，其中畜牧行业中科技贡献率一般可到 80% 左右，而且十分重视产业前沿技术的研究与开发。目前，我国工厂化畜禽生产水平不断提高，机械化、自动化受到重视，养殖废弃物资源化利用比例不断增加，重大人畜共患病防控能力不断增强，生态环境有所改善。在养殖环境调控方面，升级现有单因素环境调控技术，与现代物联网智能化感知、传输和控制技术相结合，利用先进的网络技术设计而成养殖环境监测与智能化调控系统；在养殖装备方面，母猪群养精准饲喂系统、奶牛 TMR 饲喂技术等智能化设备在我国逐步得到推广应用，不断提高养殖业的现代化和智能化水平。

（3）水产工厂化养殖。循环式水产养殖模式（Recirculation aquaculture system, RAS）在国外开始于 20 世纪 60 年代，随着先进养殖技术的发展，近年来一系列先进养殖技术、水处理技术以及设备的开发利用，促进了循环式工厂化生产模式在水产养殖行业中的迅速发展，比重也日益提升。随着各种高新科技的发展，国外部分先进水产企业目前正在研发新一代工厂化养殖模式，并向全程智能化、自动化发展。我国循环水工厂化养殖起步较晚，截至 2017 年底，我国工厂化水产养殖面积达到 7 000 万 m^2，工厂化水产养殖总产量达 429 000 吨。目前我国工厂化水产养殖的方式大体上分为流水养殖、半封闭循环水养殖和全封闭循环水养殖等 3 种形式。在监测方面，一些规模较大的养殖企业已初步开发并采用信息化的监控技术，保证了养殖水体的生态安全，但规模较小的普通养殖户由于考虑到投入成本等因素及技术水平的限制仍然凭目测和经验而没有信息化监测手段。在决策方面，我国工厂化养殖企业的信息化系统基本上以水质在线监测、生产过程管理、疾病诊治等功能为主，但水产养殖智能化模型分析技术落后，仍无法广泛应用，导致智能决策功能较差。尚未具有涵盖产前、产中、产后全产业链的水产养殖智能决策管理系统。

3. 未来展望

（1）园艺作物工厂化种植。围绕园艺作物生产、采收、物流等环节，集成新一代 AI、大数据、智能装备与农艺和供应链结合，构建全产业链智能作业技术体系。植物对话等智能决策技术，实现园艺作物工厂化种植的智慧化管控。垂直智慧植物工厂技术将突破植物生产方式由二维尺度向三维空间拓展，实现工厂化农业与城市建筑的有机融合，必将成为未来都市农业发展的新兴业态。

（2）畜禽工厂化养殖。开发福利化工厂化畜禽生产工艺技术，研发配套设施设备，改善畜禽健康和福利水平，提升生产效率与产品质量，是推动畜禽产业升级和提升国际竞争力的基本前提。集成畜禽疫病监控预警、养殖场环境监测系统、环境控制模型、饲料精准饲喂系统、废弃物自动化处理、智能机器人等技术和装备，实现监测、决策、作业一体化，推动我国现代养殖业向生产过程无人化、环境友好化、产品质量健康化方向发展。

（3）水产工厂化养殖。开发水产养殖信息全面感知技术、养殖过程精准决策管理控制技术以及关键先进智能装备，是实现水产工厂化养殖规模化、标准化、智能化的必要前提。探索水体环境—营养—饲喂的内在关系和规律，构建鱼类生长优化调控模型和基于环境—行为的精准饲喂模型，研发适用于不同场景的变量智能投饵机及相关智能终端，确保养殖场精准饲喂；构建基于大数据的鱼类水质—营养—病害关系模型和渔场智能管理知识库系统，研发循环水养殖工厂巡检与日常管理云平台，建立无人值守渔场。

八、智慧农业生产技术

1. 技术背景

智慧农业是按照工业发展理念，以信息和知识为生产要素，通过互联网、物联网、云计算、大数据、智能装备等现代信息技术与农业深度跨界融合，实现农业生产全过程的信息感知、定量决策、智能控制、精准投入和个性化服务的全新农业生产方式，是农业信息化发展从数字化到网络化再到智能化的高级阶段。

智慧农业的特征主要表现在以下几个方面：一是农业生产要素数字化、在线化。利用先进传感技术、智能处理及远程控制等物联网技术，实现农业生产全过程精准控制和自动化作业，提高产品质量和生产效率，节省人力成本，减少资源浪费。二是农业决策大数据化、智能化。基于生产过程的海量数据，充分利用大数据技术和人工智能技术，对数据进行加工整理，形成专家知识库，产生最优化决策，保障农业生产全过程决策数据化、智能化。三是全天候服务个性化、针对化。通过建设农业云计算平台和区域化模块，使农业系统具备自主运算能力，提高农业系统运算速度，快速得到反馈结果。智慧农业系统可以全天候在线服务，很大程度上提高了智慧农业系统的实用性和针对性。四是农业管理信用化、安全化。农业生产中食品安全溯源和大量的数据信息十分重要，区块链技术基于其"不可伪造""全程留痕""可以追溯"等特征，奠定了坚实的"信任"基础，使农业管理信用化、安全化。五是全区域智慧化、泛在化。智慧农业在全过程、全区域都使用信息化技术手段代替人力劳动，以科学、智能化的方式进行农业生产经营，进而摆脱传统生产的弊端，提高农业生产效率和产品品质。

2. 发展现状

随着新一代信息技术与农业领域的融合发展，目前已形成了以农业传感器、农业大数据、农业人工智能和农业机器人等为代表的智慧农业技术体系。

（1）农业传感器。当前农业传感器主要集中在农业环境信息传感、农业生命信息传感和农产品品质信息传感等三个方面。目前，美国、德国、日本等发达国家在农业传感器领域处于领先地位，垄断了感知元器件、高端农业环境传感器、动植物生命信息传感器、农产品品质在线检测设备等相关技术产品。我国实现了农业环境信息传感器和仪器仪表的国产化且国内市场占有量超过进口产品，但在精度、稳定性、可靠性等方面仍需进一步提升。

（2）农业大数据。农业大数据的核心主要包括农业领域的非结构化数据库系统、农业知识计算引擎、农业可视交互服务引擎等大数据技术，美国在农业大数据领域处于领先地位。我国在结构化数据收集、整理、汇聚、分析方面进行了研究，具有传感器数量多、传输网络覆盖面广、用户量大、移动终端拥有量大等优势，积累了大量的数据资源，但大型农业大数据库软件及核心技术国产化进程尚需进一步加快。

（3）农业人工智能。农业人工智能主要技术和应用方向包括农业认知计算、深度强化学习、农业虚拟现实等一系列深刻影响农业发展的人工智能核心技术。目前，我国在农业人工智能技术的应用方面基本与国外处于相同的发展阶段，但计算芯片、主要算法、平台软件等农业人工智能核心技术应抓住机遇，尽快实现弯道超车。

（4）农业机器人。美国、德国、英国、日本等发达国家农业机器人研究与应用发展迅速，主要农业生产作业环节（如果蔬嫁接、移栽、施药、采摘；畜禽饲喂、清粪、奶牛挤奶；农产品在线分级、标识、包装等）、农业知识交互式语音问答等已经或正在实现"机器换人"，大幅度提高了劳动生产效率和农业资源利用效率。目前，我国已经开展了蔬菜嫁接、果蔬采摘、奶牛挤奶、果品分级、包装码垛等机器人的研究，并在开展应用示范，大大提高了农业生产效率。

3. 未来展望

面向世界农业信息技术发展前沿，面向国内现代农业发展的重大需求，未来一段时间，农业信息技术的发展应以提高农业劳动生产率、资源利用率和土地产出率，促进农业发展方式转变为目标，加强人工智能技术与农业领域融合发展的基础理论突破、关键技术研究、重大产品研发、标准规范制定和典型应用示范，建立以"信息感知、定量决策、智能控制、精准投入、个性服务"为特征的农业智慧生产技术体系、农业知识智慧服务体系和智慧农业产业体系，支撑农业生产经营方式实现"电脑替代人脑""机器替代人力""自主可控替代技术进口"的转变，全面推进中国农业现代化进程。

（1）农业物联网推进农业装备网联化、在线化。装备网联化是运用物联网技术实现农业全程智慧生产、收获的典型应用，是指通过运用各类视觉采集终端、无线传感器、射频识别等感知设备，获取农业生产过程中的现场信息，并按照约定的协议，实现农业产前、产中、产后等相关信息的可靠通信和传输，将传统的农机装备升级为具备计算、通信、控制能力的新型智能装备。实现农业装备和互联网相互关联，最终形成可定位识别、监控跟踪以及智慧管理的巨大智能化网络，是智慧作业发展的前提。

（2）农业大数据和人工智能推进农业决策大数据化、智能化。决策大数据化、智能化是智慧农业发展的高级阶段，是指采用人工智能、大数据、物联网、5G、机器人等新型信息化技术，获取并分析农业生产中的海量数据，由云管控平台自主计划和决策，并由装备自主完成农业生产全过程，实现以机器为核心、数据为驱动的一种新型农业智能化生产模式，是智慧农业发展的终极形态。

（3）农业装备智能化和农业机器人推进作业精准化、自动化。作业精准化是我国智慧农业发展的必由之路，是指利用3S技术、物联网、人工智能、智能装备、机器人等现代化技术手段，实现对农业生产过程的精准控制，并对动植物生长状况进行精准监测。结合人工智能、大数据和云计算等先进技术，实现精准定位、精准施肥、精准变量投喂、精准喷药、精准播种、精准收获。农业生产作业的精准化提高了作业效率、作业质量和农作物产量，是智慧农业发展的必经之路。

九、3D打印技术

1. 技术背景

3D打印技术是一种基于快速自动成形、图像图形处理、数字化控制、机电和材料等工业化、数字化增材制造技术。其以有黏合性质的有机或无机材料为基础，通过分层制造和逐层叠加的方式，实现建造物体的快速成型。3D打印技术的研究最早可追溯至20世纪80年代，主要是基于金属、陶瓷和聚合物等工业材料的探索研究，皆在简化加工方式，将复杂零件一步成型。我国高度重视增材制造产业，将其作为《中国制造2025》的发展重点（中华人民共和国工业和信息化部，2017）。

（1）3D打印技术摆脱模型结构束缚，推动农业机械设施快速发展。近年来，国内外围绕3D打印技术在农业机械制造、设施农业建设和食品加工制造等领域开展了系列的研究工作，且为农业制造领域的发展带来了全新改变。3D打印技术在农业机械制造和设施农业建设研发领域的应用有效提高传统技术开发制造效率，三维实体设计使得模型结构方案更加直观，缩短原型设计周期，提高生产效率。此外，3D打印技术可摆脱单件制造和复杂的结构部件对于模具的束缚，从而大大降低生产成本。自2013年以来，国内外围绕3D打印技术在农业机械制造、设施农业建设和园艺栽培等领域的专利申请数共计159项，其中涉及农业机械制造领域105项，设施农业建设领域16项。我国专利申请数占比世界总量的45.78%，申请主体主要来源于江浙沪地区，主要以温室栽培、花坛和草坪等边饰为主。目前在3D打印方面我国已有部分技术处于世界先进水平。

（2）3D打印技术从形似到神似，实现食品外观个性化定制。食品3D打印技术不仅可以满足消费者对食品色彩、口味以及定制化营养补充的需求，还可赋予产品个性化造型，拓展餐饮服务渠道，具有重新配置食品供应链的潜力。知名市场研究公司M&M报告预测到2025年，食品3D打印市场的全球规模将达到4.25亿美元（约29.3亿人民币），其复合年增长率（CAGR）将高达54.75%。目前，国内外针对乳品、动物蛋白、谷物淀粉质原料和果蔬等食品浆料开展了系列的研究工作。近5年来，关于食品3D打印制造技术的相关文章共计157篇（数据来源：FSTA食品科技文摘数据库），相关专利申请数达829项。其中，我国专利申请数占比世界总量的70.60%，申请主体主要来源于广东省、江苏省、浙江省和安徽省等地区，主要以食品的成型与加工为主。

2. 发展现状

3D打印技术在农业机械制造、农用建筑构建、食品个性化定制等领域有着广阔的应用前景。然而，3D打印产品常伴随着表面光洁度差、尺寸偏差严重、易形变等问题，限制其应用发展。现有研究基于3D打印技术原理，从工艺、材料和设备三个方面，围绕3D打印技术工艺的开发与创新、适配新材料的探索、新型3D打印设备的开发与构建，有效改善并解决了3D打印技术在农业和食品领域实际应用中所面临的问题。

（1）3D打印技术工艺创新迅猛，开启智能制造新时代。针对选择性激光烧结型和熔融挤出型3D打印过程，运行参数的适配性直接决定着终产品的打印效果。在农业机械领域，3D打印金属配件主要采用选择性激光烧结技术（SLS），其利用激光束对粉末按照设计路径进行扫描，使粉末熔合在一起，通常需根据材料的性质对激光功率、扫描速度和方向及间距、烧结温度和时间等工艺参数进行优化，以提升产品成型质量。研究表明，将预热温度控制在材料熔融温度 $2 \sim 3$ ℃以下，可显著提升零件的打印精度和表面光洁度。农用建筑及食品的3D打印制造则主要采用熔融挤出型技术（FDM）。其中打印速度、挤出速度、喷嘴直径等参数是影响打印效果的关键因素。发现挤出速度影响着产品的成型精度，当挤出速度提升100%，挤出丝直径则会增大1倍。因此，打印参数与成型质量有着密切的联系。

3D打印模型的设计与构建决定了最终产品的力学结构性质，良好的结构设计有助于改善产品的机械强度，提高产品成型效果。特别在农用建筑领域，其对农用建筑承重能力及抗震能力的提升有着重大意义。通过改变建筑夹芯板内部构造，比较了六边形、矩形和拓扑形蜂窝结构，证实了在特定的冲击能量值下，拓扑形蜂窝夹芯板的能量吸收能力比矩形和六边形蜂窝结构夹芯板高 33%。此外，在食品 3D 打印领域中，模型的结构不仅影响产品的成型效果，还与产品的质构特性有着密切联系。研究发现模型的填充度越高，3D 打印土豆泥的杨氏模量越高；当填充度从 40% 提升至 70% 时，产品的硬度和胶黏性则分别提升了 400% 和 100%。

有限元仿真模拟技术（FEA）可对不同 3D 打印工艺下的成型效果进行有效预测，从多个角度分析比较结构方案，快速地改进产品设计，有效提高生产效率。ANSYS 的"生死单元"技术结合材料的非线性物理属性、热传导、热对流及相变潜热等因素，可以模拟 SLS 打印过程中不同工艺参数下的烧结情况及其对温度场和热区的影响。使用了 CFD 软件以及 Bird-Carreau 模型，对混合谷物浆料的剪切稀化特性进行了拟合，证明了仿真得到的压力参数可以用来评价和预测打印效果。

（2）探索适配新材料，丰富 3D 打印产品需求。基于 SLS 技术型和 FDM 技术型 3D 打印设备，适配新型材料的开发与探索是提升终产品打印成型效果的有效途径。针对 SLS 技术在农业机械领域中的应用，热吸收性、导热系数等材料性质是影响产品成型精度的关键因素。通常热影响区越小，成型精度越高。此外，材料的收缩率也要尽量的小，以减少收缩待料的翘曲变形。然而，高纯度金属或塑料粉末很难兼顾上述性质要求，所以需通过对金属、塑料等材料进行复配，以改善粉末的理化性质。采用 TiC 纳米技术可增强 ALSi10Mg 材料性质，当激光能量达到 700 J/m 时，零件致密水平可达 98%，且致密率随均匀分布的 TiC 纳米颗粒含量的增加而显著提高。此外，对位芳纶纤维（PPTA）对非金属材料聚苯乙烯（Ps）粉末成型质量也具有良好的改善效果，产品的弯曲强度和拉伸强度均随 PPTA 含量的增加呈先上升后下降趋势；当 PPTA 含量为 5% 时，与 Ps 粉末材料相较，弯曲强度和拉伸强度分别提高了 92.22% 和 37.72%。

针对 FDM 技术在农用建筑及食品 3D 打印领域中的应用，材料的流变学特性及固化效果是影响产品成型效果的主要因素。在相同剪切速率下，减水剂可显著提高建筑砂浆的表观黏度，絮凝剂可有效增加砂浆的屈服应力，提升了砂浆的堆积能力。此外，矿粉、煤矸石、钢纤维等材料对砂浆的成型效果也有着显著影响。当煤矸石添加量为30%时，砂浆强度达到最大值，且初凝和终凝时间分别为4.3 min、9.5 min，从而有效满足3D打印砂浆所需凝固时间。然而，大部分农作物食品浆料并不具有自凝固的特性，挤出后仍为流动态。因此，改善浆料的表观黏度及模量，可有效提高物料挤出特性和流—固性质，提升产品成型效果。研究发现，当剪切速率为$100s^{-1}$时，与添加2%马铃薯淀粉相较，4%马铃薯淀粉含量土豆泥黏度提高64%，且随着马铃薯淀粉含量的增加，储能模量显著提升，损耗量降低，土豆泥展现出更强的固体特性，抗形变能力显著增强。因此根据不同3D打印技术的成型原理，针对性调整材料性质是提升产品质量的重要手段。

（3）研发新型3D打印设备，实现精准快速成型。针对现有SLS技术3D打印过程中金属粉末易"球化飞溅"的问题，通过改进铺粉装置，将具有一定厚度的刮板放置在铺粉辊前，并在铺粉辊表面喷涂橡胶。改进后的测试件平均尺寸达到4.696 0 mm，与模型5 mm的尺寸更为接近，成型质量显著提升，且有效缓解了"球化飞溅"问题。

3D打印农用建筑的关键问题在于目标物体较大，构建适用的3D打印设备较为困难。3D打印专家Apis Cor将便携式3D打印机置于起重机上，通过挤出的方式将水泥混合物分层叠加，在仅用一台打印机的情况下，耗时3周构建了高9.5 m，建筑面积640 m²行政大楼的基本结构。并添加了钢筋和人工浇筑的混凝土，以进行结构支撑。为了填补我国3D打印建筑商用化的市场空白，北京华商陆海科技有限公司则率先推出了全球使用普通钢筋混凝土作为原材料的整体3D打印建筑设备。

针对大宗食品体系难以打印出立体性强或含中空结构的问题，围绕水产蛋白食品及畜禽制品，江南大学开发了全球首款食品微波3D打印机（CN109820224A），将微波聚焦在3D打印机挤出位置，通过能量的精准输出和关闭，在狭小的空间和短暂的时间内，实现了蛋白质物料从黏稠态向固态的转变，有效推进三维结构食品制造方式的升级。可见新型3D打印设备的开发不仅解决了现有技术问题，还促进了多技术领域的协同合作，加速科技革新。

此外，SLS技术型和FDM技术型3D打印设备存在打印成型速度慢、精度低等问题，如何有效提升3D打印速度是长期困扰研究者的重要难题。基于紫外光固化技术开发的连续性界面成型技术（CLIP），采用更大面积的光源，并结合对有氧区厚度的精准控制，实现了分层制造过程中由"点"到"面"的突破，极大提升了打印速度，达到了高度上500 mm/h成型速度的同时，将精度控制在了100 μm的级别。

3. 未来展望

3D打印技术可以满足差异化的市场需求，以不同的技术方式针对性解决不同的农业生产问题。随着高精度、快速、低成本的3D打印技术的发展及打印材料适用性的研究，未来可根据消费者的需求，以个性化和匹配大量用户，并通过智能制造满足更广阔的市场需求。

（1）利用3D打印现浇一体成形技术，针对未来新农村建筑建设，通过3D打印技术使建筑一次成型，节约材料60%，同时可减少建造过程中的工艺损耗和能源消耗。

（2）采用水、种子和泥土等混合物作为打印材料，利用3D打印技术实现个性化景观绿植的开发，有利于未来农业景观设计和园艺设计的个性化发展。

（3）利用食品营养学和感官科学的理论，进一步加速功能性食品打印材料的研究与开发，做到真正地满足形状、口感、营养、色彩的精准个性化。

（4）采用人工智能与高精度机械制造相结合的方式，开发精细化、高效化和智能化3D打印技术及装备，有利于解决复杂农业机械及零部件的高精度制造等问题。

（5）随着生物医学材料的发展，通过3D打印技术实现人体组织器官的生物制造，与生物系统结合，以诊断、治疗或替换机体中的组织、器官。

十、区块链技术

1. 技术背景

区块链（Blockchain）是一个信息技术领域的术语。从本质上讲，它是一个共享数据库，存储于其中的数据或信息，具有"不可伪造""全程留痕""可以追溯""公开透明""集体维护"等特征。区块链技术（Blockchain Technology）被称之为分布式账本技术，是一种互联网数据库技术，其特点是去中心化、公开透明，让每个人均可参与数据库记录。基于这些特征，区块链技术奠定了坚实的"信任"基础，创造了可靠的"合作"机制，具有广阔的应用前景。

通过区块链技术将数据区块有序连接，并以密码学方式保证其不可篡改、不可伪造的分布式账本（数据库）。通俗地说，区块链技术可以在无需第三方背书情况下实现系统中所有数据信息的公开透明、不可篡改、不可伪造、可追溯。它作为一种底层协议或技术方案可以有效地解决信任问题，实现价值的自由传递，在数字货币、金融资产的交易结算、数字政务、存证防伪数据服务等领域具有广阔前景。

2. 发展现状

区块链技术虽然近年来才为人所知，但并非是项新的技术。区块链在互联网的技术生态中，是互联网顶层–应用层的一种新技术，它的出现、运行和发展没有影响到互联网底层的基础设施和通信协议，依然是按TCP/IP协议运转的众多软件技术之一。2008年，中本聪发表了一篇名为《比特币：一种点对点的电子现金系统》的论文，文中多次提到了"blockchain"，这也是区块链概念首次进入大家的视野。随着中本聪第一批比特币的挖出，开启了区块链1.0的时代。在2008年之后，越来越多的开发者和投资者进入区块链行业，不断推动区块链技术的发展（图4-2）。

区块链1.0时代主要是以比特币为核心，围绕比特币展开的诸多业务及周边服务，如钱包、工具、交易所、挖矿、矿机业务等。在1.0时代，

图4-2　区块链发展历程

人们过多关注的只是建立在区块链技术上的那些虚拟货币，关注它们值多少钱，怎么挖，怎么买，怎么卖。

区块链 2.0 时代是智能合约开发和应用，是通过分叉比特币区块链或构建另一套基于区块链技术而创建的更广泛的协议并生成内在的新的代币。2.0 时代的代表为以太坊，以太坊建立了一套更为灵活而通用的框架系统，在协议层面和应用层面的创新使开发者能够轻松地在一个全新的应用程序集上创建新的协议，使用智能合约在其区块链之上构建新的代币。

在区块链 1.0 和区块链 2.0 的时代里，区块链只是局限在货币、金融的行业中，而区块链 3.0 将开启一个更大更宽阔的世界。未来的区块链 3.0 可能不止一个链一个币，是生态、多链构成的网络，覆盖人类社会生活的方方面面，包括在司法、医疗、物流等各个领域。区块链 3.0 时代并没有像比特币和以太坊这样的典型代表，行业内对 3.0 时代的核心技术也说法不一。有很多业内人士提到了DAG，觉得DAG拥有现在区块链技术所没有的优势。

区块链技术应用已延伸到数字金融、物联网、智能制造、供应链管理、数字资产交易等多个领域，区块链技术的集成应用在新的技术革新和产业变革中起着重要作用。目前，全球主要国家都在加快布局区块链技术发展。我国区块链产业处于高速发展阶段，创业者和资本不断涌入，企业数量快速增加。区块链技术逐渐从支持比特币网络安全的底层技术，蜕变出更多应用场景。区块链应用的快速落地，有助于实体经济降成本、提效率，有助于推动传统产业高质量发展，加快产业转型升级。

当前，区块链技术融合功能拓展、产业细分的契机，区块链在促进数据共享、优化业务流程、降低运营成本、提升协同效率、建设可信体系等方面已经表现出重要作用。区块链的主要应用场景包括：一是区块链和实体经济深度融合，解决中小企业贷款融资难、银行风控难、部门监管难等问题。二是利用区块链技术探索数字经济模式创新，为打造便捷高效、公平竞争、稳定透明的营商环境提供动力，为推进供给侧结构性改革、实现各行业供需有效对接提供服务，为加快新旧动能接续转换、推动经济高质量发展提供支撑。三是"区块链+"在民生领域的运用，积极推动区块链技术在教育、就业、养老、精准脱贫、医疗健康、商品防伪、食品安全、公益、社会救助等领域的应用，为人民群众提供更加智能、更加便捷、更加优质的公共服务。四是区块链底层技术服务和新型智慧城市建设相结合，在信息基础设施、智慧交通、能源电力等领域推广应用，提升城市管理的智能化、精准化水平。五是利用区块链技术促进城市间在信息、资金、人才、征信等方面更大规模地互联互通，保障生产要素在区域内有序高效流动。利用区块链数据共享模式，实现政务数据跨部门、跨区域共同维护和利用。

3. 未来展望

区块链技术与传统农业相结合，可以有效精准到数据的各个环节，提升农业供应链的管理效率，实现精准生产、精准销售，从而实现精准农业，技术的进步与发展，推动农业进入发展新时代。我国在"十三五"有关规划中提出，要加快推进农业区块链大规模组网、链上链下数据协同等核心技术突破，加强农业区块链标准化研究，让区块链技术在农业物联网、质量安全溯源、农村金融、农业保险、透明供应链、精准扶贫等方面发挥创新应用。

（1）区块链+农产品质量安全溯源。在农业产业化过程中，生产地和消费地距离拉远，消费者对生产者使用的农药、化肥以及运输、加工过程中使用的添加剂等信息根本无从了解，消费者对生产的信任度降低。而区块链技术可全程记录农产品的生产、运输、加工和储藏等过程，确保数据的真实性、难以篡改性、不可伪造性、真实透明性，从而增加消费者的信任度，拓展更广阔的市场空间。

（2）农业物联网+区块链。目前制约农业物联网大面积推广的主要因素就是应用成本和维护成本高、性能差。而且物联网是中心化管理，随着物联网设备的暴增，数据中心的基础设施投入与维护成本难以估量。物联网和区块链的结合将使这些设备实现自我管理和维护，这就省去了以云端控制为中心的高昂的维护费用，降低互联网设备的后期维护成本，有助于提升农业物联网的智能化和规模化水平。

（3）农业资源管理与精准农业。在整个农作物生长过程中，农作物的管理要比作物的种植更复杂，如今越来越多的农作物生产者都在开始使用农场管理的软件来追踪所有资源的位置以及利用的情况。而基于区块链的分布式账本以及去中心化的特点，整条链上的参与者各方所做的任何数据更新，都会成为分布式账本的一部分，所有的参与者都可以根据需求查询到更新后的记录。

第二节　新农业科技革命的辐射领域

一、生物种业

1. 发展现状

相对于传统种业，生物种业是将分子育种技术、转基因育种技术、合成生物技术、细胞工程育种技术和胚胎工程育种技术等现代生物技术应用于动植物育种领域，培育一大批性能优良的突破性新品种，并围绕这些新品种的培育、生产和推广而形成的新兴产业。在以生物技术为代表的现代科技支撑引领下，现代生物育种表现出高技术、高通量、工厂化、信息化等特征，以企业为主导的全产业链集约化科技创新成为国际生物种业竞争的核心。随着农业产业全球化、市场化的发展，我国生物种业及种业科技发展面临新的挑战和重大机遇，强化自主创新，抢占生物种业科技战略制高点，对加快推进我国生物种业跨越式发展具有重大意义。

（1）基础研究成为驱动种业发展的创新源泉。随着组学技术的深入发展，基因操作、蛋白修饰和生物合成等现代科学理论与技术不断进步，新基因挖掘与功能解析、产量品质和抗性等重要性状形成的分子机制与调控网络等研究取得了重大进展，孕育了全基因组选择、基因编辑等前沿育种技术的新突破。阐释栽培作物和养殖动物的起源和演化，揭示优异种质资源的变异组特征和形成规律，为创制突破性新种质和新品种提供了理论支撑。

（2）前沿关键技术的突破推动种业进入新一轮技术革命。以全基因组选择和基因编辑为代表的前沿高新技术持续推动传统育种技术的改造升级，实现了育种精准化、高效化和规模化。高通量测序技术实现了种质资源和育种材料基因型的快速精准鉴定，表型组学技术推动优异资源和基因的高效精准筛选。细胞工程和性别控制技术大幅度提高了育种效率，实现了种苗的规模化生产。合成生物技术拓展了农业生物的设计改造，推进细胞工厂代谢和合成能力不断发展。物联网、大数据不断促进田间管理、数据采集和育种决策的智能化、标准化和信息化，极大提高了育种规模和研发效率。

（3）品种研发呈多元化发展态势。农业动植物品种研发呈现以产量为核心向优质专用、绿色环保、抗病抗逆、资源高效、适宜轻简化、机械化的多元化方向发展。随着人民生活水平的提高，培育具有优良食味、营养、加工、商品和功能型品质性状的动植物新品种备受重视。各种新型病虫害不断出现，干旱等自然灾害频发，培育抗病、抗虫、抗逆新品种成为必然选择。过量施用氮肥和磷肥带来严重生态问题，培育资源高效利用的新品种是重要育种目标。为满足农业生产方式变革需求，培育适应机械化和轻简化、适于特定种养与加工方式的新品种成为重要方向。抗除草剂、耐贮藏、观赏性强等动植物品种选育需求日益增长。农业微生物菌种选育向优质、定制化方向发展。

（4）全球种业竞争日益白热化，大型跨国企业向寡头化方向发展，中小型企业向专业化方向聚焦。大型跨国企业的市场垄断日趋增强。拜耳、陶氏杜邦等农作物种业企业已占全球57.4%的市场份额；国际前五强种猪、种牛公司占全球90%以上份额；资本推动跨国种业新一轮兼并重组，全球种业的垄断格局加剧。拜耳收购孟山都，Genus兼并PIC和ABS，正在深刻地改变全球竞争格局。我国种业企业呈现以领军企业为主体、全产业链一体化发展趋势。2018年我国农作物种业企业的数量5 663家，其中中国化工集团和隆平高科2家企业进入世界种业10强，农作物种业市值稳定在1 200亿以上，继续保持全球第二的地位。种业企业自主创新能力整体提升，企业品种选育速度明显加快，一批高产优质、多抗广适的国内优良品种加速推广；种子生产水平快速提高，基地向优势区域加快集中，种子质量稳步上升；种子企业在国内外的兼并重组极度活跃，竞争实力显著增强，50强企业的国内市场集中度达到35.8%，同比增加 1.8 个百分点，创历史新高。

2. 未来展望

立足国内，放眼全球，加快现代种业发展，建设现代种业强国，是中国新时代种业发展的重要战略任务。生物种业是种业未来发展的必由之路，种业则是农业重要的基础构成。生物种业的发展将在技术创新、未来作物的结构、农业产业结构等多方面产生深远的影响。

一是生物种业将实现智能育种新技术突破。依托人工智能、基因组测序、基因编辑等相关技术，实现作物组学基因型与表型大数据的快速积累，通过遗传变异等数据的整合，实现性状调控基因的快速挖掘与表型的精准预测，通过人工改造基因元器件与人工合成基因回路，使作物具备新的抗逆、高效等生物学性状，并通过在全基因组层面上建立机器学习预测模型，创建智能组合优良等位基因的自然变异、人工变异、数量性状位点的育种设计方案，最终实现智能、高效、定向培育新品种。

二是生物种业将呈现多学科交叉创新局面。在逐渐完备的种质资源收集基础上，高通量的基因组学、表型组学技术要求与新型的大数据研发技术发展相结合。未来生物育种将在理想充分的数据基础上，智能化解读形成作物复杂性状的机制，在遗传、表观遗传和环境变量的复杂作用基础上，提出对作物理想性状设计的新理论新方法。未来生物种业将是信息技术与生命科学技术相结合的创新热点。

三是生物种业将对作物结构带来影响。生物育种发展的目标是迅速实现对作物的精准改造，根据营养、作物生产环境等要求订制作物育种产品。尤其在营养方面，在保证产量的前提下，主粮作物的生产效率、生产适应性在精确调控下能够充分满足人们对口味、药用价值等多方面的需求。生物育种方法在蔬菜、水果、药用植物等领域的应用，更加扩大人们的选择。

四是生物种业将对农业结构带来影响。生物育种未来在提高轻简化机械化耕种方面将贡献优异种质，变革未来必然进一步解放农田劳动力，在创新领域形成新的产业链。生物种业未来将依赖于田间生产的精准监控和管理，作物生产的作业模式会发生根本改变。饲料作物的生产模式与结构会导致畜牧业的布局分配的调整。

五是生物种业将对种业企业产生深远的影响。国际重要种业企业已经具有了完备的生物育种体系，配以全球市场营销手段和知识产权保护体系，在未来相当长一段时间内，成为我国种业发展需要追赶的目标。未来我国农作物种业市场仍然会保持1 200亿元的规模，但以资本为纽带的兼并重组活动仍将十分明显，强者趋强，企业的生物种业创新研发投入会持续加大，企业自主创新能力快速增长，专业企业分工合作将进一步凸显。随着国家生物技术政策的不断利好，一些前期基础较好的玉米、大豆等生物工程品种的产业化会明显加快，并释放强烈市场需求。

六是生物种业发展必将依靠综合解决方案来实现。生物种业的发展应建立在品种自主创新与种业企业国际化的基础上，生物育种技术的竞争加速了产业的重新洗牌。我国应构建国家种业科技创新体系，加快动植物重要性状遗传基础研究、种质资源创新和重大品种创制，以及制繁种关键技术和种子生产质量保障技术研究等。尽快出台加快动植物种业科技创新的相关政策措施，增加生物种业科技投入，加强生物种业国际合作交流，全面强化我国的种业科技创新能力。同时，加快种业科技人才与创新团队建设，着力培育我国生物种业大型龙头企业。

二、作物高效精准栽培

1. 发展现状

作物高效精准栽培是建立在高新技术基础之上的新型农业，实现精准播种、施肥、灌溉等田间管理，是科学化、标准化、定量化、机械化的精耕细作。目前，围绕作物高效精准栽培，各种先进技术、设备不断应用于播种机、植保无人机等，已在我国多地试验田投入使用，即将进入规模化应用阶段。发展作物高效精准栽培，对促进科技成果高效转化为现实生产力、提高科技对农业增长的贡献率、推动农村经济发展意义重大。

随着科学技术的进步，作物高效精准栽培呈现新的发展态势。一是系统科学成为作物高效精准栽培的思维锐器，作物栽培是复杂的系统，很难再依靠"点"技术突破实现整体提升。作物高效精准栽培发展必须突破单要素思维，从资源利用、运作效率、系统弹性和可持续性的整体维度进行思考。二是基础研究回馈为作物高效精准栽培提供理论源泉。

前沿基础研究回馈，关注、解决制约经济社会可持续发展的关键技术难题，是国际科技管理领域的新动向。当前国际植物生物学主流研究是在细胞水平解析基因的结构与功能。植物生物学基础理论研究不断刷新、深化对生命本质的认识，同时也为开展作物高效精准栽培提供了理论源泉。三是交叉科学成为作物高效精准栽培的助推器，信息科学、自动控制、人工智能、材料科学等新兴科学与作物高效精准栽培的交叉、融合，大大提高了劳动生产率。美国、英国等国家将高精度、精准、可现场部署的传感器以及生物传感器的开发、应用作为未来技术突破的关键，以实现对水分子、病原体、微生物在土壤、植物、环境系统内的动态监控，并能够实时进行优化调整，从而彻底改变作物生产方式。

我国从 20 世纪 80 年代开始研究农作物高效精准耕作栽培技术。20 世纪 90 年代我国作物高效精准栽培发展加快，国家"十五"时期将发展作物高效精准栽培技术、提高农业生产水平作为科技战略重点。2011 年起，物联网技术给作物高效精准栽培带来了新活力，如何围绕农作物的生长建立信息采集系统是农业物联网要解决的关键问题。2019 年，国家北斗卫星导航系统组网成功，国家高分一号卫星、高分二号卫星投入使用，对我国作物高效精准栽培发展提供了强大的技术保障，在卫星精确导航的引导下，搭载激光测距雷达及主动识别系统的无人机完成了首次全自动无人驾驶作业。

中国农业农村部网站报道（2018—2019 年）表明，北京市和河北省作物高效精准栽培技术发展最为迅速，应用推广实践较国内其他省份超前；其次是黑龙江省和新疆地区，以各大农场为实验基地，作物高效精准栽培技术发展速度较快。北安管理局逊克农场、红色边疆农场、赵光农场和红星农场等大型国有农场在农业管理上涉及了作物高效精准栽培技术，使用 GPS 面积仪测量土地面积，使用农田无线传感监测技术了解农作物生长情况；同时，也广泛应用了施肥信息化管理系统、自动导航技术和播种监控技术、智能产量监测技术、农药变量喷洒技术和农机调度系统等。

2. 未来展望

科技创新是作物高效精准栽培的重要支撑和根本出路。作为粮食生产的主体承担者、实施者，不断发展壮大的新型规模经营主体对作物栽培管理提出了新要求，生产机械化、管理智慧化、调控精准化已成为作物栽培的主攻目标。

（1）精准农艺与现代农机融合推动作物栽培全程机械化。精准农艺与现代农机融合能够最大限度发挥农机装备的作业效能，加速作物栽培管理新技术的推广应用，是作物生产现代化的主要表征。未来，首先要从生长发育、个体株型和群体结构等方面揭示适应机械化的作物品种特征，选育出相应品种，并揭示机械化种植条件下的作物产量、品质形成规律，明确高产、优质品种的共性特征及调控途径；探明光、温、水等自然资源的时空分布特征及其与机械化种植下作物生长发育的耦合程度，提出适宜不同生态区的机械化种植制度与模式；阐明机械化种植条件下，品种、播期、水分、肥料、密度和播栽方式等栽培因子对作物产量、品质和抗逆性的影响，构建出适宜不同生态区的机械化高产、优质、绿色栽培技术体系。整体上，系统构建出适宜我国作物生产实际的作物机械化生产理论与技术体系，实现精准农艺与现代农机的高度融合。

（2）智能技术与作物栽培耦合推动作物栽培管理智慧化。管理智慧化是作物生产现代化的内在要求。基于智能技术与作物栽培融合的作物智慧管理包括生长监测、诊断调控、智能产品等方面。在作物生长动态监测预测方面，大力发展监测作物产量、品质、抗逆性有关的主要生理过程、指标的无损监测、诊断技术。同时，通过构建更稳定的作物长势监测及生产力预测模型，结合卫星、无人机等获取的多平台数据，建立田块、园区、区域等多尺度上的作物生长监测预测体系，为农田精确管理和粮食安全生产提供精准农情信息。在作物生长定量诊断调控方面，基于作物产量、品质形成与调控机制的基础研究成果，建立指示作物水分养分、生长发育的诊断模型，实现作物肥水实时诊断与精确调控一体化。在作物栽培智能产品开发方面，围绕农田信息获取、信息处理、变量实施等作物精确作业的关键技术环节，研制出便携式、车载式、机载式作物生长监测诊断设备，开发出基于无线传感网络的农田感知与智慧管理系统，为作物生长指标的实时监测、精确诊断、智慧管理等提供了产品化和实用化技术应用载体。综合以上方面，形成契合我国生产实际的作物智慧化管理理论，并实现产品和技术配套。

（3）新化学技术与作物生理融合推动作物栽培调控精准化。作物生理学是在细胞、组织、器官、植株、群体等各个层次研究作物生长发育，产量、品质形成机制，及其与环境关系的应用基础科学，是联结遗传基因和田间表现的重要知识纽带，是单基因、细胞水平的纵向深入研究成果向作物生产实践转化的关键一环。作物生理学的核心任务首先是发掘产量、品质和资源高效的主控生理过程和关键指示性状，进而研发特异靶向技术手段，实现对核心过程和指标的定向促控。与备受争议的转基因技术相比，新化学技术无需改变基因，同样也能在未来粮食危机中造福人类。未来的作物栽培中将广泛应用新化学技术以塑造理想株型，构建健康群体和提高抗逆性。

三、农业绿色投入品

1. 发展现状

农业投入品是农业生产过程中必需的生产资料和物资，包括动物疫苗、兽药、动物诊断试剂、饲料添加剂、农药、肥料、土壤调理剂、环境调控产品等。农业投入品在保障农产品产量和质量、满足人类生产生活需求方面具有不可磨灭的重大作用。当前，生态环境安全成为我国农业生产面临的突出问题之一，大量频繁使用传统高毒农药和兽药，导致生产和生态环境恶化，成为食品安全问题的重要根源，迫切需要加快绿色投入品创制和产业化。

（1）农药是提高和保障粮食单产的重要手段，每年可挽回世界农作物总产的30%～40%的损失。2001年至2017年，全球农用农药市场销售额从257亿美元增长至542亿美元，年均增长4.2%，而巴斯夫、拜耳、先正达等跨国大公司垄断全球销售市场的75%以上，预计2022年超过900亿美元，已成为全球稳定增长的巨大产业。近20年来，我国创制和登记的绿色农药和生物农药50余个，针对主要农业害虫的绿色产品开发取得了重要进展。

（2）我国动物疫病种类繁多、传播迅速、病原血清型复杂，动物疫病防控任务艰巨，而兽用生物制品是防控这些疫病最重要的手段。新中国成立初期研制了国际首创的驴白细胞弱化的马传染性贫血弱毒活疫苗；开发了猪瘟兔化弱毒疫苗并在亚欧等很多国家推广使用，为猪瘟防控发挥了关键作用。研发了禽流感疫苗、猪伪狂犬病毒基因工程疫苗、口蹄疫标记疫苗等一批自主知识产权的动物新型基因工程疫苗产品；催生了中牧股份、普莱柯、科前生物等一批疫苗生产企业；自主研发的畜禽疫苗产品市场占有率不断提升，如猪伪狂犬病疫苗的自主品牌产品已占据国内市场份额的90%以上。

（3）全国约1/5土壤受不同程度重金属污染，多年应用塑料地膜带来的"白色污染"突出，每年9亿多吨秸秆大多未进行资源化利用，而环境修复调控产品为以上问题的解决带来了曙光。微生物修复重金属污染具有低耗、高效、环保安全的优势，国内外学者在利用细菌、真菌、藻类等微生物吸附重金属方面做了大量的研究，微生物肥料取得重要进展。国内分离鉴定了黄粉虫肠道中与PE塑料降解相关的数个菌株，但降解效率较低、关键降解酶不清楚，还需筛选高效降解微生物、提升降解效率并解析降解机制。国内开展了体外合成生物途径将纤维素转化为淀粉和糖类的原创研究，取得新突破。

改革开放以来，我国绿色投入品研发和产业化方面取得了很大进步，部分领域接近或处于领先水平，但总体而言与发达国家相比还存在一定差距。创制基础理论和前沿技术源头创新亟待加强；重大产品创制偏少，多数产品仿制为主，不能适应农业生产和国际竞争需要；绿色投入品产业化程度不高，应用技术标准化、规范化有待进一步加强。

2. 未来展望

未来人类一方面需要农业提供足够量的食物满足人口增加和饮食结构的变革，另一方面在满足温饱之后，将希望食品更为优质安全，这些势必加速绿色投入品的技术革新和产业革命。随着科学技术的发展，到2035—2050年，我国绿色投入品将呈现以下特点：

（1）前沿核心技术催生高端绿色投入品，引领国际行业发展。面向农业绿色发展国家重大需求，突破基因编辑疫苗构建、RNAi新农药创制、绿色药物新靶标和分子设计、生物农药合成生物学等重大产品创制与产业化等前沿核心技术，创制绿色、高效的精准疫苗、减抗替抗生物制品、植物免疫激活剂、农药分子合理设计以及高效低风险小分子农药。

（2）绿色投入品助力粮食优质丰产、肉蛋奶品质提升，保障食品安全和公共卫生安全。动物疫苗实现精准化，实现重大疫病净化与根除，畜禽病死率显著降低，养殖成本降至国际先进水平，畜牧业将实现绿色健康可持续发展。农药实现高效、低毒、精准，地膜实现可降解、无污染、保温保湿、价格低廉等功能，与生物育种、高效精准栽培等技术联用，进一步提高农业生产效率，造福全人类。

（3）绿色投入品造就一批跨国企业，输出国门，占领国际市场。创制具有自主知识产权和全球市场竞争力的农业生物药物和生物制品新产品，建立新工艺、新标准，一批新药物和新制剂产品实现产业化。引领世界农业发展，造就一批跨国农业高新龙头企业，以技术为保障、以国家政策为指引，将高新技术产品输出国门，占领国际市场，促进世界农业发展和社会进步。

四、农业水资源高效利用

1. 发展现状

水资源紧缺是一个世界性的问题，农业是最主要的水资源消耗部门。农业用水占全球总用水量的70%，在一些非洲和亚洲国家，农业用水比例高达85%～90%，因此水资源高效利用的核心是农业水资源高效利用。不论是发达国家，还是发展中国家，政府对农业节水都有一定的扶持，如政府无偿投资、无息或低息贷款等。政府扶持与农民投入相结合，加大了农业节水投入力度，有力推动了农业节水的发展。

变化环境下的农业高效用水已成为国际相关研究领域的热点，多个国家及国际组织启动了该领域的重大研究计划。美国建立了多部门联合资助的食物－能源－水资源研究平台，其中作物高效用水是重要的主题。美国农业部农业研究局启动了农业水管理国家重大研发计划，旨在研究提高农业用水效率及发展新的灌溉技术，主要任务是开展提升农业用水效率、保障生态环境的基础研究及应用基础研究以及研发新一代农业高效用水及管理技术。德国联邦食品、农业和消费者保护部牵头启动了农业高效用水相关研究计划，以提高农产品和食品价值链的水资源利用效率，实现可持续管理。国际农业研究咨询联盟的"挑战计划"（Challenge Programs）在世界七大典型流域实施，包括提高农作物水利用效率、流域上游水的多种利用、水生态系统、流域水综合管理、全球和国家的粮食—水系统等研究内容，重点关注农业资源利用与环境影响方面的科学问题。纵观上述国际研究计划，近期农业高效用水国内外研究热点在于作物高效用水机理及耗水对变化环境响应、农业用水精量控制与调配、农业灌溉用水的生态环境效应等方面。

目前，我国节水灌溉技术主要包括低压管灌、喷微灌和渠道防渗灌溉等。最近几年，随着国家政策的支持、国内节水灌溉技术水平的提高，喷微灌面积增长迅速，达到1.35亿亩，占全国有效灌溉面积的13.68%。近几年由于国家加大对节水农业的支持力度和资金投入，节水灌溉行业前景看好，节水灌溉设备研发制造水平提高很快，在某些中端领域产品质量接近发达国家水平。随着国内节水灌溉龙头企业在产品质量和技术上的不断进步，已经能在中端产品领域赢得竞争并向高端产品市场发起挑战。

2. 未来展望

纵观我国农业发展面临的新形势，发展现代农业高效节水是保障国内食物安全、水安全、生态安全及整个国家安全的重大战略，是适应农业生产方式转变、助力农业现代化的迫切要求，是促进农业节本提质增效、实现农业可持续绿色发展的关键所在。

（1）节水灌溉技术与农艺技术相结合。节水高效农业的核心是通过集成多种措施，最大限度减少输水、配水、灌水及作物耗水过程中的水损失，充分提高灌溉水利用率和水生产率，获得最佳经济、社会和生态效益。与农艺技术的集成和科学的管理相结合，将大幅度促进高效节水灌溉。

（2）节水节肥节药一体化。水肥药一体化优点在于节水、节肥、节药，省工、省力、省心，增产、增收、增效。水肥药一体化可实现渠道输水向管道输水变化、浇地向给作物供水变化、土壤施肥向作物施肥变化、农田打药向作物用药变化、分开施用向水肥药耦合变化、单一技术向综合管理变化、传统农业向现代农业变化，实现"资源节约、环境友好"的现代农业。

（3）节水提质高效。由以土壤水平衡为基础的传统充分灌溉，转向综合考虑作物生理补偿、冗余控制、根冠通信、控水调质的基于作物生命需水信息和SPAC定量调控的节水调质高效灌溉理论研究。依据作物水分－产量－品质－效益耦合关系与节水优质高效多目标决策方法，设计与控制作物需水过程，达到节水、优质、高效的综合目标。

五、土壤健康与地力提升

1. 发展现状

土壤健康是制约农产品质量的关键要素，耕地地力是决定农产品数量的重要因子，因此，土壤健康与地力提升直接关系到农产品数量和质量，不仅对当前农产品生产、也对未来农业农村可持续发展具有十分重要的意义。

近年来，发达国家应用现代分子生物学方法（^{13}C标记、高通量测序、荧光显微成像、稳定同位素探针等），揭示了合理间套作与轮作可以发挥土壤根系－微生物的养分协同转化功能，特别是有机农业中有机肥和生物肥配施可以持续提高土壤生物功能和生产力。欧美等国家主要采取保护性耕作和轮作提高耕地的基础地力，研究建立了覆盖作物、化学休闲、绿色有机施肥等技术，可协同提升土壤有机质、养分库容和生物功能，提高土壤涨缩性、宜耕性和抗逆性等。在揭示长期施氮加速土壤酸化、衍生板结和耕层变薄障碍的生物物理机制基础上，提出有机肥和改良剂配施技术，促进耕地有机质积累和土壤结构优化；结合轮作套种和微生物引种驯化（菌根真菌、固氮蓝藻等），诱导作物根系释碱以阻控土壤酸化。研发了基于高聚物（聚丙烯酸酯等）改良剂的压盐改土技术，广泛采用大型无沟暗管铺设机械，集成土壤调理、生物技术和工程改良体系，实施了基于水－盐－肥运移模型和3S技术的盐碱土区改良规划。在深层破土改良土壤结构机械方面，研发配置松土器的工程推土机作业装备，并向机电液一体化、精细化、智能化，高效大型化、复合多功能方向发展，取得了良好效果。

通过相关项目或专项的实施，国内近年来在土壤结构－养分库容－生物网络协同提升机制、主要粮食产区农田土壤有机质演变与提升综合技术、黄淮地区农田地力提升与大面积均衡增产技术及其应用、南方低产水稻土改良与地力提升关键技术、我国典型红壤区农田酸化特征及防治关键技术构建与应用、有机肥作用机制和产业化关键技术研究与推广、克服土壤连作生物障碍的微生物有机肥及其新工艺等方面取得了相应进展，成为黄淮海盐碱地、东北黑土改良以后在中低产田改良方面的重要进展，为改良中低产田、提高耕地地力提供了技术支撑。我国科研人员应用同步辐射、核磁共振等技术，研究了秸秆还田和保护性耕作等对土壤结构和养分库容的协同影响，发展了农田土壤有机质综合提升技术。研究揭示了土壤大团聚体促进复杂生物网络形成、提升氮磷供应能力的机制，阐明了长期施肥和外源生物引种下根际土壤微生物种间互营促进有机物降解与养分释放机制。应用高通量测序等技术，研究了不同气候－作物－土壤条件下土壤微生物群落特征和结构形成的机制，阐明了植物－根际微生物互作调控养分供给机制。针对盐碱土改良，研究建立了基于垄作、施用硫酸铝、生物炭和黄腐酸等有机肥的重度盐碱土治理技术，研发了滨海盐碱地加速脱盐、长效培肥、耐盐品种和轻简栽培技术体系，集成了咸水冬季结冰灌溉等改土模式。针对南方丘岗地瘠薄红壤和紫色土改良与培肥，研发了土壤侵蚀、酸化和贫瘠化阻控及生态修复技术，构建"微地形改造－聚土垄作免耕－坡式梯田"改土培肥模式。针对黑土耕层变薄和潮土砂性障碍，研究建立了以秸秆填埋及激发式快速腐解为核心的肥沃耕层构建技术体系，提升耕层有机质含量。

2. 未来展望

未来 15 年及更长时段，在科技手段支持下，土壤健康与地力恢复可能在多方面实现变革。

（1）耕地资源的数字化实现了"数字土壤"基础上，结合数学方法、GIS 和其他现代信息处理技术，有可能更加真实地描述和定量表达区域范围内土壤属性的空间分布特征，也为耕地资源的保护和利用带来根本性变化，具体包括土壤样本的采集和分析方法、利用遥感和光谱快速获取土壤信息的理论和方法、土壤信息的处理理论和技术、土壤信息的表达和传播技术等。

（2）具有针对性耕地土壤质量的演变规律与评价体系，中低产田地力提升机理与定向培育，现代农业条件下土壤障碍形成机制与调控等基础研究理论得到突破将会支撑土壤健康利用，帮助人工对土壤进行科学管理。

（3）土壤环境与土壤修复技术日益完善，在土壤重金属和持久性有机污染物的污染源解析方面取得进展的前提下，将创建集成相应的源头管控和修复治理技术。"植物－微生物－物理化学"多方法多目标联合修复技术在今后将会逐渐成为主流。土壤退化尤其是土壤生物特性恶化机理也将被阐明。作物连作以及施肥不合理所导致的土壤结构破坏以及微生物多样性降低、生物特性恶化是影响我国农业可持续发展的重要原因之一，系统性探明土壤生物特性和功能的退化机理以及相应的环境友好型生物治理技术的突破是今后的发展趋势，并对我国土壤耕作制度等农业生产模式变革带来影响。

六、农林生态环境

1. 发展现状

农林生态环境是指直接或者间接影响农业、林业生存和发展的土地资源、水资源、气候资源和生物资源等各种要素的总称，是农业和林业生存和发展的前提，是人类社会生产发展最重要的物质基础。农林生态环境涉及的范围较广，包括废弃资源高效利用、农业面源污染、产地环境保护与修复、农用投入品使用等，近年来随着生态环境安全和农产品质量安全不断受到重视，农林生态环境问题也不断受到国内外的关注，研究进展较快。

国际上，在农业新型投入品研制和高效精准施用技术方面，美国、澳大利亚、日本等国家利用腐殖酸、海洋生物提取物、印楝油等作为材料，开发包膜或熔融内置工艺，研制增值尿素、增值磷铵等新产品；在农业废弃物循环高效利用技术研究方面，以秸秆直接还田和养畜过腹还田为主、以离田产业化利用为辅，畜禽粪污主要以还田利用为主，在资源化利用环境风险评估等基础研究，高效厌氧发酵、生物基材料、燃料乙醇（生物柴油）等高值利用创新技术开发及标准化、智能化资源化利用装备产品等方面处于引领地位；在农业产地环境保护与安全利用技术方面，发达国家的经典方法是工程措施，即通过客土、换土和翻土的机械物理原理，或应用热处理法、电化学法等来降低土壤的重金属含量，其中客土法和稀释法在日本大面积应用并取得了较好的效果。

近年来，在国家相关科技计划支持下，在绿色投入品创制与精准施用方面，研制了一批利用率高、环境友好的肥料新产品，创制了一批绿色农药和生物农药并集成创新了农业重大病虫草害绿色防控技术；在农业废弃物资源化利用技术方面，研究开发了快速发酵、高温预处理等技术，开发了浓稀分流厌氧发酵等技术，沼气发电和沼气生物天然气利用技术取得进展。在农业产地环境修复与保护技术方面，研究评价了有机肥还田部分替代化学氮肥施用对于作物生产力、活性氮损失以及土壤温室气体排放的影响，在显著提高了作物产量、提高氮肥利用率的同时显著降低了 NH_3 挥发，降低了氮的淋融和径流损失。

2. 未来展望

从现在起到 21 世纪中叶，我国农林生态环境建设将以保障国家粮食和农产品安全、生态环境安全、提高农业综合生产力和整体效益为目标，以解决当前农业绿色和高效生态安全的突出问题为重点，以促进农业可持续发展为主要方向，强化农业生态优化、土壤有毒有害物原位降活和农产品安全生产技术研发应用，确保农业生态安全和农产品安全生产；强化新型肥料、新型农药等农业投入品研发应用，大幅度提高其利用率，有效降低化肥农药用量；强化农业水资源高效利用和节水农业发展，大幅度提高农业水资源利用率和利用效率；强化农林废弃物资源化利用技术研发，促进废弃物高效转化和资源化利用。通过现有单一化应用的绿色技术进行集成化、标准化、系统化和模式化，有效推动循环农业、生态农业发展。在此基础上，大力加强生物技术、信息技术、新材料技术等研发和应用，开发系列农业绿色高效发展的制剂与材料，以及设备、装备，强化研发成果物化和产业化，大幅度提高农业绿色高效生态安全保障能力。

（1）构建污染生境修复与高效生态模式。以农业废弃物绿色循环利用、农产品产地环境安全、集成化的生态循环农业技术模式等为主要抓手，建立与绿色生产需求相适应的土壤、水环境质量标准体系，保障产地环境安全。突破农田复合种养、典型生态脆弱区绿色生态农业模式结构与功能构建与调控的核心关键技术参数及全程技术标准，不同区域生态农业的轻简化与智慧化生产的核心关键技术，创建一批区域典型绿色生态农业示范应用模式，实现"山、水、田、林、湖、草"生命共同体协调发展。

（2）推广应用新型绿色高效肥料。研发新一代性能优异、稳定可靠和绿色环保的包膜肥料和稳定性肥料新材料、新产品，突破连锁精准控制、产品质量在线快速检测、抑制剂动态精准添加等一批产业化技术，实现精准化、智能化生产；在不同区域、不同作物中推广应用专用型包膜和稳定性肥料新产品，农机农艺配套更加轻简化、规范化；建立完善基于生物质热化学转化技术的生物炭肥研究和应用农业技术体系；推广应用便于分布式部署的、适度规模的秸秆炭化多联产技术装备，液态热解副产物全量处理利用技术装备，全程清洁生产技术与装备；发掘适应不同环境条件的多功能微生物功能菌群，实现秸秆的就地还田有效利用和畜禽粪便适度规模下无害化、清洁化的快速制肥利用。

（3）充分运用农业绿色节水技术与产品。充分运用 3D 打印、纳米材料、人工智能、物联网、生物传感等新技术提升研发应用水平，构建先进、实用、完备的农田节水技术与产品体系，支撑高标准农田建设；充分运用基因鉴定、仿生材料、生物材料等先进技术促进雨水资源化利用技术创新，构建标准化、模式化、生态化的旱作农业水分高效利用与调控技术体系，支撑旱作区农业发展。

（4）广泛应用新型绿色高效农药。通过重要农业有害生物的药敏性靶标蛋白与小分子农药互作的结构解析及药－靶互作机制研究，揭示靶标药敏性分化及抗药性变异的分子结构基础，利用生物信息学和计算机技术，设计与药敏性位点和抗药性变异位点具有亲和力高的靶向新分子，利用化学前沿技术合成和高通量筛选，实现绿色靶向农药创制的理论与技术突破，为发展靶向农药颠覆性高技术产业奠定理论与技术基础。同时，通过农业病虫草生物学和生物互作基础研究，揭示生物农药，尤其是内生真菌的抗生机制和诱导作物防御反应机制，研发和示范应用活性高、货架期稳定性好的靶向生物农药，突破生物农药发展的技术瓶颈，为实现农药减量和有害生物可持续绿色高效生态控制提供物质基础。

七、农业防灾减灾

1. 领域背景

在全球气候变暖背景下，极端天气气候事件不断增多增强、气象灾害给农业生产带来的风险越来越大，世界各国高度重视农业防灾减灾工作。美国、日本等发达国家在农业灾前、灾中、灾后始终把科技创新贯穿始终，特别是一批突发性农业气象灾害监测新技术，基于农田尺度的地面监测技术与设备，实现农业灾害的自动化、强时效和高精度监测，完备的农业灾害监测技术支撑体系，有效减少了农业灾害对生产的影响。我国是世界上受气象灾害影响最为严重的国家之一，灾害种类多，强度大，频率高，严重威胁人民生命财产安全，给国家和社会造成巨大损失。据 21 世纪以来资料统计，我国每年因各种自然灾害造成的农作物受灾面积达 5 000 万公顷、影响人口达 4 亿人次、经济损失达 2 000 多亿元。其中干旱、冷害、寒害、高温热害及森林火灾是我国当前重大的农业自然灾害，已对国家农业可持续发展和粮食安全构成严重威胁。因此，做好农业防灾减灾，为我国预防和减轻农业重大突发性自然灾害筑起一道防火墙、撑起一把保护伞、打造一个保险箱，确保我国粮食安全具有重要意义。

（1）农业防灾减灾科技创新向多学科协同发展。近 20 年来，我国在农业防灾减灾领域科技创新能力不断提高，国际影响力明显增强，技术竞争力总体上与国际先进国家差距在逐步缩小，但成果影响力、科技水平、先进技术应用程度等方面与美国、日本和欧盟等先进发达国家还存在不小差距。随着社会经济发展和气候变化加剧，农业自然灾害发生的不确定性明显加大，农业农村防灾减灾科技将面临更大挑战；多学科协同开展田间灾情实时监测、信息传输、信息处理、精细化预警预报产品制作、信息发布等技术的联合攻关将极大地促进农业防灾减灾科技发展，多学科融合将会突破单项技术的局限，有效推进灾前防灾、灾中减灾、灾后救灾与恢复生产技术的综合运用；移动互联技术极大地促进精细化农业气象灾害监测预警、农业灾害综合防控、逆境靶向调控以及农业气象灾害影响与风险快速动态评估及在高时空分辨率上的无缝隙发展，基于多源数据挖掘技术的应用将极大地促进气候智慧型农业、农村自然灾害防御以及林草火灾快速扑救向智能化的发展。

（2）突破一批农业防灾减灾关键技术迫在眉睫。我国虽然已初步形成区域化、规模化、专业化生产的格局，高产、高效、高附加值新的种养类型不断出现，农业生产的对象和区域布局发生了重大变化。但农业自然灾害发生规律出现了新的变化，呈现出频率高、强度大、危害日益严重的态势。现有的农业自然灾害监测预警与调控技术，在适用地域、对象和针对性等方面难以满足实际生产的需求。因此，尽快研究与农业生产发展相适应的农业重大气象灾害监测预警与调控技术体系已成为当务之急。

（3）农业防灾减灾由单一技术向技术体系构建发展。目前，农业自然灾害监测预警和调控技术研究取得了一定的进展，但相关研究成果多是基于地面气象观测信息和田间试验，尚未形成基于天基、空基、地基的综合监测预警技术体系，监测预警的准确率和时效性与实际生产的需求尚有较大差距，缺乏对未来气候变化背景下重大气象灾害的发展趋势估计及其对农业生产影响的系统研究，尚未形成农业重大气象灾害的综合业务服务能力。因此，需要在现有工作基础上，继续加强创新性研究，研制基于天基、空基、地基多元信息的灾害监测技术；发展基于作物生长模型、区域气候模式和"3S"高新技术手段的长、中、短期相结合的灾害预警技术；研制新型减灾制剂及减灾集成调控技术；研究气候变化背景下重大气象灾害对农业生产影响的评估技术。实现农业重大气象灾害的实时监测、动态预警和综合调控及其业务服务，显著提升农业生产气象防灾减灾及保障能力。

2. 未来展望

中共中央、国务院印发的《乡村振兴战略规划（2018—2022年）》中明确要求，加强农村防灾减灾救灾能力建设，坚持以防为主、防抗救相结合，坚持常态减灾与非常态救灾相统一，全面提高抵御各类灾害综合防范能力。农业防灾减灾技术将在精细化农业气象灾害监测预警、农业灾害综合防控、逆境靶向调控、农业气象灾害影响与风险快速动态评估、气候智慧型农业、农村自然灾害防御和林草火灾快速扑救技术实现重大突破，跻身于创新性国家的行列。

（1）多学科融合研究将是农业防灾减灾科技的显著特点。气象学、生物学、农学、生态学、地理学、信息学、工程学及经济学等多学科开展田间观测与监测、信息传输、信息处理、信息发布等技术的联合攻关，将极大地促进农业防灾减灾的科技发展。与此同时，多学科的融合将会突破单项技术的局限，有效推进灾前防灾、灾中减灾、灾后救灾与灾后恢复生产技术的集成与综合。

（2）信息技术快速发展必将推动农业防灾减灾科技深刻变革。灾害发生的突发性与灾害影响的广泛性迫切需要农业防灾减灾工作的及时与有效。随着大数据的普及，农业灾害防控将全面数据化，云计算为数据的大规模生产和应用提供了基础；物联网的发展、智慧农业等应用技术的拓展，将形成泛在的信息网络环境，将全方位为农业防灾减灾提供及时智能响应。

（3）提高农业气象灾害监测预警水平，为防灾减灾提供科技支撑。根据农业气象灾害影响规律，构建农业气象灾害综合动态指标体系，发展自动化观测和信息采集技术，研发基于天基、空基和地基相结合的多元信息融合的农业气象灾害精细化监测技术、数据分析技术、智能化预报技术、精准化预警技术；以提高农业防灾减灾综合防控效果，为国家粮食及其他重要农产品安全提供科技支撑。

八、草地与草原农业

1. 发展现状

草地是生长草本和灌木植物为主并适宜发展畜牧业生产的土地，是一种可更新的自然资源，是发展草地畜牧业的最基本的生产资料和基地，具有特有的生态系统。草原是地球生态系统的一种，是地球上分布最广的植被类型。草地与草原农业是以饲草种植和草食家畜养殖为核心的一种农业类型。

围绕世界草地资源的分布区域，形成了几个较大的畜牧带：以澳大利亚为代表的大洋洲畜牧带，以丹麦、瑞典为代表的欧洲畜牧带，以美国为代表的美洲畜牧带，以及以日本和中国为代表的亚洲畜牧带。由于各国自然条件和经济体制的差别，畜牧业发展模式也各具特色。澳大利亚是典型的草原畜牧业，以天然草地为基础，主要采取围栏放牧的方式，根据草地的承载力调整放牧强度，在发展畜牧业的同时保持生态平衡。丹麦畜牧业主要采取适度规模化的农牧结合的模式，部分草场种植牧草，或与大麦等饲料作物混合种植，部分草场则用于放牧，畜牧业组织化、产业化程度高。美国畜牧业规模化、机械化程度高，依靠雄厚的资金和技术实力，形成工厂化的畜牧生产线。家庭农场是美国畜牧业的基本生产单位，饲养规模较大，品种也比较单一，往往只饲养一种或两三种牲畜。日本与西方发达国家不同，虽然日本的工业化水平也很高，但由于国土面积狭小，资源匮乏，日本只能发展以家庭农场经营为主、加大资金投入和提高科技含量的集约化畜牧业。

当前，我国畜牧业发展正处于生产方式、经济增长方式和产业结构的转型阶段。畜牧业生产规模不断扩大，畜产品总量大幅增加，畜产品质量不断提高。特别是近些年来，随着强农惠农政策的实施，畜牧业发展势头加快，畜牧业生产方式发生积极转变，规模化、标准化、产业化和区域化步伐加快。我国畜牧业在保障城乡食品价格稳定、促进农民增收方面发挥了至关重要的作用，许多地方的畜牧业已经成为农村经济的支柱产业，成为增加农民收入的主要来源，一大批畜牧业优秀品牌不断涌现，为促进现代畜牧业的发展作出了积极贡献。

2. 未来展望

（1）智慧畜牧业发展更加完善。未来草地和草原农业是在传统畜牧业和草业基础上提升的、协同饲草料生产和畜禽养殖的新型生态草畜产业，是智慧型畜牧业。借鉴现代农业的发展思路，通过科学规划、合理布局、精细管理，发展以人工草地和现代化畜牧业为主、以多种特色生物产业和文化产业为补充，并大幅提升天然草地生态功能。其依据的科学原理是，在牧区利用不足、水热条件适宜的土地，建立集约化人工草地，使优质饲草产量提高10倍以上，从根本上解决草畜矛盾；对其他90%以上的天然草地进行保护、恢复和适度利用，提升其生态屏障和旅游功能。这个生产体现了农业智能革命的信息、装备和智能等特征，形成了智慧型草业（Smart Farming）。智慧草业强调品种是核心，设施装备是支撑，信息技术是质量水平提升的手段。充分应用大数据和云计算、管理决策信息系统、精准作业技术与装备系统、电子商务和全程追溯系统等四方面高新技术与系统，由此智慧草业完美融合了以上三大科技要素，对草业发展具有极大的推动作用。

（2）畜牧业产业结构进一步优化。未来畜牧业产业结构进一步优化，散养、小规模饲养逐渐减少，产品产量市场占有率缩小，但和集约化养殖场、专业化合作社结合越来越紧密，形成公司+农户的利益联结。新型现代化畜牧生产企业逐渐崛起，在市场中占据主导地位。最显著特点是更加注重市场销售环节和企业品牌创建、产品销售网点或产品销售专柜得到了百姓认可，畜产品研发越来越方便百姓生活、产品质量越来越符合百姓需求。同时，这些企业成为新技术、新品种研发与推广主力军，是畜产品追溯体系的自觉实施者。

九、智慧农业

1. 领域背景

智慧农业是在现代信息技术革命的红利中探索出来的农业现代化发展的新模式，是集集约化生产、智能化远程控制、精细化调节、科学化管理、数据化分析和扁平化经营于一体的农业发展高级阶段，主要包括智慧大田种植、智慧养殖、智慧植物工厂、智慧渔场、智慧果园等。

近年来，世界主要发达国家十分重视智慧农业发展。美国早在20世纪80年代率先提出"精确农业"构想并将其应用于农场生产实践中，经过30余年的发展，通过融合作物学、农艺学、土壤学、植保学、资源环境学和智能装备、自动监控，美国构建了作物栽培、土壤肥力、作物病虫草害管理的数字模拟模型，同时借力3S技术探索形成了以规模化农场为应用主体，以机器人技术为支撑的未来农场（fully-automated farm of the future）模式。目前全美有超过83%的农场采用精准农业技术，82%以上的农场使用了GPS自动导航技术，74%以上的农业装备使用了GPS辅助导航技术，超过30%的农场使用了基于GPS和处方图的变量作业技术，美国平均每个农场将拥有50台连接物联网的设备。欧盟2012年出台了《信息技术与农业战略研究路线图》，提出通过农场管理信息系统（FMIS），重点发展室内环境自动控制、农产品质量自动控制和农业机器人等农业信息化技术，提升农业管理效率，在"路线图"的顶层设计下，荷兰采用自动化控制系统，将环境控制、水肥管理、数据检测等设施设备进行统一管理，建设了智慧设施农场。英国政府于2013年专门启动了"农业技术战略"，高度重视"大数据"在提升农场生产管理决策效率中的应用，2017年尝试创建了全球第一家无人农场，农场主在控制室内就能完成自动拖拉机自行进行播种喷洒、无人机监控作物长势、自动联合收割机自行收割农作物的全部过程，2019年提出"5G RuralFirst"智慧牧场计划，利用5G网络并安装腿部传感器和项圈在母牛身上，农场主可将生物识别传感器置于牲畜腿部，通过手机APP和5G网络远程监控畜群状态，实时了解牲畜位置和健康状况。

澳大利亚智慧农场发展始于20世纪90年代"精细农业"，近年来在联邦科学与工业研究组织（CSIRO）和澳大利亚新英格兰大学的共同推动下，澳大利亚大力发展智慧农业，建设了以自动感知、自动控制、自动监控为特点的智能农场、数字农庄，并于2014年在Kirby农场开展智能农场试点。日本的农场以家庭经营为主，2015年启动了基于智能机械+IT的"下一代农林水产业创造技术"，推动了精准农业装备、温室设施及装备、无人机植保、农用机器人等智慧农业技术在日本农场的应用，2017年日本首个无人蔬菜农场正式开张，标志着日本无人农场由实验向市场应用转变。2016年，韩国电信公司KT宣布启动"GiGA智慧农场服务系统"（即"KT计划"），以低廉的安装成本为农户提供先进的温室控制服务，在韩国农业部支持下，"KT计划"在全国范围内启动了10个智慧农场，农场主通过搭建物联网，作物生长环境的温度、湿度、光照辐射度、CO_2浓度和土壤质量等信息就会通过传感器反馈到控制平台，依据数据分析结果精准地运行环境控制系统，为作物提供最佳生长环境。

我国的智慧农场起步较晚，但近两年发展较快，特别是伴随着我国农业物联网技术的不断发展与推广示范，部分基础较好的农场对信息技术的应用逐渐由单环节的信息化向"数据驱动+精准控制+智能决策"的数智化转变，多源信息感知与融合技术、智能农机装备、北斗导航技术、区块链技术、农业机器人技术等已经在规模化农场得到初步应用，在大田精准作业、设施园艺物联网监控、设施养殖智能化控制、农产品质量安全追溯、农产品品质维持与智慧物流方面取得初步进展，推动了我国智慧农场向纵深发展。特别是我国自主研制的北斗导航系统，已成功运用于智能化农业机械控制等方面。与传统农机相比，北斗卫星导航自动驾驶拖拉机依托智能技术保障作业质量、提高作业效率，作业后的条田接行准确，播行端直，同时大幅降低了劳动强度，实现了舒适化操作。

2. 未来展望

据国际咨询机构研究与市场（Research and Market）预测，到 2025 年全球智慧农业市值将达到 300.1 亿美元，其中发展最快的是亚太地区（中国和印度），2017—2025 年复合增长率（Compound Annual Growth Rate，CAGR）将达 11.5%。

（1）整体思维和系统认知分析技术是智慧农业发展的首要前提。农业系统是复杂系统，已经很难再依靠"点"上的技术突破实现整体提升。系统认知就是要从系统的要素构成、互作机理和耦合作用来探索问题解决的途径。智慧农业的发展必须突破单要素思维，从资源利用、运作效率、系统弹性和可持续性的整体维度进行思考。

（2）新一代传感器技术将成为推动智慧农业进步的底层驱动技术。新一代传感器技术不仅仅包括对物理环境、生物性状的监测和整合，更包括运用材料科学及微电子、纳米技术创造的新型纳米和生物传感器，对诸如水分子、病原体、微生物在跨越土壤、动植物、环境时的循环运动过程进行监控。新一代传感器所具备的快速检测、连续监测、实时反馈能力，可在资源要素的利用环节即可精准发现和定量识别可能出现的风险问题，并能够实时进行优化调整，彻底改变我国农业生产方式。

（3）数据科学和信息技术是智慧农业取得突破的战略性关键技术。数据科学和分析工具的进步为提升智慧农业发展提供了重要的突破机遇。大数据、人工智能、机器学习、区块链等技术的发展，提供了更快速地收集、分析、存储、共享和集成异构数据的能力和高级分析方法。数据科学和信息技术能够极大地提高对复杂问题的解决能力，将农业、资源等相关领域的大量研究成果应用在生产实践中，在动态变化条件下自动整合数据并进行实时建模，促进形成数据驱动的智慧管控。

十、乡村人居环境农业

1. 领域背景

国外非常重视乡村环境建设，不同国家因地制宜采取了不同的措施形成了各具特色的发展模式，其中代表性国家有美国城乡一体化发展策略，通过城市带动农村、城乡一体化发展等策略来推动乡村社会的发展，最终实现工业与农业、城市与农村的双赢局面；欧洲的生态环境发展模式，通过营造优美环境、特色乡村风光以及便利交通设施来实现农村社会的增值发展，提升农村吸引力；日本的"一村一品"布局方式，通过整合和开发本地传统资源，形成区域性的经济优势，从而打造富有地方特色的品牌产品。我国在党的十八大、十九大以来，党中央非常重视乡村人居环境整治提升工作。党的十九大报告提出实施乡村振兴战略建设宜居乡村。宜居乡村建设要以优良的生态环境为前提，以多功能产业为支撑，以乡村文明为依托。《乡村振兴战略规划（2018—2022年）》《乡村人居环境整治三年行动方案》《国务院办公厅关于改善乡村人居环境的指导意见》等文件的出台，更是向乡村人居环境整治提升工作提出了明确的工作内容和考核指标。其中改厕及厕所粪污治理、农村生活污水处理、农村生活垃圾处理处置等工作为重中之重。

（1）提升乡村人居环境是国家长期坚持的重大战略任务。2019年5月17日，中共中央、国务院印发《关于新时代推进西部大开发形成新格局的指导意见》。意见提出，确保到2020年西部地区生态环境、营商环境、开放环境、创新环境明显改善，与全国一道全面建成小康社会；到2035年，西部地区基本实现社会主义现代化，基本公共服务、基础设施通达程度、人民生活水平与东部地区大体相当，努力实现不同类型地区互补发展、东西双向开放协同并进、民族边疆地区繁荣安全稳固、人与自然和谐共生。重点在乡村人居环境和综合服务设施建设、重点水源工程、城乡供水一体化和人口分散区域重点小型标准化供水设施建设、水源地保、区域综合治理、加快西部地区绿色产业发展等方面开展。上述纲领性文件的出台，为提升乡村人居环境和建设宜居乡村提供了重要保障！

（2）乡村人居环境发展短板明显。生态文明建设关系人民福祉、关乎民族未来的长远大计。新时期，国家在推动生态文明建设过程中，高度重视加强乡村生态文明建设，提升乡村人居环境。当前，我国人居环境整治提升正在加快推进，但农村生产生活生态融合协调发展、乡村差异性发展的科技支撑仍然不足，乡村人居环境基础设施建设和服务能力仍然滞后，农村饮用水安全保障、污水处理、水环境保护、改厕及固废处理、农业废弃物和畜禽粪污处理与利用和生态破坏等问题依然比较突出，面临农村饮用水水质偏低、乡村黑臭沟塘点多面广、众多乡村厕所质量提升及粪污处理难度大、畜禽粪污及农业废弃物环境污染负荷高、难以有效处理等重大挑战。据测算，当前我国农村自来水普及率约82%，且实际供水水质达标率偏低，生活污水处理率只有约22%，垃圾无害化处理率约80%，完成或部分完成改厕任务的村刚超过一半，中西部地区改厕任务艰巨，畜禽养殖废弃物综合利用率约60%。另外，中央全面深化改革委员会将制定"白色污染"综合治理方案列为重点改革任务，塑料污染治理工作面临着新的难题，特别是一次性塑料用品的消耗量持续上升，新型治理模式的培育不够，进一步限制了我国乡村宜居发展。

（3）乡村人居环境改善关键技术亟待提升。乡村人居环境提升需要多领域、多门类关键技术及装备提供技术支撑和保障。就改厕及厕所粪污治理、农村分散污水治理、农村生活垃圾治理、畜禽粪污处理及资源化等重点工作而言，当前，我国各地出台改厕技术以水冲厕为主，占已完成改厕的75%以上，技术模式单一，水冲厕实施过程存在厕所粪污产生量大、配套处理措施缺乏等难题，且寒冷地区冬季无法使用问题突出，技术瓶颈尚未有效突破，同时，可有效推广的旱厕提升、粪污资源化的关键技术装备尚未突破；《乡村人居环境整治三年行动方案》要求我国农村卫生厕所普及率到2020年达到85%，但厕所粪污还田等资源化利用不足，仍缺乏可有效推广的厕所粪污资源化转化利用的技术模式和关键技术；农村污水处理未完全推开，集中处理与分散处理技术模式均有应用，但技术种类繁多，多达十余种，小吨位处理设施污染物去除效果保证及运行稳定性难题长期存在，未有效解决；农村生活垃圾处理起步较晚，距离90%左右村庄生活垃圾得到治理的目标仍有较大差距，且农村分散垃圾的有效收集、小体量垃圾有效处理及资源化等技术模式和装备缺乏。

2. 未来展望

农村环境治理带动农村环保产业快速发展，整体产业规模达到万亿元。但乡村人居环境整治还存在环保产业整体大而不强、企业核心技术缺乏、同质化低效竞争突出、关键技术及装备不足，科技创新引领和有效科技支撑不够等问题。结合国家乡村振兴、人居环境整治、中西部环境保护等国家战略，"科技引领未来"将在乡村人居环境提升领域更多体现科技贡献率。

（1）理论创新与关键核心装备研发提升乡村人居环境。围绕乡村人居环境提升需求，基于基础理论－学科交叉－污染防控－资源利用－装备提升－示范应用指导思路，在"乡村人居环境基础理论""乡村三生融合与智慧绿色""乡村污染治理与环境改善""乡村资源利用与生态提升"等方面开展原始理论创新与技术研发，形成关键技术及核心装备。

（2）缩短人居环境城乡差距，提高农村居民获得感。完成饮用水安全保障、改厕及厕所粪污治理、农村生活污水处理、农村生活垃圾处理处置、农村环境卫生等乡村人居环境领域各项提升工作，并统筹城乡市政公用设施建设，城镇公共基础设施向周边农村地区得到有效延伸。

（3）建立市场为导向的乡村人居环境技术创新体系。乡村人居环境绿色产业得到充分发展，全面实现乡村污染减排、资源循环利用，乡村人居环境与生态环境保护工作相得益彰，使乡村美、乡村富变成现实。

十一、数字乡村

1. 领域背景

国外推进数字乡村的做法各具特色，形成了不同的发展模式。其中典型模式有美国依靠政策、资金建设先进的数字乡村；德国注重信息系统服务建设；法国、加拿大等国形成了多层次农业信息服务格局，服务主体多元化。我国在实施乡村振兴战略和数字经济快速发展的时代背景下，乡村科技发展面临新的挑战和重大机遇，开展数字乡村建设对推动我国乡村社会经济跨越式发展具有重大意义。数字乡村以"乡村产业振兴、人才振兴、文化振兴、生态振兴、组织振兴"为宗旨，以物联网、云计算、大数据、人工智能和移动互联网等新兴信息技术为依托，通过先进适用技术在农村人居环境、村镇规划建设、产业促进发展、乡村综合治理、生产生活服务等领域的智慧化应用，推进我国乡村生产、生活、生态的数字化、网络化、智能化进程，实现我国经济社会跨越式发展。

（1）乡村信息基础设施建设不断夯实。农村宽带通信网、移动互联网、数字电视网和下一代互联网延伸到农村偏远地区。2019年，我国行政村光纤和4G网络通达比例均已超过98%，贫困村的固网宽带覆盖率达99%，实现了全球领先的农村网络覆盖。到2019年6月，我国农村网民规模为2.25亿，占网民整体的26.3%，较2018年底增长305万。2018年全国县域用于农业农村信息化建设的财政投入，25.2%的县域低于10万元，仅有20.0%的县域在500万元以上，我国县域数字农业农村发展总体水平为33%。

（2）乡村数字经济新业态发展迅速。百度、腾讯、支付宝、新浪、UC等这样的产业巨头，开启了LBS+AR产品的研发，移动位置应用LBS市场已达到了数十亿，并开始探索在农村休闲旅游方面的应用。物联网、区块链技术在乡村特色产品供应链环节中应用范围逐步扩大，农业农村电子商务发展迅速，"互联网+"创意农业、认养农业、观光农业、都市农业、智慧农业等新业态得到发展。2018年农业数字经济占农业增加值的比重达到7.3%，2019年我国农村电商产值1.7万亿～1.8万亿元，农产品电商产值3 500亿～4 000亿元。

（3）乡村流通服务产业发展取得初步成效。"互联网+"农产品出村进城工程，农产品加工、包装、冷链、仓储等设施建设不断加强。到2019年8月，全国快递网点已经覆盖乡镇超3万个，覆盖率超过96%，全国新增"邮乐购"站点2.5万个，累计建设数量超过53万个。2019年全国农产品网络零售额达到了3 975亿元，比2016年增长了1.5倍，全国农村网商突破1 300万家。农村地区收投快递超过150亿件，占全国快递业务总量的20%以上。搭建起"工业品下乡"与"农产品进城"双向渠道。

（4）乡村传统信息服务产业向智能化发展。移动互联网的普及推动了乡村产业服务、公共服务、医疗教育、社会保障等多领域应用，智能化服务能力得到提升。互联网企业、行业协会、专业机构等加大对涉农微信、微博、专业App等移动应用的平台和内容投入，为农民提供政策、市场、技术、保险等生产生活各方面的便捷信息服务。到 2019 年 11 月，我国信息进村入户工程已在 18 个省份整省推进实施，建成运营 34.6 万个益农信息社，为农民和新型农业经营主体提供公益服务 7 709 万人次，开展便民服务 2.6 亿人次。

2. 未来展望

到 2050 年，我国全面建成数字乡村，实现城乡基本公共服务均等化、乡村治理体系和治理能力现代化，乡村全面振兴，实现农业强、农村美、农民富。

（1）乡村信息基础设施完备。在新基建战略下，全国行政村宽带全接入、4G/5G 网络全覆盖，农业农村 IDC 数据中心建成运营，城乡上网比例达到 1∶1；传统水利、公路、电力、冷链物流、农业生产加工等基建设施完成数字化、智能化转型，农村人口居住区社会治安视频监控网络全覆盖，智慧乡村初步建成；连接城市群的城际高速铁、轻轨等直通乡村。

（2）乡村全面物联感知支撑体系完善。标准统一、安全可控的数字乡村感知信息覆盖和共享共用体系形成，以乡村为单元的感知设备部属，遥感遥测、卫星定位、移动定位、物探、激光、雷达等各类地理空间数据和时空大数据的统一标准、统一汇聚和统一服务。村镇物理社会和网络空间运行态势的感知体系形成，天空地一体化监测网络建成，重要河流、出水口、生态环境、人居环境监测预警全覆盖。

（3）城乡资源流通服务产业高效运转。利用大数据、区块链等技术，突破传统的城乡资源信用识别和授信方式，构建形成多维度的信用管理体系和风控模型，降低信息搜集、甄别和评估成本，提高乡村资源信用水平。品控区块链技术广泛应用，乡村工业品消费和农产品销售的双向服务实现标准化，工业品下乡难和农产品进城难问题得到解决，农村土地、加工仓储、冷链物流、农产品资源聚集下的农村电商发展经济链新格局得到重塑提升。

（4）乡村公共服务智能均等化。"如影随行"乡村居家照护机器人成为家庭一员，提供餐食、更衣、按摩、协助出行、辅助诊断、紧急医疗救援等服务；远程医疗服务系统延伸到全国每个乡村，通过视频、语音等网络沟通方式、移动终端健康服务监控平台以及可穿戴医疗设备，破解农村看病难的问题；利用静态光场重建、VR+AR虚拟现实技术，乡村居民可实时获得职业农民虚拟培训、优质中小学教育服务，个性化互联网教育产品随手可得，城乡知识、技术、成果、技能等资源快速分析传递。

（5）乡村数字经济新业态实现智慧运营。以应用互联网、物联网、云计算、5G通信、人工智能等为手段，以智能可穿戴、虚拟现实、语音交互、视觉识别、时空定位等智能终端为工具，以农耕文化、生态休闲、沉浸式体验、特色乡村产品为特色的乡村旅游、田园综合体与生态休闲产业实现智慧化运营，农村三产实现深度融合，生态绿色产业协同发展，农民增收致富。

（6）乡村科学治理大数据智能体系形成。统一高效、安全可靠、按需服务的乡村大数据中心建成，包括数据汇集、数据融合、数据服务和数据开放等功能，实现乡村基础地理、农村产业、集体资产、农村管理、公共服务、公共安全、乡村党建、农民生活数据的全面汇聚与融合，乡村综合治理决策大脑形成，为乡村综合智能管理、全息大数据分析、乡村态势全景呈现、宜居乡村数字化空间布设、灾害疫情防控、应急调度指挥等提供智能技术支撑，实现乡村治理体系和治理能力现代化。

十二、动物高效健康养殖

1. 领域背景

动物健康养殖是指对于可进行养殖的生物物种，在较长的养殖时间内不患病害的产业化应用技术集成。该领域涵盖畜禽育种、养殖、饲料、环境控制等方面。近年来畜牧养殖业作为全球畜产品供给品的主要生产方式以其巨大的发展潜力迎合了人们对畜产品的不断增长的需求，但随着养殖业规模化、产业化的发展，以及人们对畜产品质量不断提高的需求，全球养殖产业的生产形势面临着挑战。

畜禽养殖业是我国农业的支柱和第一大产业。改革开放40年来，我国畜禽产业生产能力稳步提升、消费结构不断优化、规模养殖成为主导、种业科技加快推进、设施装备不断升级、产品质量安全保障有力，成为世界第一大畜牧业生产大国，取得了举世瞩目的历史性成就。近年来行业产值稳定在 3 万亿元左右，占我国农业总产值的 1/4，因此畜牧业的健康发展不仅关系到老百姓的食物供给，更关乎国民经济协调发展以及国家安全。与发达国家相比，我国畜牧业尚有巨大的提升空间。发达国家畜牧业总产值占农业总值的比例很高：加拿大占 50%，欧盟大部分成员国在 50% 以上，澳大利亚更是占到 80%。

一方面，由于畜牧养殖自身的生态结构和传统养殖方式的缺陷，使得造成我国畜牧业产值占比不高。其关键原因是畜禽养殖的效率太低，根据联合国粮食与农业组织（FAO）每年对成员国农业发展的数据统计，我国主要畜禽种类（猪、牛、羊、禽）的养殖量都位于世界首位，但是我们的生产效率远远赶不上欧美发达国家，甚至不及世界平均水平，比如美国猪、肉牛、奶牛、蛋鸡的平均单产量分别为我国的 1.2 倍、2.6 倍、3.5 倍和 1.9 倍。这种生产效率的低下直接导致我国畜禽养殖业经济效益低下，整个行业在国际竞争中乏力。另一方面，随着经济的发展、人口的增长和人民生活水平的提升，民众对动物性食品量和质的需求均不断增加，致使我国动物产品供给之间的缺口很大，每年大量从国外进口。以家畜产品为例，2019 年进口 362.23 亿美元，同比增加 27.0%，出口 65.01 亿美元，同比减少 5.2%，逆差为 297.2 亿美元，同比增加 37.2%。2019 年共进口猪肉 210.8 万吨，同比增长 76.7%；牛肉 165.95 万吨，同比增长 59.7%；羊肉 39.23 万吨，同比增长 23.0%。即便这样大规模进口，我国牛奶人均占有量不及世界平均水平的 1/3，牛肉人均占有量不及世界平均水平的一半；如果我国的养殖效率得不到改善，2020 年我国牛肉的自给率只有 57%，2030 年会进一步下降到 49%，更加依赖进口。

造成我国畜禽养殖效益低下的一个原因是养殖模式不够先进。欧美发达国家早已实现以规模化、集约化和自动化为特征的畜禽养殖业现代化，因此成本低、效率高。我国正处于由传统养殖向现代化养殖转变的战略转型期。规模化、标准化、自动化和信息化进程加速推进：生猪规模化养殖已占比 80%，100 头以上奶牛规模养殖比重超过 50%。此外，高楼层立体养猪等新型养殖模式不断涌现，无人养猪场也已经出现。

2. 未来展望

未来 15 ～ 30 年,养殖业业态和模式将发生大的变化,形成畜禽智能设施规模养殖场、智能生态放牧场等新业态,实现"良种高效繁育、营养精准供给、环境精准控制、健康智能监测",生产效率提高 20% 以上,综合生产成本降低 15% ～ 30%。

(1) 精准化。随着信息感知与信息处理能力的提升,畜禽精准养殖发展越来越快,对于畜禽精准饲喂、环境精准调控方面要求越来越高。畜禽精准养殖未来将在精准育种、精准配方、精准饲喂、精准环控、精准管理产生突破性进展。通过全基因组选择以及基因编辑技术,依据本场遗传进展情况以及育种目标采取最佳育种策略,大幅提高育种效率;根据实际生产情况、品种情况与市场情况实时调整饲料配方,达到最佳的营养供给效率;利用物联网以及 5G 高速无线传输技术,对动物圈舍环境进行精准监测与控制,达到最佳能效比;通过实时的数据收集与数据分析系统,管理人员对生产情况和市场变化能够快速反应与快速处理,提高管理效率。

(2) 智慧化。智慧养殖就是将以物联网、云计算、大数据、人工智能等为核心的信息技术广泛应用于畜禽养殖,通过学科交叉融合,实现智能感知、智能预警、智能决策、智能分析和智能控制,推动畜禽生产向无人、无线、无干扰、无接触转变。发达国家这方面起步较早,在育种系统、环境控制设备、精准饲喂设备、挤奶机器人等方面有明显优势。但近年来随着互联网、大数据等信息技术方面的突破,为智慧养殖奠定了技术、人才等良好基础。未来将在养殖全过程自动化数据采集、无线物联网、智能装备、边缘计算等智慧养殖技术上进行攻关,实现不同设备、不同系统之间数据的互联互通,构建畜禽养殖大数据分析、处理、决策与预警系统,显著提高畜禽养殖生产效率,促进畜牧业高质量发展。

(3) 福利化。当前,动物福利化养殖逐步成为全球共识,欧盟甚至将其列为进口限制性条款。动物福利就是生产者要为动物提供舒适的环境设施、良好的饲养管理、科学有效的疾病防治、运输和屠宰过程中的照顾和关怀。福利化养殖的未来研究重点,是通过对饲料营养供给、疾病早期及快速诊断、畜禽管理设施、智能管理等方面进行创新,实行畜禽精确地制定饲料配给，最大限度地提高利用效率和最小化对环境的负面影响。同时对疾病做到早期发现并针对性进行治疗，最大限度地减少损失、减轻动物痛苦和减少抗生素的使用。并充分利用大数据获取通过声音、影像、动物运动以及环境参数（如温度、湿度或空气微粒）等有效数据，进行畜禽养殖环境和健康水平远程监控，减少动物应激，同时提高工人的安全性，最终提高畜禽的健康和福利水平。

（4）绿色化。在环境污染方面，需要从养殖场设计、饲养管理、投入品管理、粪污处理与利用等多环节下手，通过种养循环与有机肥生产，按照减量、减毒、收集、处理、利用五步走原则，实现畜禽粪污的达标排放，另外，进一步加强病死畜禽的集中处理与监控体系建设，实现病死畜禽100%无害化处理；在碳排放方面，通过营养调节、饲料供给与舍内环境控制，减少直接温室气体的排放，通过清洁能源的使用以及能源利用效率提升，减少间接温室气体排放；在食品安全方面，从全产业链入手，通过全过程数据采集与处理，建立食品安全追溯系统以及政企结合的监管体系，覆盖产前、产中、产后到流通的各个环节，实现高品质肉食品生产。

十三、动物疫病防控

1. 领域背景

动物疫病事关人民群众的健康安全、社会稳定，事关畜牧业发展和农民增收。近年来高致病性禽流感、非洲猪瘟等疾病给畜牧业发展造成了极大的损失，也对动物疫病防控提出了更高的要求。

（1）国外畜禽疫病防控进展。依靠完善的动物疫病防控技术体系，欧美发达国家畜禽养殖业受疫病危害较小：美国1928年消灭了口蹄疫、1977年消灭了猪瘟、2004年净化了家猪伪狂犬病；欧洲20世纪50年代消灭了猪瘟和新城疫等重大动物疫病；澳大利亚20世纪80年代以来先后消灭了牛布鲁氏菌病、牛结核等人兽共患病。目前，发达国家绝大多数A类和部分B类动物传染病均处于消灭状态。

（2）我国畜禽疫病防控现状。虽然近年来我国动物疫病防控水平已大幅提升，但整体而言与发达国家仍相差甚远。2018年非洲猪瘟疫情在我国发生后迅速波及全国，导致大量猪只死亡、生猪存栏锐减、2019年生猪出栏量下降24.6%，引发肉价猛涨、CPI指数大幅升高。我国幅员辽阔，动物疫病种类繁多，农业农村部规定的法定报告动物疫病就有157种，包括一类疫病17种、二类疫病77种、三类疫病63种，其中92种长期在我国流行发生，平均每年给畜牧业造成的经济损失超过3 400亿元。

（3）畜禽疫病对产业的冲击。在动物发生大量疫病的同时，其最主要的是动物的大量减产和动物的大量死亡。在养殖过程中，养殖更趋于集中，在一定程度上，更容易导致重大疫病的发生，因此，为保证养殖户的经济效益，重大疫病的防控工作就显得十分必要。同时，在国际疫情十分严峻的时期，国家经济以动物为来源的产品在世界上的销售也将面临威胁。社会对产品的安全性和健康程度有非常多的关注，一旦爆发重大疫病，那么人们对于肉类的食用也会相应降低，影响了正常未患病的肉类的销量。因此，在现代养殖越来越趋于规范化和科学化的同时，更应及时作出对重大疫病的防护工作，减少疫病导致的动物的死亡，提高养殖户的经济效益。当前，许多发展中国家的动物疫病防控面临"老病未除、新病频发"的严峻局面，动物疫苗、佐剂、诊断制剂大量依赖进口，高端兽药市场被国际寡头垄断，动物疫病综合防控与净化体系亟待完善。非洲猪瘟、高致病性猪蓝耳病、猪伪狂犬、猪腹泻、圆环病毒病、鸡新城疫、传染性法氏囊病、牛支原体肺炎、羊小反刍兽疫等畜禽重大疫病的新发、复发、频发，是导致养殖业效益低下的最主要原因。

（4）人畜共患病的危害。很多畜禽疫病能够通过直接或者间接的渠道对人类进行感染，这就使得在某些重大疫病发生时，往往造成人畜共患的情况，严重危害了人类的健康。例如近年在多国流行的禽流感就是一种传染性非常高的人畜共患类疾病，其具有很高的致病性，在往来贸易之间，在国家间传播扩散。该种疫病的爆发也给人们的健康和生活带来了非常大的消极困扰。在这种情况下，各国对这种疫病及时进行防护，采取积极的管理措施和技术手段，避免了疫病的大量传播，挽回了许多经济损失。在动物疫病发生时，其常常会在动物体内结合其他病毒发生变异，在感染动物的同时，也能够对人类的健康构成威胁，并且某些疾病是难以根治的，只能通过疫苗等进行预防，例如狂犬病等。还有一些疫病，其潜伏期不长，但发病迅速，并且迅速破坏人体的免疫系统，导致人的患病甚至死亡。高致病性禽流感、布病、结核、狂犬、包虫病、弓形虫病等人畜共患病以及新冠肺炎等动物源性疫病给人民健康造成巨大危害。《国家中长期动物疫病防治规划（2012—2020 年）》规定的 16 种优先控制国内病种中，有 7 种为重要的人畜共患病，而对这些病的有效控制和净化根除仍有很大压力。同时，我国面积大、边境线长，外来动物疫病传入的风险空前加剧。2012 年以来，我国重点防范的 13 种重大外来动物疫病中，已有 H7 亚型禽流感、西尼罗河热、非洲猪瘟等疫病传入我国，给经济社会发展造成极大破坏。近年来跨境人员交流和畜禽产品交易的不断增加，C 型口蹄疫、南非-1 型口蹄疫、南非-2 型口蹄疫、南非-3 型口蹄疫、牛海绵状脑病、痒病、水泡性口炎、西尼罗河热、尼帕病、裂谷热、非洲马瘟、结节性皮肤病、心水病、边界病、牛生殖道弯曲杆菌病等外来动物疫病传入的风险越来越高，随时有可能发展成下一个"非洲猪瘟"，必须严加防范。

（5）防控技术有待提高。我国动物疫病防控产品及其生产工艺与设备的研发水平尚不能完全支持我国动物疫病防控的需要。历史上我国曾研制出一批具有世界领先水平的动物用疫苗，如牛瘟山羊化兔化弱毒疫苗、口蹄疫灭活疫苗、高致病性禽流感灭活疫苗、猪瘟兔化弱毒疫苗等，为对应疫病的防控做出了巨大的贡献。近 10 年来，疫病防控产品更是蓬勃发展，与国际先进水平间的差距逐步缩小。1987—2005 年间我国共批准 126 个新兽用生物制品，而 2006—2016 的 10 年间共批准了 373 个，说明了快速发展的趋势。但是，我们也要清醒地看到，我国原创性产品所占比例较低，只占 10% 左右，大部分仍为仿制产品或工艺改进产品，结核、非洲猪瘟等许多疫病尚没有有效的疫苗可用。因为这些不足，我国动物疫病防控产品仍严重依赖进口，罗氏等公司的进口产品占据了我国诊断产品 70% 以上的市场份额，国产试剂竞争乏力。在产品工艺上，我们对疫苗佐剂与保护剂、诊断产品的稳定剂等的开发仍比较落后，导致质量与稳定性等比不上国际同类产品。在生产装备上，我国核心组件研发能力弱，装备制造企业工艺专业性不强，多数还是以模仿国外为主，自动化控制系统的软件开发能力也显不足，这些因素叠加的结果是我们真正高质量的生物制品生产工艺与装备严重依赖进口，国产化道路仍然漫长。

2. 未来展望

逐步实现畜禽养殖业的现代化，结合人工智能、高楼层立体养殖、生物安全等新技术，建立并广泛推广全封闭的机器人养殖新模式，彻底切断动物疫病的传播途径，大幅降低动物病死率，完全实现无抗养殖和粪物资源化利用，提高养殖效益，维护人类健康与生态安全。

（1）重大疫情防控净化根除。非洲猪瘟防控技术未来将取得突破，5年内实现非洲猪瘟的有效控制甚至净化根除；我国将构建完善的生物安全和疫病防控系统，到 2035 年实现猪瘟、伪狂犬病、猪蓝耳病、口蹄疫、小反刍兽疫、鸡白痢、禽白血病、禽沙门氏菌病、新城疫等畜禽重大疫病和结核病、布病等人兽共患病的净化，到 2050 年实现主要疫病的彻底根除，支撑我国猪、牛、羊、禽等主要动物的养殖与生产效率达到发达国家的平均水平。

（2）新概念防控技术不断发展。未来将设计一批新概念动物疫病防控技术与产品，及其生产工艺与装备，催生新兴的生物医药产业，培育一批高新技术民族企业，到 2035—2040 年左右，实现主要动物疫病防控产品的国产化率超过 80%，摆脱对国外产品的依赖，储备核心技术，维护国家安全。

（3）打造畜禽疫病监控网络。在疫病防控中，只有建立完整的动物疫病监测体系，才能提升检测和管理的水平，着重落实危险程度判定及因子分析工作，进而总结一定的规律和对应的流行趋势，真正提升后续指导工作的针对性和实效性。用 10～15 年时间建成新发与外来疫病的实时监控网络与预警机制，有效防范新发与外来疫病的暴发与扩散。

十四、农林生物质利用与生物基产品

1. 领域背景

农作物秸秆、林业生物质和能源作物等农林生物质资源是全球战略性新兴产业生物质产业的重要原料。根据联合国粮农组织统计数据计算，2016 年，全球农业生物质资源总量 64.94 亿吨，其中农作物秸秆 58.66 亿吨；中国农业生物质资源总量 10.78 亿吨，其中农作物秸秆 9.65 亿吨。2018 年，全球森林面积为 38.15 亿公顷，我国森林面积 2.2 亿公顷，在生产和采伐过程中可获得 9.24 亿吨林木生物质资源，林业生物质资源是生物产业发展的重要战略资源之一。农林生物质高效综合利用是现代农业低碳、清洁、循环发展的主要方向，实现农林资源生物质利用率、利用价值的"双提升"是农林生物质资源利用的核心问题。

传统农林生物质资源的利用方式主要以焚烧供热为主。以农林生物质为资源创制生物质燃料、生物基材料和生物基化学品等三大类高值生物基产品是农林生物质高效利用的发展方向，是涉及民生质量、国家能源与粮食安全的重大战略产品。全球生物基产品产业规模超过 1 万亿美元。在生物质能源方面，2019 年，全球生物质能源产量折合发电装机容量 123 802MW（中国占 13.35%，欧盟占 33.05%），占总能源消耗的 9.5%，现代生物质能源仅占 5.1%。液体生物燃料总产量达 1 430 亿升，其中燃料乙醇 1 084 亿升（中国 4.1%）；固体燃料和可再生生物质折合发电装机容量 101 138MW（中国占 15.56%）；生物燃气折合发电装机容量 19 453MW（中国占 4.1%）。在生物基材料方面，2017 年全球生物塑料产量约为 200 万吨，不足塑料市场的 1%，中国可降解塑料的产量占世界产能约 25%，2018 年中国塑料制品年产量已经突破 8 558 万吨，生物塑料占比仅 0.58%；在生物基制品方面，美国生物基聚合物产量 15.6 万吨；欧盟生物基产品年产量 473 万吨（91.67 亿欧元），消费量为 549 万吨，占石油基产品的 3%，51% 依赖进口。

目前，农林生物质利用方式由单一利用向综合高效高值化方向发展，系统生物学、合成生物学、人工智能、智能制造等多学科交叉融合、新理论相互渗透。农林生物质集储技术装备广泛采用现代设计、绿色制造、人机工程、智能技术，产品越来越多地应用了信息化、智能化和自动化等高新技术，实现了精准化、智能化和高效率。先进非粮生物液体燃料综合利用技术发展迅猛。生物基材料正朝着以绿色资源化利用为特征的高效、高附加值、综合利用、定向转化、功能化、环境友好化、标准化等方向发展。国际跨国公司重点开发农用化学品和新材料，大大提高了生物基产品的经济性。以农林生物质为原料生产极具竞争力的功能性寡糖、肽类、动物用膳食纤维等饲料添加剂、饲料酵母等正呈多层次、大规模集团化的发展趋势。

2. 未来展望

国际农林生物质资源利用已达到广泛共识。国际能源署（IEA）能源变革方案 2050 预测，可再生能源份额将从 2017 年的 17% 增加到 2050 年的 66%，现代生物能源份额将从 2018 年的 5.1% 增加到 2050 年的 23%。液体生物燃料将从 2018 年的 1 410 亿升增加到 2050 年的 6 520 亿升。全球经济合作与发展组织（OECD）"面向 2030 生物经济施政纲领"战略报告预计，2030 年全球将有大约 35% 的化学品和其他工业产品来自生物制造。美国规划到 2030 年生物燃料占运输燃料的 30%。瑞典、芬兰等国规划到 2040 年前后生物燃料完全替代石油基车用燃料。欧洲生物基工业 2030 年目标是使 30% 的化学品生产来自生物基原料。未来将通过技术变革，实现生物质原料供给极大丰富，生物基制品替代 25% 的石化制品，有效缓解能源危机和解决环境污染。

（1）新型能源植物新品种定向培育。通过转基因技术，调控植物次生代谢过程，降低木质素的含量或改变化学结构，培育高纤维素植物新品种，实现 30% 以上原料基地化生产，保障生物质资源的可持续供给。

（2）特种液体燃料生产技术变革。开发广泛适合生物燃料生产的平台微生物，研发遗传和代谢工程及合成生物学技术，增强先进生物燃料的生产效率，创制稳定连续生产的高密度低冰点特种航油产品，实现航天、航海领域所需的液体燃料 50% 由生物质特种航油供给。

（3）生物塑料低成本规模化制造。研发生物基材料功能化与增材制造技术，攻克聚羟基烷酸酯（PHA）、聚乳酸（PLA）、全降解地膜等高效低成本规模化制造技术，实现重要聚酯类生物基塑料、功能生物基材料产业化，提高生物塑料替代现有塑料制品的比重，实现日用塑料制品全部由生物塑料替代，解决环境污染。

（4）高值生物基化学品绿色制造。攻克高效和高选择性催化转化、纯化和分离技术，运用现代数据挖掘和自动化学路线搜索技术带动生物基化学品生产变革，实现高值生物基化学品绿色合成，生物基化学品在全部化学品中的比例达到 25% 以上。

十五、林业资源培育及高效利用

1. 领域背景

全球森林面积约为 600 多亿亩，全球平均森林覆盖率为 31%。我国森林面积达 33 亿亩，森林覆盖率为 22.96%，森林蓄积 175.6 亿立方米。我国森林资源总量不足，森林覆盖率为全球平均水平的 74%，单位面积森林蓄积量只有发达国家的 1/4，每年木材供给缺口高达 2.5 亿立方米，对外依存度超过 55%。

我国是林产品生产和贸易大国，2019 年全国林业产业总产值达 7.56 万亿元，林产品进出口贸易额达 1 600 亿美元。其中，木竹产业总产值 3 万亿元，约占林业产业的 40%；我国非木质资源总量丰富，非木质林产品广泛应用于食品饮料、保健品、生物饲料、日化、新材料、化学品等方面，是"新医药、新材料"等战略性新兴产业的重要基础材料。2019 年，我国植物提取物行业出口额达 23.72 亿美元。与美国相比，我国在非木质资源利用方面还存在很大差距，美国食品药品监督管理局（FDA）数据表明天然产物及其衍生物年产值约 2 300 亿美元。现阶段亟须创新全面提升林业产业发展质量，促进林产品向价值链中高端跃升，加速向林产品创制强国迈进。

发达国家在林木种质资源精准评价、育种技术体系构建、良繁生产与种子质量控制等方面均进展迅速，林木体胚发生等高效繁育技术、人工林大径材高效培育技术已商业化应用；经济林产业已实现良种化、机械化、标准化和集约化，经济林信息化和智能化已初具规模；林业产业基本实现机械化、自动化、规模化，生产效率较高，企业技术创新能力较强，相关产品的企业平均生产规模是我国的 3 ～ 10 倍。

我国在资源培育提高森林生产力方面，完成了毛竹、杜仲等基因组测序，林木良种使用率达到 61%，初步构建了特色的人工林育林技术体系，单位蓄积量增加 15% 以上；在可持续经营提升森林生态服务功能方面，建成了完整的森林资源和生态监测体系；在高效利用提高林产品价值方面，突破了竹基、木塑复合材料，制浆造纸，生物质气化发电等关键应用技术，实现木制品增值 15% 以上，林化产品精深加工率超过 60%。

创新了木材改性增强处理技术，创制了竹质缠绕复合管道、圆竹户外用装饰材料等环保绿色新产品。研发了木材高效节能绿色干燥技术，实现了豆粕胶黏剂在制备及纤维板连续化生产应用中的无甲醛添加和释放。突破了木本油脂增值加工、功能活性成分高值化利用等非木质资源高效利用关键技术，开发出木质专用活性炭增值产品，实现了低等级混合材高得率制浆清洁生产关键技术的产业化。

2. 未来展望

国家林业和草原系列规划表明，到 2035 年全国森林覆盖率达到26%，天然林面积保有量稳定在 2 亿公顷；年平均蓄积净增 2 亿立方米，年均增加乡土珍稀树种和大径材蓄积 6 300 万立方米，一般用材基本自给。到 2050 年，全面建成以天然林为主体的健康稳定、布局合理、功能完备的森林生态系统，满足人民群众对优质生态产品、优美生态环境和丰富林产品的需求，为建设社会主义现代化强国打下坚实生态基础。国家林业和草原局《关于促进林草产业高质量发展的指导意见》提出，到2025 年全国林业总产值在现有基础上提高 50% 以上；到 2035 年，迈入林草产业强国行列。

林业资源培育和高效利用必须持之以恒践行"绿水青山就是金山银山"理念，攻克林业资源拓展、森林持续经营等关键技术，扩大森林面积，提升森林质量，增强生态服务功能；攻克绿色智能制造，面向食品、医药等大健康产业、工业原料等重要战略资源的核心关键技术和产品创新，全面提升产品质量和加速产业转型升级。

（1）实现机械化、信息化、智能化、标准化技术在林业资源培育重点关键环节的应用。综合云计算、大数据、物联网、人工智能等高新技术，实现林木智能高效定向育种、森林培育全程机械化和智能决策、森林经营智能管理，森林遥感智能监测和松材线虫病智能监测预警，实现森林培育的机械化、精准化和智能化，有效破解我国天然林、人工林和经济林等在山区、丘陵和困难立地造林时人工劳作困难、用工成本高等难题，确保森林资源和优质林产品有效供给。

（2）实现木竹产品绿色制造和智能制造。从原料生产、产品加工、安全控制、产品应用和废料处理等重点环节，突破木竹全产业链绿色减控关键技术，形成符合世界品质中国制造的木竹产品绿色产业技术体系，满足经济与社会高质量发展的要求；攻克整装家居、人造板、实木家具等在数字模型仿真、软硬件集成与管控、机器视觉识别与无损检测、通用接口平台与标准等核心关键，突破木竹产品智能制造技术，依托"智能制造"新引擎改造传统木竹产业，提高木竹产业发展质量，预期木竹产品智能化制造技术将成为全球典范，夯实我国迈进木竹创制强国的基础。

（3）实现天然绿色林源产品高值化。加强基因组学、合成生物学与绿色化学技术的融合，运用植物基因编辑与次生代谢物分子调控技术，实现高含量特定活性成分植物资源定向培育，研发绿色高效提取、分离和纯化技术，突破生物合成修饰技术，运用大数据挖掘和自动化学路线搜索技术带动生产技术变革，实现非木质资源高质化利用，确保天然绿色林源产品供给。

十六、海洋农业与淡水渔业

1. 领域背景

海洋农业与淡水渔业是从全球一体化发展的角度对渔业产业的新定位，是以优质蛋白高效供给、粮食安全战略保障和资源环境持续利用为目标，利用水域环境与资源，通过创新驱动产业转型升级，培育农业发展新动能，基于"绿色生态、精准高效、智慧智能、多元融合"构建的具有国际竞争力的新型渔业生产体系。海洋农业与淡水渔业主要包括育种、养殖、增殖、捕捞、加工等产业形式。

水产品是人类优质蛋白的重要来源。联合国粮食及农业组织（FAO）发布的 2020 年《世界渔业和水产养殖状况》报告显示，2018 年全球鱼类产量约为 1.79 亿吨，其中，海洋捕捞渔业产量 8 440 万吨，淡水捕捞渔业产量 1 200 万吨，水产养殖产量 8 210 万吨，用于人类食物消费的数量为 1.56 亿吨。首次销售总价值估计为 4 010 亿美元，其中水产养殖产品的首次销售价值为 2 500 亿美元。全球渔船数量为 456 万艘，拥有渔船最多的地区是亚洲（310 万艘船），占全球渔船总数的 68%。渔业生产提供了品种丰富、品质优良的水产品，在全球粮食安全和营养战略中扮演着中坚角色。

目前，我国已成为世界第一渔业生产大国、水产品贸易大国和主要远洋渔业国，中国渔业产量位居全球第一，经过改革开放 40 多年发展，我国渔业产业成就斐然，渔业生产能力大幅提高，水产品产量总体呈逐年增长趋势（图 4-3）。2018 年，全社会渔业经济总产值 25 864.47 亿元，全国渔民人均纯收入 19 885 元。我国水产品总产量 6 457.66 万吨，占世界总量的 35%，其中养殖产量 4 991.06 万吨，捕捞产量 1 466.60 万吨。人均水产品占有量达 46.28 千克，是世界平均水平的 2 倍以上，满足了国民 1/3 的动物蛋白需求。在水产品加工方面，总量为 2 156.85 万吨，其中海水加工产品 1 775.02 万吨，淡水产品 381.83 万吨。在改善居民膳食结构、增加优质蛋白供给、推动渔业经济发展、助力乡村振兴等方面作出了重要贡献。

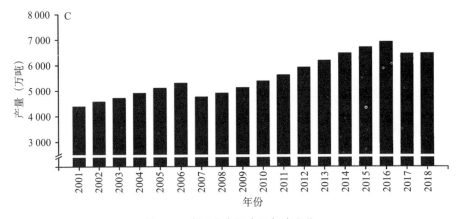

图 4-3　中国水产品产量年度变化

在渔业科技创新方面，工程技术、生物技术和信息技术在渔业领域得到广泛应用，绿色发展行稳致远，逐步形成了"生态优先，绿色发展"的良好势头。突破了藻、虾（蟹）、贝、鱼、参等人工养殖原理与技术，生态修复得以高度重视，海洋牧场建设得以大力推进，近海捕捞实现了负增长，远洋捕捞作业渔场遍及 40 个国家和三大洋公海及南极海域，水产品加工实现了规模化生产，建立了"基础研究—种质种苗—养殖模式—资源管理—精深加工"的全链条海洋农业与淡水渔业发展模式。与国际先进水平相比差距明显缩小，总体上已达到世界先进水平。

2. 未来展望

展望未来，海洋农业和淡水渔业发展空间广阔。通过科技创新引领，海洋农业与淡水渔业将瞄准主导品种更普及、养殖技术更精准、养殖装备更智能、渔业管理更智慧的发展目标，实现产业优化、产地优美、产品优质，保障动物蛋白和水产品高效供给。

（1）渔联网和大数据助推水产养殖智能化发展。水产养殖在今后相当长一段时期仍然是向全球不断增长人口提供更高需求海产品的主渠道，集约化和智能化是提升和改造传统的养殖方法、提高生产效率和单位效益、进行风险管控的重要手段。发展循环水自动调控、精准投喂管控、养殖对象状态在线观测评价、设备状态管控以及生产过程预报预警等智能化精准生产管控系统，提升水产养殖智能化水平。

（2）深远海与远洋重要生物资源探捕拓展渔业生产空间。随着近海渔业资源量显著下降，未来将大力发展大型深远海养殖平台及其生产体系，构建基于优质鱼产品的工业化养殖模式。全球公海大洋性渔业产量约占世界海洋渔业产量的11%，攻克南极磷虾、秋刀鱼、头足类和灯笼鱼等重要生物资源的精准捕捞与综合利用技术，单船作业效率提高30%，单位渔获物能耗降低10%，全面提升远洋生物资源探测与开发能力。

（3）冷链物流和船载加工助力渔业生产陆海联动。大力发展船载加工、储藏技术与装备、养殖鱼产品活鱼运输船、加工渔获物冷藏运输船等装备和技术，构建海洋水产品全程冷链物流网络，有效实现蛋白质的高值化利用与水产品的保鲜、保活，保障水产品质量安全，提升品质，实现由海到陆餐桌的无缝衔接。

（4）渔业生物资源利用引领水产品加工高值化发展。在对不同渔业生物蛋白、多糖、脂类及其他生物活性物质等组分构成认知的基础上，系统掌握渔业生物资源的高值化利用的原理和创制技术，开发具有市场竞争力的微藻能源、生物基材料、海洋农用生物制品和新型药物等高端和高值化产品，培育海洋农业和淡水渔业新的经济增长点，打造一批具有国际竞争力的渔业生物制品和海洋药物的创新企业。

十七、智能农机装备

1. 领域背景

智能农机装备是集复杂农业机械、智能感知/智能决策/智能控制、大数据/云平台/物联网等技术为一体的现代农业装备，通过对传感器收集的各种信号进行逻辑运算、传导、传递，进而在动态作业环境下发出适宜指令驱动农业机械来完成正确的动作，实现工作效率化、作业标准化、人机交互人性化、操作傻瓜化，自主、高效、安全、可靠地完成农业作业任务，提升农业生产效率。

近年来，全球农机产业发展总体平稳，维持在 900 亿～1 000 亿欧元左右，2015 年为 910 亿欧元左右，2017 年有所下降到 810 亿欧元，2019 年增长到 1 070 亿欧元。欧洲、美洲和亚洲的产业约占全球 95% 左右。目前，国外农业机械产品呈现智能化、精准化、高效化、大型化、节能化、服务化趋势，技术上不断融合液压与电信、传感与控制、环境与生物等高新技术成果，进入了"智慧化"高技术提升应用水平的阶段。

智能农机装备产业国际竞争激烈，产业集中度不断提高，竞争形式由技术主导向技术引导、资本主导转变，欧美日等国家跨国企业以领先的技术优势占据产业价值链的高端，并通过强大的商业资本实现产业整合，推动全产业链和跨国发展。产业链竞争、创新体系和创新战略竞争成为国家竞争重点，企业竞争成为国家竞争的主要表现。约翰迪尔、凯斯纽荷兰、爱科等欧美农机企业在全球农机产业中占据主导地位，久保田、洋马等日韩企业在中小型农机装备方面占据领先地位。

我国是智能农机装备制造和使用大国。近年来，我国智能农机装备技术和产业稳步发展，突破了一批数控、精量、自动等基础和关键技术，开发了多功能作业、大马力拖拉机、定位变量作业和健康养殖、设施园艺等智能装备，形成了从研发、制造、质量监督、流通销售到应用推广的产业体系，以及上中下游、大中小企业、高中低端协同发展的产业格局。根据中国农业机械工业协会统计，2019 年，我国农机装备市场规模约占全球 27.4%，1 900 家左右规模以上企业主营业务收入为 2 465 亿元，具备 4 000 多种农机产品研发生产能力，年生产主要农机产品 500 多万台，保有量超过 8 000 多万台（套），农机总动力超过 10 亿千瓦，满足国内 90% 以上的市场需求。

2. 未来展望

新一轮科技革命和产业变革广泛并深刻影响科技创新，新一代信息、生物技术、人工智能、先进制造等渗透融合，全球农业发展也将进入由传统农业向现代农业加速转变的新阶段。当前及今后一段时期，农业装备产业发展将进入以智能化为引领变革发展阶段，产业技术呈现高效化、智能化、网联化、绿色化并向高度自主智能的机器人化发展的新态势，农业传感器、智能系统、智能作业装备及机器人、智慧服务等引领新兴产业发展，构筑以智能可控农业设施与环境、自主作业智能装备、人机物融合农业生产及加工系统等为主导的未来农业装备产业新图景。

（1）智能农机装备向全程机械作业方向发展。我国在有限的耕地、淡水、劳动力等资源环境约束条件下保障农产品数量刚性需求增长和质量稳步提升的必然趋势。智能农机装备技术要满足从种子生产、耕整种植、田间管理、收获储藏、商品加工、剩余物综合利用的全过程机械化需求，装备在品种种类上需要大量增加，在满足作物生产环节特殊功能上和区域适应性的技术上需要持续提升。在全面发展粮食、油料、糖料、纤维等主要农作物生产机械的智能化、自动化、多功能技术提升的同时，拓展经济作物、林果蔬菜、健康养殖等全面机械作业装备，由单机走向全程装备配套，由单种作物全程装备走向支撑农、牧、副、渔、能的全面装备配套，满足经济社会发展带来的填补空白、拓展领域、增加品种的全方位装备需要。

（2）先进设计与制造手段广泛应用于智能农机装备。欧美等发达国家农机制造企业基于信息技术的智能制造技术，将数字设计与信息化管理贯穿于全生命周期，各种工业机器人和计算机集成制造、智能制造、敏捷制造、精益加工、柔性装配、物流链接与大数据管理等先进制造模式和方法已在农业装备制造业应用，复合与功能性专用材料应用，可靠性预定寿命和在线质量检测，全产业价值链精细分工，专业化生产与配套，质量保障与效率发挥高度统一。

（3）智能农机装备助力未来无人农场发展。无人农场是人工不进入农场的情况下，采用物联网、大数据、人工智能、5G、机器人等新一代信息技术，通过对设施、装备、机械等远程控制、全程自动控制或机器人自主控制，完成所有农场生产作业的一种全天候、全过程、全空间的无人化的生产作业模式。智能农机装备的快速发展，将大大减少人工的劳动量，进而实现由有人到少人、从少人到无人的过程，实现智能感知、智能决策、智能作业、智能管控一体化。

十八、食品加工制造

1. 领域背景

食品加工制造产业是关系国计民生的生命产业，是农业与人民生活衔接和农业资源实现市场转化的关键环节，与工业、流通等领域有着密切联系的大产业。目前食品加工制造科技经历了以满足量的需要为主要特征的食物安全、食品安全保障阶段后，进入以满足质的需要为主要特征的营养健康食品制造新时代，进入科技高投入、高产出、高收益阶段。食品加工制造遵循现代食品制造高科技、智能化、多梯度、全利用、低能耗、高效益、可持续的国际发展趋势，着眼于"从农田到餐桌"，以食品营养与健康为最终目的的现代食品制造过程所涉及的共性关键技术与装备。当前，国内外食品加工制造现状如下：

（1）前沿科学深度融合，推动食品加工业提档升级。随着仪器分析和生命科学技术的不断发展，新技术手段不断应用于食品加工制造行业，加快了行业技术革新。多组学技术、高效浓缩、感官评价分析、3D打印等前沿食品分析、评价和生物技术不断突破，为食品先进制造提供了新途径。3D打印技术赋予了食品在外观、风味、营养上的无限可能，食品3D打印最早由康奈尔大学Godoi等提出。利用Fab@home系统打印巧克力，荷兰的TNO公司采用选择性激光烧结的形式，以糖粉、巧克力粉、咖喱粉等制作不同形状的3D打印食品。国内科研团队将精准营养概念与3D打印技术结合，构建了具有针对性、精准性、个性化的营养健康与膳食食谱大数据库，研制出针对糖尿病、肥胖征等特殊人群的精准营养3D打印产品。

（2）生物制造技术快速发展，实现健康食品基料高效制备。合成生物学已被广泛用于萜类、黄酮类、生物碱和聚酮等重要天然化合物的异源生物合成，已有部分合成生物学来源的食品添加剂和食品功能组分被列入欧盟EU和美国FDA目录，包括核黄素、琥珀酸和乳酸等化合物。用酶/微生物催化工艺生物合成食品添加剂及食品功能组分，既模拟了动植物的代谢与合成途径，又满足了市场对天然组分的食用安全需求，具有稳定、高效、经济、环境友好等一系列优点，符合食品领域绿色生物制造的战略趋势。基于"组学资源挖掘-蛋白质构效阐释-分子理性设计-高通量筛选"的新酶创制的技术平台，可实现对酶分子局部理性改造，快速获得高催化效率、底物选择性特异等候选酶分子。如酶法催化酯交换制备零反式食品专用油脂基料技术，这种环境友好、反应条件温和、对原料要求低、安全高效的技术对油脂酯交换来说具有革命性的意义。再如细胞培养肉技术，可部分缓解传统畜牧业的资源限制，成为未来动物肉品的有益补充，目前全球已有超过 30 家初创公司，正开展牛、猪、鸡、鱼等培养肉产品开发研究，我国于 2019 年 11 月推出国内首块肌肉干细胞培养肉产品。

（3）新型高端食品加工制造装备不断涌现，食品加工向专业化、智能化发展。食品加工过程中先进的杀菌、均质、干燥、离心机、灌装、储藏保鲜等核心技术和装备的创新成为食品制造业热点。以乳品加工为例，国外乳品加工装备基础研究和设计制造水平远高于国内，建立了制备功能性的乳制品，如具有提高免疫力、降血压降胆固醇、抗氧化防衰老、促进睡眠质量等具有益生健康功能的乳制品生产线和关键核心装备。颠覆性的食品加工智能化装备推动食品资源加工利用的巨大变革，正成为食品产业升级的新动能。以大数据、传感器、物联网、云计算、智能控制等为主要核心内容的智能系统与装备在食品产业中的渗透与应用正在颠覆传统食品产业模式，引导健康食品制造、食品贮藏物流与消费供给等正迈向绿色智能化。英国 Moley Robotics 公司开发了一台可制作2 000 多种食物的厨房智能机器人，温度、时间、原辅料添加量等均由计算机精准控制，便于实现菜肴标准化烹饪，减少致癌物产生，并有效保留食材营养成分。2020 年 1 月我国首家机器人餐厅在广州开业，我国自主研发的机器人厨师已实现部分菜肴的精准稳定复制。

2. 未来展望

未来 15～30 年，食品加工制造模式将不断升级，食品加工制造技术研究将进一步深入，以应对人口增长和品质提升的需求，稳定资源、生态、人口的杠杆平衡。2035 至 2050 年，我国食品加工制造将呈现以下特点：

（1）食品加工制造领域扩大，相关技术体系进一步升级。食品加工制造从传统的原材料加工和保鲜转变为品质控制、风味调制、绿色制造（严文静等，2018；路苗，2019）。植物肉、细胞培养肉、营养元素的定向加强合成应用到市场；食品物性科学、营养品质科学、加工制造单元技术取得重大突破；建成CRISPR的高效基因编辑工具构建多酶催化体系；现代高效分离纯化技术（包括超微粉碎技术、物理场强化提取技术、膜分离技术及联用技术）、食品生物制造技术（包括酶工程、基因工程及发酵工程技术）、食品质构重组技术（包括食品挤压技术、超高压技术和酶法改性技术）等高新技术被广泛应用；建成具有特定合成能力的细胞工厂。

（2）由大宗商品制造转变为消费者个性定制，食品加工单元数字化、智能化、模块化。食品加工制造产业化集群完备，食品增材制造技术、细胞工厂种子创建、食品物理场加工技术、基于"清洁标签"的食品体系稳定化关键技术取得突破。食品加工单元可根据消费者营养需求、口味特点，进行个人食品定制，针对人群甚至个体的精准营养3D/4D打印产品的技术广泛应用。物联网、区块链、大数据、人工智能、云计算等现代信息技术和智能技术被广泛应用于智能化食品加工装备的开发，中式食品智能制造、中央厨房自动化智能化生产普遍实施，实现食品绿色高效、清洁化低碳、全流程自动化智能化加工制造。

（3）明晰感官响应机制，对食品进行风味定向重组和复原。食物口感、色泽、香气、质地的响应机制得到详尽阐释，食品的感官评价方法、物质检测体系、原材料处理技术取得突破。食品感官品质质量评价理论体系和量化评价与控制问题得到解决，系统建立相关评价技术体系。嗅觉仿真、视觉仿真等食品感官评价技术装备广泛应用于全面评价食品品质质量。全组分食品品质评价技术瓶颈取得突破，获得支撑全组分健康食品研发的理论基础。对食品分子的组成进行改造，在物流过程中提高食品的耐储性，在消费地对食品分子进行重组，复原食品自身风味，加强食品营养活性。

十九、食品营养与安全

1. 领域背景

食品产业是国民经济重要支柱产业和保障民生的基础产业，承载着为我国近14亿人口提供安全放心、营养健康食品的重任，食品营养与安全直接关系居民健康，关乎国计民生，是汇聚农业科学、食品科学、医学、化学以及经济学等多个学科的重要领域。根据世界卫生组织报告和《柳叶刀》研究，膳食是仅次于遗传而影响人类健康的第二大因素，约16.2%的疾病负担归因于膳食。因此，食品工业是实现"健康中国"战略目标的坚实保障。

（1）食品营养靶向设计和健康食品精准制造成为新的发展态势。发达国家将食品科学、生理学、营养学、免疫学等学科有机结合，应用于健康食品构效关系及稳定性研究，将生物工程、基因工程、现代营养设计等先进技术应用于健康食品制造，开发出系列高品质健康食品。全球食品产业通过不断与高新技术渗透融合，正向可预测性的高品质、高营养、高技术含量产品研发和制造方向发展。为支撑营养健康与保健食品产业的快速发展，食品营养学研究已逐渐从传统的表观营养转向基于系统生物学的现代分子营养学。以宏基因组学（肠道菌群DNA水平）、转录组学（mRNA水平及小RNA水平）、蛋白质组学（蛋白质表达、修饰与调控通路）和代谢组学（细胞、生物体液及排泄物中小分子代谢产物的定性和定量）等技术为基础的分子营养学研究成为当前营养学研究热点。我国全生命周期精准营养干预技术依旧和美国、日本等领先国家存在15年左右的差距，在食品营养健康的评价方法主要参考国外前期方法。

（2）食品质量安全科技水平全面提升，促进了食品产业健康持续发展。发达国家高度重视食品生产和加工过程中质量安全风险，运用组学和系统生物学手段，从分子水平研究了由基因经田间、工厂到餐桌全过程的食品品质（包括有毒有害成分）的形成和变化机制，深入系统研究食品生产加工过程中主要风险因子并揭示其形成机理，对于研发靶向精准防控及高效脱除技术、确保食品质量安全具有非常重要作用。例如，基于电子技术、生物技术、光学技术等新型检测技术发展而成的无损检测技术已开始应用于农产品、畜产品、水产品、果蔬产品的品质检测和有害残留物质检测方面，在食品质量与安全领域发挥的作用日益增大。核酸杂交、核酸扩增、纳米材料生物传感器、基因芯片等新型分子生物学检测技术成为突破食品供应链中危害因子高效快速筛查、评价、控制以及食品品质质量多维度评价的核心技术。近年来，我国食品质量安全管控体系逐渐健全，在食品中化学危害物高精度、高通量、多残留检测技术、食品中化学危害物新型快速检测技术、食品中有害微生物分型与检测技术、食品质量无损检测技术、食品加工过程有害物生产机理与安全控制技术、外源有害物在食品加工过程中的转化机制与安全控制技术、食品安全溯源技术系统集成与示范应用等主要技术领域取得了长足进步。我国食品安全检测成套解决方案的技术集成与应用取得良好成果，一批新技术新产品得到产业化应用。

2. 未来展望

以未来精准营养与个性化健康调控为代表的食品营养健康创新将成为世界各国争夺的战略高地；食品品质评价技术、多目标智能化食品安全危害物分析技术将普遍应用，全产业链食品质量与安全风险主动保障与防控技术则将成为保障食品安全的基石。

（1）组学与人工智能技术推动食品营养与安全领域技术革新。主动分选、标准加工、智能运输、即时溯源，食品营养与安全产业体系健全。基于系统生物学的现代分子营养学体系全面建立，重点以组学技术寻找到高效生物标志物，用于评价特定营养素和功能成分机体暴露、贮备、转化和生理调节作用。生物识别元件、化学识别元件等新型识别元件及多目标高通量智能化快速新型传感技术，基于多维质谱分析等现代分析和大数据支持的供应链有害物高通量快速筛查评价技术，基于特征营养素、风险因子的多组学、高通量、同步检测技术等被产业广泛应用。充分利用我国传统医药资源尤其是药食同源的物品，筛选获得膳食源功能因子，助推特殊医学用途食品开发。建成"替代毒理学、非靶向实时监测"的安全性评价与检测技术体系和基于风险分析理论框架的国家食品安全有效控制系统。建立自动化、智能化的提取、制备、检测设备及体系，实现检测设备数据的自动采集、更新与识别。

（2）构建食品营养与安全科学大数据服务体系。逐渐明确我国主要及地方特色食材、预包装食品、成品菜肴的营养物质组分和功能因子等营养物质，相关健康因子的生物活性与构象关系将被解析，明晰肠道微生态膳食调控与健康关系。针对个体的基本特征差异和特定生理状态，实行精准化的膳食营养干预，以达到预防和控制疾病的食品营养支撑体系广泛应用。围绕我国人群营养健康大科学数据库，实现膳食营养与健康大数据库与精准调控技术、营养因子定向天然合成技术、基于互联网+的营养信息实时查询和交互技术、个体水平的精准营养研发融合发展，形成我国技术、信息和服务集成的营养健康服务体系。实现食品溯源体系全链条信息化建设，全面覆盖所有类别食品从原料源头到成品的溯源信息，监控食品原料产地环境污染物的转移风险，针对农残、兽残、重金属的转移建立隔离阻断机制；建立基于大数据分析的食品质量安全信息平台，实施智慧监管。

（3）形成食品营养与安全产业链科技创新集群。建成具有优势明显同时可协同攻关的科技大团队，实现科学数据实时共享、科技手段同步升级。针对全生命周期营养健康食品关键技术、食品生产中危害因子的调控技术、营养素摄入后代谢水平与活性反馈技术、基因与表观互作过敏原规避技术等形成自主科技创新集群。实施从农田到餐桌全链条监管，实现食品安全监管法治化、标准化、专业化、现代化、信息化、智能化建设，食品行业经济发展与食品安全控制有机融合，实现食品行业一体化发展，满足人民对绿色食品和健康生活的需求。

二十、食品新物流

1. 领域背景

食品物流主要包括产地处理、运输、贮藏、配送、销售等环节，涵盖了食品科学、生物学、工程学、信息学、管理学、化学、材料学、计算机科学等学科，涉及学科综合，技术含量高。食品物流科技创新从内因（生物学特性）和外因（物流微环境等）两方面，研究物流过程的品质劣变和腐烂损耗机制及调控途径，并以此针对性研发延缓品质劣变和减少腐烂损耗的绿色核心技术，创新生鲜食品物流智能供应链管控模式，发展自动化、智能化物流装备，形成生鲜食品物流技术体系，是构建一二三产业融合发展体系的重要抓手和纽带，可实现食品产后保质减损、提值增效和全链条信息服务的深入融合。当前，我国食品物流现状如下：

（1）科技产业集成创新，催生物流贮运新业态。食品现代物流产业以美国、荷兰、日本等国为代表，提倡高效和绿色发展，注重提升食品物流增值和全链条服务水平，重视新技术和新装备的研究，广泛应用气调冷藏、绿色保鲜剂等技术，确保了产品质量安全；产地商品化处理技术装备先进，机械化、自动化和智能化程度高，特别是智能分选、计量等装置使得自动化程度进一步提高，不仅节省劳力，提高工作效率，也克服了人为操作差异造成的商品性欠佳；目前已经建立了"从田间到餐桌"的一体化冷链物流体系。如美国生鲜食品冷链物流运输率80%～90%，果蔬损耗率仅1%～2%；荷兰充分利用其区位优势，发展快捷、高效的生鲜食品物流产业，产值与加工产值之比为1:4，果蔬损耗率低于5%。近年来，随着生物、信息、材料等前沿科技的高速发展，为生鲜食品物流科技创新提供了新途径。以成熟衰老和品质劣变控制为核心，利用基因组等技术手段，解析品质代谢的网络调控及其生物学机制正成为前沿研究热点；基于冷链冷源、冷量保持、温湿度精准调控等开展物流节能降耗、节本增收的关键技术研究已成为冷链物流技术突破的关键；发展智能装备，提高物流效率，降低物流成本，保障质量安全，已成为产业新要求；区块链、物联网、大数据、人工智能等技术的发展与应用，正引导创新生鲜食品物流供应链管控新模式。

（2）静态保鲜技术取得进展，动态物流创新加快布局。我国生鲜食品储藏物流领域的核心科学发展势头迅猛，逐渐与世界接轨。食品物流的迅猛发展催生了一系列新技术，如多组学关联成熟衰老和品质劣变控制技术、包装储藏物流微环境技术、生鲜食品动态生物学耦合技术等。随着平台经济的兴起和生鲜电商产业的发展，对处于最佳成熟状态的生鲜食品保质快速移动技术的需求不断增加。生鲜食品的保质保鲜已成为生鲜电商关注的重点，直接影响生鲜电商客户满意度及平台的生存发展。近年来，针对我国国情和生鲜电商需要，开发基于保温蓄冷的简易冷链物流技术；研发设计了针对易损易腐果蔬物流机械伤防护的物流包装，并在预冷和冷链运输装备以及储粮干燥和进出仓装备研制方面取得进展，在大宗生鲜食品上研发集成了适温冷链物流技术体系并实现规模化应用。然而我国在动态物流技术应用上缺乏针对性，鲜有对生鲜食品物流过程中营养品质、功能组分等进行系统研究和评价；高附加值的特色生鲜食品保鲜防腐技术工艺仍然缺乏，特别是易腐特色生鲜食品保鲜综合技术体系还未系统完善，技术熟化度仍较为滞后，亟须研究基于最适采收成熟度确定、最佳预冷工艺、适宜物流微环境控制以及新型绿色保鲜技术及配套装备的综合应用技术体系，不同冷链产品的储运方法需加强个性化和定制化，需要从冷链冷源、冷量保持、温度精准调控以及经济性装备等方面切入，开展物流节能降耗、节本增收等技术突破。

（3）智能信息技术交叉融合，创新智慧供应链尚待完善。虽然我国食品物流信息化意识普遍提高，信息化进程正在加快，但整体水平与国际先进水平相比仍有差距，产品信息与实际业务管理要求不符，信息共享与交流机制欠缺，无法准确及时获得市场信息，导致决策不确定性而带来食品流通服务水平低下和流通成本的增加。农产品等食品物流链上从产前到产后的仓储、运输、加工及销售等每个环节都涉及大量信息的传递，但目前信息化程度却非常低，仅有国内大型农产品物流企业、物流配送中心搭建起了各自的信息平台，同时供应链中的各企业间缺乏信息协同造成物流效率低下。此外，在物流信息化技术方面，我国农产品物流主体分散、规模小、技术基础薄弱，新兴物流信息技术应用困难，如RFID、EDI技术、条形码、GIS等技术在工业物流领域已经得到广泛运用，而在食品物流领域未能得到大力推广应用。现存的物流模式在电子采购、订单处理效率及供应链的可视化程度等运营上还存在一定缺陷，需要新型物流模式全方位承揽物流与供应链服务，从而使客户与企业在供应链中的关系得以持续的改善。

2. 未来展望

未来 15～30 年，食品物流的需求量将进一步增多，物流条件将更加复杂，配套的物流技术将更精确和高效，形成自主时空感知、物流条件自适应、智能分发配送、绿色环保储运的食品新物流模式。在 2035 至 2050 年，我国食品物流产业将呈现以下特点：

（1）绿色优质供给能力显著增强，适应性定制物流技术普遍应用。大宗及特色生鲜食品品质劣变相关功能基因及其调控开关网络获得全面阐明，基于生物技术的贮藏物流性状改良和品质劣变控制技术大量推广，基于物流环境因子与品质互作耦合机制的靶向精准防控技术体系得到全面应用，易腐特色生鲜食品综合保鲜技术体系广泛实施，适应不同生鲜食品的包装外观和包装材料属性可以智能化设计，绿色降解并具有智能化特征的包装材料成为标配，根据生鲜食品不同遗传背景建立的适应性定制物流技术普遍应用。

（2）智能化水平显著提升，精准供给和全程溯源全面实现。现代信息技术和智能技术全面支撑食品物流智慧管控供应链模式和技术集成创新，食品物流过程中集成高度适应传感器，结合模块化嵌入式包装标识和高速通信技术，实现实时和可视化的过程跟踪与监控，物流环境精准耦合控制和智能感控全面AI化，物流全程可实现海量用户消费数据的深度挖掘和智能决策，精确靶标预测用户对不同品类的食品消费行为，物流C端数据采集与个性化嗜好推送成为基本业态特征，生鲜商务消费体验呈现高度人性化，区块链技术全面应用于食品物流全供应链智能化管理与质量安全溯源，实现食品从"农田到餐桌"全程安全保障供给。

（3）高端装备全面普及，世界级产业集群涌现。针对食品的储藏需求、货物大小、消费方式建立个性化物流解决方案，企业广泛采用自动化、智能化设备取代人工的物流作业，大量普及自动化物流设备、高架立体库、全自动立体库、智能穿梭车、智能机器人、自动输送分拣系统、感知与识别系统等物流装备，全面建成预储工厂、产地仓、销地仓、预送工厂等智能控温链，显著降低物流运营成本、提升生产运营效率，涌现一批有国际影响力的食品物流创新型领军企业，形成具有国际竞争力的高新技术产业集群。

| 第五章
新农业科技革命的机遇与挑战

农业具有极大的复杂性和广泛性，存在着巨大的发展潜力。科学技术作为农业发展强大的支撑和驱动力，在新一轮科技革命推动下，农业的生产要素、主导技术和产业结构等都将发生转变，将进入生态高效可持续发展阶段，不仅继续发挥其保障食物安全和国民经济发展等传统功能，还将担负起缓解全球能源危机、提供多样化需求和优良生态环境等新使命，甚至会引起社会经济发生新一轮重大变革，促进国际局势和人类格局发生深刻变化。

第一节　新农业科技革命的趋势

农业科技革命是以科学上的重大突破为先导，推动农业技术取得一系列的重大发明与创造。一是在动植物高效生物育种领域，育种技术创新将为确保食物安全与稳定供给提供保障，不断提高动植物单产水平和生产效率，在现有资源条件下提高动植物食品生产总量。二是在农业生物药物与生物肥料领域，发展生物肥料和生物药物（主要包括生物农药、生物兽药等），替代和减少化肥和化学药物使用，保证农业稳产高产，保障食品安全和公众健康，改善生态，实现环境安全和农业可持续发展。三是在农业生物质工程领域，利用生物质油、气联产工程、能源作物分子和基因调控等技术解决能源和材料不可再生的威胁、生物质能源与粮食安全的矛盾、生物质产业的规模限制、生物质工程的转化效率和能源转化率等问题。四是在智能农业领域，利用物联网、大数据、农业人工智能等技术，实现未来无人化、精准化、智能化、生态化农业操作，解放劳动生产力，提高劳动生产效率。五是在非传统种植空间利用领域，发展数字农业、智能系统等拓展传统耕作空间，实现单位资源高效利用，科学开发利用盐碱地及荒漠等土地资源。

技术带来更深远的影响是随着农业技术体系的升级换代，最终促成新的产业革命，形成新的产业体系，进而推进经济与社会的全面发展，逐步实现各个要素之间相互融合、相互交流的综合性发展，实现三者之间的辩证统一。农业科学与农业技术之间将日益形成一个相对统一的科学综合体，实现技术化与科学化相互作用和合成，进而形成相对巨大的科技生产力，推动现代化生产力加速发展。

一、生物技术和信息技术成为创新主导

美国国家科学院、工程院和医学院联合发布的《推动食品和农业研究的科学突破（2030）》研究报告显示，以生物技术和信息技术为主导的新一代高新技术将为农业科技革命提供新动能。生物技术研究具有更新、更广泛的应用前景，其中，基因编辑、遗传育种等重大科技成果将取得质的飞跃，进而为解决我国乃至全球的粮食和食品安全问题提供新动力。信息技术作为新农业科技革命的先导，在促进未来农业生产和整个农业科技进步中将起到推动全局的作用。伴随着信息技术的突飞猛进，农业信息技术与智能装备应用于农业生产和管理已成为必然趋势。现代信息技术将成为农业科技领域创新的加速器，高效智能农机装备的研制将成为农业科技创新的战略方向。

1. 新一代传感器技术将成为推动农业领域进步的底层驱动技术

传感器技术是一项当今世界令人瞩目的迅猛发展起来的高新技术之一，也是当代科学技术发展的一个重要标志，它与通信技术、计算机技术构成了信息产业的三大支柱。农用传感器是实现农业科学生产、高效生产、精准生产的核心，是农业装备自动化、智能化的应用关键技术，在农业机械装备、农业物联网、农产品加工检测、动植物诊断方面具有广泛应用，将是改变未来农业的重大技术之一。目前，发达国家的农用传感器已普遍研发，初步形成产业，覆盖了农业生产过程中的水、土、大气等环境信息监测，以及动植物生产过程的生理生态监测。

美国已将高精度、精准、可现场部署的传感器以及生物传感器的开发、应用作为未来技术突破的关键。当前传感器技术已经广泛应用在农业领域，但是，主要还集中在对单个特征如温度的测量上，如果要同时了解整个系统运行的机理，连续监测多个特征的联动能力才是关键。值得注意的是，新一代传感器技术不仅仅包括对物理环境、生物性状的监测和整合，更包括运用材料科学及微电子、纳米技术创造的新型纳米和生物传感器，对诸如水分子、病原体、微生物在跨越土壤、动植物、环境时的循环运动过程进行监控。新一代传感器所具备的快速检测、连续监测、实时反馈能力，将为系统认知提供数据基础，赋予人类"防治未病"的能力，即在出现疫病之前就能发现问题、解决问题。我国农用传感器关键技术未实现突破，在技术应用上还远未成熟，缺乏稳定可靠、节能、低成本、具有环境适应性和智能化的设备，无法满足智慧农业发展需求。如果能在资源要素的利用环节精准发现和定量识别可能出现的风险问题，并进行实时优化调整，将彻底改变我国农业生产利用方式。

2. 数据科学和信息技术是农业领域的战略性关键技术

数据科学和分析工具的进步为提升农业领域研究和知识应用提供了重要的突破机遇。《推动食品和农业研究的科学突破（2030）》研究报告称，尽管收集了大量粮食、农业、资源等各类数据，但由于实验室研究和生产实践中的数据一直处于彼此脱节的状态，缺乏有效的工具来广泛使用已有的数据、知识和模型。大数据、人工智能、机器学习、区块链等技术的发展，提供了更快速地收集、分析、存储、共享和集成异构数据的能力和高级分析方法。换句话说，数据科学和信息技术能够极大地提高对复杂问题的解决能力，将农业、资源等相关领域的大量研究成果应用在生产实践中，在动态变化条件下自动整合数据并进行实时建模，促进形成数据驱动的智慧管控。

3. 突破性的基因组学和精准育种技术具有广阔应用前景

随着基因编辑技术的出现，有针对性的遗传改良可以以传统方法无法实现的方式对植物和动物进行改良。通过将基因组信息、先进育种技术和精确育种方法纳入常规育种和选择计划，可以精确、快速地改善对农业生产力和农产品质量有重要影响的生物性状。这种能力为培育新作物和土壤微生物、开发抗病动植物、控制生物对压力的反应，以及挖掘有用基因的生物多样性等打开了技术大门。

4. 微生物组技术对认知和理解农业系统运行至关重要

人们已经认识到人体微生物对身体健康的重要性，对农业中土壤、植物和动物的微生物组及其影响还不够了解。随着利用越来越复杂的工具探测农业微生物组，美国有望在未来十年实现突破性进展，建立起农业微生物数据库，更好地了解分子水平土壤、植物和动物微生物组之间的相互作用，并通过改善土壤结构、提高饲料效率和养分利用率以及提高对环境和疾病的抵抗力等增强农业生产力和弹性，甚至彻底改变农业。其中，土壤和植物微生物组之间的相互作用表征至关重要。土壤微生物组与气候变化中的碳、氮和诸多其他要素的循环息息相关，并通过一些尚未被人类认知的过程影响着全球关键生态系统的服务功能。加深对基本微生物组成部分的了解以及强化它们在养分循环中的作用对确保全球可持续农业生产至关重要。

案例1：现代科技革命对繁殖育种的变革

随着现代科学技术的发展，科技革命也深入到动物遗传育种领域，特别是现代生物技术对动物繁殖育种显示出强大的生命力，动物分子育种将成为21世纪动物育种的主要方法之一。现代生物分子技术将根本改变动物育种的传统路线，从而大大提高育种效率。

在过去的半个多世纪里，动物遗传育种应用数量遗传学理论，通过采用品系选育、杂交改良等常规技术，实现了品种的不断改良和杂种优势的利用。在近20～30年间，随着各种现代生物技术的综合应用，结合传统的育种方法，大大加快了育种的进展。例如，基因芯片是自20世纪90年代初发展起来的一门新兴技术，目前在动物的遗传育种中发挥着重大的作用。转基因技术就是将已知外源基因转移到动物受精卵内并整合到基因组中，使其在动物体内融合和表达，产生具有新的遗传特性的动物。利用转基因技术在国内外已先后获得了转基因牛、羊、猪、鸡等多种畜禽转基因动物。另外，利用转基因动物生产人类药用蛋白质或工业用酶的生物反应器成为生物科技研究的热点，其中，通过反刍动物乳腺生物反应器生产人类药用蛋白质的研究已获得初步成功，它是将具有生物活性的人类药用蛋白质编码基因导入到某一个生物体内，从而建立起乳腺生物反应器，然后通过克隆技术对上述方法得到的动物个体进行快速繁殖，从而得到足够数量的个体，用它们大量生产出人们期望的高价值生物制品。利用转基因技术进行抗病育种、生产性能的改良等都取得了进展并应用到生产领域。

二、交叉融合成为发展趋势

以交叉融合为特点的新一轮农业科技革命具有覆盖广、精度高、触角深的发展新趋势。在新一轮农业科技革命中，农业科技将不再也不能局限于自身的发展，而是将同其他领域的科学技术实现更深一步的交叉融合。农业科技在形成自己完整体系的同时，其他众多门类的自然科学与社会科学、技术科学与经济科学不断向农业科学渗透和交融，形成复合型学科领域的交叉点和生长点。科学研究的重大突破将使农业生产和科学技术产生质的飞跃，引发革命性的变化，在挖掘农业生产潜力等方面取得重大突破，从而使高产、优质、高效的农业科技达到一个新的水平。

在现代社会发展过程中，各个学科之间的发展能够实现彼此联系与发展，促使各个阶段的科技不断创新，科技创新就是在这样的现实基础之上不断发展、不断实现的。特别是在数学、物理、化学、天文等各个自然学科方面，现代科技着重于不断探索创新，推动科学技术实现一次又一次的突破与飞跃。尤其是在最近的几十年中，科技创新愈发迅速，科技发展日新月异，各学科之间不再存有绝对分界，不同学科之间开始相互渗透相互接触，达到共鸣，与此同时，学科的发展速度也十分惊人，拥有快速发展的能力。而对于现代社会来说，由持续科技创新产生的科技革命规模非常大，影响范围也相对较广，在人类发展史上所具有的意义也十分深远，总体来说是全方位的大发展。

案例 2：农业机器人技术引发的产业变革

农业机器人技术是现代农业领域近年来发展迅速的一门应用技术，它涉及机械、电子、光学、计算机、传感器、自动控制、人工智能等多个学科和领域，是多种高新技术的综合集成。国际上，美国、英国、德国、丹麦等国家在农业机器人领域处于领先地位。农业机器人是一种以农牧产品为操作对象、兼有人类部分信息感知和四肢行动功能、可重复编程的柔性自动化或半自动化设备，20 世纪 80 年代，发达国家开始研发农业机器人，并相继研制出嫁接机器人、移栽机器人和采摘机器人等多种农业生产机器人，欧美及日本等国家和地区在农田作业和农业生产活动中已对这些机器人进行了广泛的推广应用。

随着市场快速发展，大量成熟企业和初创企业正在开发、测试，或发布能执行各种任务的农业机器人系统，以期将其应用到无人驾驶拖拉机、无人机、物料管理、播种和森林管理、土壤管理、牧业管理和动物管理等方面。

未来，新农业科技革命或将在新一代信息技术、生物技术、新能源技术、新材料技术、智能制造技术等领域取得突破，进一步形成交叉性、融合性的科技成果，并通过成果的产业化、市场化，催生出新的行业、改造传统的产业，塑造产业格局。一方面，新一代信息技术和智能制造技术融入传统的农产品生产过程，将推动传统农业由大批量规模化生产转变为以互联网为支撑的智能化个性化定制生产，大幅提升传统农业发展能级和发展空间。另一方面，新一代信息技术、智能制造技术等全面嵌入到农业和服务业领域，将打破传统封闭式的生产流程和服务业业态，促进农业和服务业在产业链上相互融合。随着产业高度融合、产业边界逐渐模糊，新技术、新产品、新业态、新模式将不断涌现，现代农业产业体系还将加速重构。与此同时，随着新技术在生物、新能源、新材料、智能制造等领域取得突破，将催生出关联性强和发展前景广阔的生物农业、新能源农业、农业新材料、农业智能制造等产业，推动农业形成新的经济增长点，进入新一轮长周期的经济持续增长。

三、生产力水平将取得重大突破

农业科技革命可显著提升潜在农业经济增长率，新技术的产业化和商业化则将打造出新的部门和产业，催生新的农业经济增长点。尤为重要的是，新农业科技革命的突破式技术变革还将进一步促进农业生产要素投入实现转变，改善传统产业的生产效率。

一方面，农业科技革命影响传统生产要素投入。农业经济增长的源泉是投入要素积累和全要素生产率提升，其中，投入要素积累包括劳动力、资本、土地等，全要素生产率提升则主要来自技术进步、制度改革、组织管理创新等。新一轮农业科技革命和产业变革对农业经济增长的影响，推动生产要素重配和产业结构重塑，并改变经济增长来源结构。

对劳动力而言，新一轮农业科技革命和产业变革既不会消灭农业劳动力，也不会创造农业劳动力，但是，作为一次系统性的技术变革将会强化复杂性、个性化工作，放大劳动力服务与创新的价值，引发对高技能劳动力需求的增加及对低技能劳动力需求的减少。新科技革命同时具有破坏效应和创造效应双重作用，其中，破坏效应会减少有效劳动力供给。信息技术、数字技术和智能技术对既有技能的颠覆，会引起资本取代劳动而导致部分岗位的劳动力失业，使得部分技能劳动退出市场从而造成人力资本损失，相当于减少有效劳动力供给。尽管我国农村劳动年龄人口平均受教育水平与过去相比已有大幅提高，但与城镇人口相比仍存在较大差距，尤其是人才结构的适应性、教育培训体系的前瞻性、劳动力市场的流动性、就业相关体制的托底性等还存在很大不足。随着农业新产业新业态的兴起，农村劳动力供给或将难以与信息人才、数字人才、智能人才的需求相匹配，这有可能进一步导致严重的结构性失业问题，从而冲击农村社会的稳定性。

同时，新科技革命的创造效应也会增加有效劳动力供给。消费者对农业新产品和新服务需求的增加，会催生出全新的职业甚至全新的行业，从而增加就业岗位，推动劳动力重新配置，相当于提高了有效劳动力供给。生物技术等对劳动力的改善及其他新技术的应用能增强劳动者的工作能力，相当于促进了人力资本积累。

长期以来，我国资本存量多集中在基础设施、房地产等类型的物质资本，农业领域社会固定资产投资相对不足。随着新科技产业革命的孕育发展，农业对传统物质资本的需求将降低，而对数据、知识等无形资本的需求则将加速上升，或将出现资本供需的结构性失衡。同样，新科技革命的破坏效应会减少有效资本供给。生物技术、信息技术、数字技术和智能技术等广泛应用将带来农业生产方式变革，导致部分传统物质资本形态加速折旧或失去作用，相当于减少有效资本存量。同时，创造效应也会增加有效资本供给。农业新技术的产生和应用会吸引新的投资，形成信息资本、数据资本、智能资本等新的资本形态的积累。例如，随着农业信息技术的快速发展，农业物联网、大数据、云计算、智能终端等"云网端"基础设施形态的资本会大幅增加。

另一方面，农业科技革命会催生新的生产要素。随着新一代信息技术的突破发展，云计算、大数据、物联网、移动终端等信息基础设施将不断完善，数据的可获得性和流动性不断增强，并逐渐成为资本、劳动力、土地等传统生产要素之外的一种重要的独立社会资源和生产要素，进一步使得数据的获取、加工、计算、运用、存储等活动和过程，较之农产品、农业服务本身的生产、流通、消费更为关键、更为重要。同时，农业产业体系的现代化程度也主要表现为数据作为核心投入对各传统农业产业的改造以及数字农业等新兴产业的发展，并且因数据要素投入而引起产业边际效率改善和劳动生产率提高，进而带来生产效率提升。

案例3：离开了土地的农业

众所周知，蔬菜和甘薯都是长在土里的，如果能让它们长到空中或者种到墙上，既可以节约土地，又能降低生产者的劳动强度，可谓一举多得。中国农业科学院设施农业研究中心主任杨其长就带领团队攻克了这一重大难题。2005年初，杨主任无意间听到来自南方的学生说，家乡的红薯蔓上经常长出小红薯，但是，它影响了块根的生长和产量。针对这一问题，他带领学生们进行深入研究，提出了块根功能分离的理论。

也就是说，传统的红薯依靠块根膨大形成红薯，而红薯蔓是输送营养的通道。现在则正好相反，让红薯蔓来膨大形成红薯，块根变为输送营养的通道，它们的功能实现了分离。

在空中种甘薯的好处显而易见。第一，可以节约土地；第二，无污染；第三，比传统栽培产量高出一倍，从亩产一万斤增长到两万斤；第四，可以周年生长、连续多次收获；第五，减轻劳动强度，不用再挖红薯，改为摘红薯；第六，可以控制品质；第七，可以生产功能红薯，如富含胡萝卜素、维生素C等的红薯。目前，该项技术已经推广到国内的数百个知名农业科技园区，并走向国际——同美国迪斯尼乐园也签订了推广协议。

自2000年起，杨其长带领课题组还开展了"墙面立体无土栽培技术"研究，已经获得国家发明专利和实用新型专利若干项，并推广到国内300多家单位，产生明显的经济和社会效益。

专家们认为这两项技术从提高都市农业的资源利用效率和经济效益出发，对都市观光型设施园艺的栽培模式和配套技术进行了创新研究，其成果拓展了设施园艺学科的内涵，丰富了设施栽培的技术模式，为都市农业的发展提供了重要的技术支撑。

四、产业结构发生重大转变

产业结构是生产力的组织形式，是一个经济体所拥有的资源在各产业间的分配以及由此而形成的各产业在国民收入中所占比重的变化关系。产业发展及其结构的不断更新改造是科技革命实现经济效果的重要途径，主要表现为创立新的产业及产业部门、改造传统产业、传导产业间的关联、满足需求结构等。新一轮科技革命不仅能加强产业结构非物质化和生产过程智能化的趋势，还会引起各国经济布局和世界经济结构的变化。由此可见，新农业科技革命将促进农业产业结构大调整，进而使整个经济结构发生重大变化。

1. 通过创立新的产业和产业部门推动产业结构升级

农业科技革命创立新的产业和产业部门将沿着两条路径展开，一是使原有农业产业或部门的某一产品或生产阶段重要性凸显、效益提升，逐步从原有的产业或部门中分离出来，变成独立的产业和部门；二是因为新产品、新工艺、新能源、新材料的发明和利用，扩大了社会分工的范围，创造了农业生产活动的新领域，形成了新的农业生产门类和生产部门。新的产业增长潜力大，发展迅速，成为农业产业体系乃至国民经济发展的主导产业，并逐步发展成为支柱产业，而那些技术已经成熟又没有重大突破性进展的传统产业，生产效率提高比较缓慢，发展比较稳定，甚至有的出现衰落。这就使原来的农业产业结构实现转型升级。

2. 通过改造原有产业促进产业结构升级

在农业科技革命的进程中，传统农业产业并不是完全被消灭，而是得到新技术的改造，也就是用新的技术、工艺、装备改造传统农业，提高其装备水平，改变其生产环境，优化其生产手段，带动原有产品更新换代或质量提升，甚至创造出全新的产品。这些改造过的传统农业产业以新的面貌出现在新的产业结构之中。因此，农业科技革命使整个产业结构建立在新的技术基础之上，使产业结构的内涵、质量、层次均跨上一个新台阶，达到新的水平。

3. 通过产业间的关联机制传导产业升级

由于农业科学技术的进步和变革在各个产业部门之间的分布不平衡，各个产业部门在生产效率和发展速度上的差距将不断扩大。农业产业链条各环节之间存在投入产出联系，上下游品和上下游产业之间关系紧密。在若干关联密切的生产部门中，如果某一部门因科技革命提高了劳动生产率、土地产出率和资源利用率，就可能引导其他关联部门实现技术创新。否则，这些部门不仅会限制已创新部门效益的实现，而且还会限制整个产业体系生产效率和生产能力的提高。这种由创新产生的产业发展"瓶颈"，将把创新的重点引导到解决新的产业瓶颈上去，而随着新瓶颈的解决，又会产生更新的瓶颈和更新的创新活动。农业科技革命就通过上述产业部门之间的关联促进机制，引导产业结构不断变动升级。

4. 通过影响需求结构引领产业结构变动

人们对农产品供应和农业生态服务的需求是引导农业产业发展的原始动力，而需求结构的变化也是引导产业结构变化的最直接和最基本的因素，但是，需求结构却受到科学技术进步的制约，即使有科学合理、规模庞大的需求，如果技术上达不到，新的产业也不可能出现。然而，技术上一旦有重大突破或革命出现，就会极大地刺激新的需求的产生，推动新产业的形成和发展，农业产业结构随之发生新的变化。

总之，农业科技革命将很大程度上改造传统农业生产模式和业态，推动传统农业生产方式和商业模式变革，促进工业和农业的高度融合发展，推动产业结构转型升级，进而实现农业产业跨越式发展。

案例 4：让"潜势农作物"造福百姓

所谓"潜势农作物"，是指现在仍然是野生植物种质资源，但具备成为农作物的独特潜质，并且有望在预防或改善人类高发性常见病或慢性疾病方面发挥重要作用。其核心是将具有医疗保健潜力和优势的野生植物种质资源进行筛选、栽培和驯化，使其成为药食两用的新资源。

改革开放 40 年来，人们餐桌上的食物越来越丰富，一大批新奇的农产品陆续走进消费者的视野。然而，同我国已发现的 3 万多种植物相比，目前大面积种植的各类农作物只有 300 多种，其中，列入《中国药典》的药食同源农作物仅有 101 种。因此，仍有大量"潜势农作物"需要进一步发掘和研究。

自古至今，人类都在不断地将野生植物种质资源进行人工驯化，有的变成了供给人类粮食的农作物，有的变成了中药，还有的变成了其他类型的经济作物。据专家介绍，"潜势农作物"的合理种植、生产和流通，即使不考虑国际市场的消费，仅国内消费者使用，每年就可产生非常可观的经济效益。未来"潜势农作物"不仅能满足传统食物生产的需要，还可以满足人民群众预防和治疗慢性疾病的需要。

要让"潜势农作物"发挥出优势，尽快造福百姓，首先需要科学研究上的突破。要采用交叉学科的方法，对药用植物的生理、生化等开展研究，采用动物模型进行药理学、毒理学、疗效等方面的评价，为后续药物开发和临床研究提供扎实的科学基础。在此基础上，要大力收集、挖掘"潜势农作物"的种质资源，进行种质资源调查、筛选、鉴定和研究。同时，借助现代生物技术，开展药用植物的栽培和驯化，结合生物学和医学以及临床研究，发掘它们的药用功能与食用功能，从而开发出新的功能性食品或新的药用植物。此外，要大力普及相关科学知识，尽快让公众了解其重要价值，让更多人了解、认识"潜势农作物"。

第二节 新农业科技革命会引起的潜在变革

理论上，新一轮科技革命和产业变革对农业经济增长的影响是新生产要素替代旧生产要素、新生产方式替代旧生产方式、新动能替代旧动能的"创造性毁灭"过程。实践上，新一轮科技革命和产业变革将为我国转变农业经济发展方式、转换增长动力、增强国际竞争力提供机遇。

一、推动传统农业向绿色高效发展

新一轮农业科技革命将以科技创新带动产业和经济的相互融合，推动农业提高生产效率，向绿色高效的方向发展，并为保障能源安全做出贡献。当今世界仍有约 8 亿人受到饥饿的威胁，未来农业生物技术革命不仅有望使当前全球人口摆脱挨饿，而且，能够保障新增人口的粮食安全与食物安全，同时，也有助于减少对化石能源的依赖，保障人类赖以生存的生态环境。

1. 大幅提高农产品产量

有关资料表明，目前人类对照射到地球上的光能的利用率仅仅 1% 多一点，而到达地球的大量太阳光能未被充分利用。就农业生产系统内部来看，也存在着重视叶片光合作用，忽视其他光合器官的光合作用的现象，导致农业增产的潜力没能被充分地挖掘出来。这就为利用新技术来进一步提高农产品产量提供了可能，而转基因技术就是其中之一。据国际农业生物技术应用服务组织（ISAAA）的数据，2016 年全球转基因作物种植面积达 1.851 亿公顷，自 1996 年以来增长了 110 倍，累计达到 21 亿公顷，共有 26 个国家种植了转基因作物。美国是转基因作物的最大种植国，种植面积约 7 400 万公顷，美国 92% 的玉米、94% 的大豆都是转基因产品。转基因作物安全问题是一个全球范围内备受争议的问题，但是，转基因技术在提高农产品产量、保障全球粮食安全等方面的作用不可否认。我国推广的抗旱、抗寒、抗盐碱植物品种，仅在 10 亿亩旱地、5 亿亩盐碱地、3 亿亩易受冻害的土地上就能多生产 1 000 多亿千克粮食，年产值增加近 2 000 亿元。2014 年，我国转基因棉花种植率就达到 93%，每年为农民增收 200 多亿元。同时，培育超级动物品种，大幅度提高畜产品产量。胚胎移植技术、克隆技术的应用也将加速动物品种的更新换代，培育出的超级猪、转基因鱼、高产奶牛等新品种，进而大幅度提高动物产品的数量与质量。此外，种植模式的创新也能带来农产品产量的显著提高（见案例 5）。

案例 5：再生稻孕育丰产高效栽培模式

收割完水稻，剩下的稻桩似乎没有用处，通常被一把火烧掉，或者翻入地里沤肥。其实，稻桩还蕴藏着顽强的生命力，可以再生。再生稻是水稻的一种种植模式。适合种植再生稻的地区主要是那些阳光和热量不够种植双季稻，但是种植一季稻又有余的地区，由于在原有的根系上再次生长，相当于省去了二季稻种植地区从收割完第一季稻到第二季稻生长中期的这段时间，因此它叫再生稻，而不叫双季稻。

我国目前种植水稻的面积约为 3.7 亿亩，其中有 5 000 万亩的地区适合推广再生稻，如四川、重庆、福建、湖北、湖南等地都有大面积的再生稻种植。通过近年在蕲春、洪湖、江陵等县市的大面积示范，再生稻显示出投入产出率高、劳动效率高、经济效益高，稻米品质好、市场前景好，省工、省种、省肥、省秧田等特点，有着良好的经济效益和生态效益。福建省尤溪县近些年每年种植再生稻近 10 万亩，头季平均亩产 600 千克，再生季平均亩产 300 千克。照此计算，如果 5 000 万亩适合推广再生稻的地区都种植再生稻，我国每年可增产稻谷 1 500 万吨。因此，发展再生稻是确保国家粮食安全的一个重要举措。农业农村部出台的《全国种植业结构调整规划（2016—2020 年)》提出，在长江中下游地区、华南地区因地制宜发展再生稻，在西南地区发展再生稻。可以推断，再生稻将迎来重要的发展机遇。

不过再生稻种植推广也面临一些问题，一是再生稻全程机械化生产中农机与农艺相结合的栽培技术研究滞后，二是从再生稻的全产业链来看，目前还存在着产业开发没有跟上，品牌创建乏力，企业带动力不强等问题。此外，有部分地区没有把再生稻作为一季粮食纳入统计，各项措施特别是投入跟不上，还抱着有收就收、无收就丢的态度，没有真正当一季庄稼种。

2. 显著提升农业绿色发展水平

随着农业科技革命的推进，生物肥料、生物农药等绿色安全投入品的应用越来越广泛。根据中商产业研究的相关数据，我国 2016 年微生物菌肥年产量达到 900 万吨，生物农药制剂年产量近 13 万吨，生物肥料、生物农药正在逐步替代化学肥料和化学农药，保障在化肥、农药使用量不增加的同时，不断实现粮食的增产，减少环境与食物污染，降低生产成本，增加农民收入。全世界正在面临各种类型的食品安全问题，亟须运用现代生物技术开发新型消毒剂、添加剂，解决食品、饲料中添加剂污染等问题。而新型食品添加剂、饲料添加剂将加速第四代食品的形成，大幅度提升食品安全水平。同时，可降解生物塑料薄膜的生产技术已经成熟，正在逐步替代化学塑料，有望从根本上解决"白色"污染问题。此外，生物技术的突飞猛进更是能在提高产量和品质的同时，从根本上摆脱农业对化学品的依赖，推动农业向绿色高效的方向彻底转型。

案例 6：基因编辑技术为食品安全保驾护航

基因编辑技术不仅在医学上有很大的用途，在农业应用中也能大显身手，基因编辑技术不仅能让人们吃饱，而且还能够吃得更好。美国冷泉港实验室Zachary Lippman教授一直热衷于番茄品种的改良，他将CRISPR当作荧光笔使用，去强调了一些基因教科书上的数量性状段落（QTL，quantitative traits locations），在这些决定段落前面打个"五角星"，番茄就知道要重点关注这些地方；而同样地，可以用"荧光笔"擦掉一些不需要的"段落"，就少表达这些地方，这相当于用"修正带"去删除基因。给基因划重点可更灵活地让番茄产量得到提高，避免了之前人工育种遇到段落丢失的问题。

3. 保障我国能源安全

为人类提供能源，也是农业的最根本功能之一。随着新农业科技革命的推进，农业能更高效地吸收转化温室气体，生产绿色的、可持续的生物质能源，为人类的可持续发展提供全面支撑。根据测算，将我国生物质能转化为生物能源后可相当于 7 个大庆油田的当量。目前，燃料酒精、生物柴油、生物燃气、生物发电等技术已经进入产业化阶段，具有较为广阔的发展前景。一是可利用 10 亿亩荒地、南方 10 亿亩草地、5 亿亩盐碱地等发展生物质能，做到不"与人争粮、与粮争地"，起到保障能源安全、增加农民收入、改善生态环境"一举三得"的作用。二是利用陈化粮、高粱、甘蔗、甘薯等生产燃料酒精的技术已基本成熟，在石油价格 45 美元以上时，已经能够做到不需要国家补贴就可规模化生产生物质能且有利可图。三是我国有 7 亿吨农作物秸秆，经过转化可以生产 1 亿多吨燃料酒精，仅此一项就相当于增加 3 个大庆油田。总之，在我国石油资源短缺的形势下，发展生物质能已经是一个必然的战略选择，而新农业科技革命为这一战略的实施创造了更加有利的条件。

二、引领社会经济新一轮高速发展

新的农业科技革命将推动运用新的技术，构建新的产业布局、新的生产生活方式，引起社会经济发生新一轮重大变革。高新技术引领社会发展是一种不可逆的过程，科学技术的发展有力推动了农业生产方式与技能革新和生产组织创新，大大提高农业生产力水平和生产效率，引起生产关系和社会生活的一系列变革。更进一步说，新一轮农业科技革命将催生新的经济增长动能，提高人民生活水平，改善消费者消费水平，并为社会的发展提供强大动力。

1. 催生新的经济增长动能

新一轮农业科技革命和产业变革形成的新技术及其广泛应用，将直接促进农业生产效率提高，进一步提升中国潜在农业增长率，而新技术的产业化和商业化则将打造出新的产业部门和新的主导产业，催生新的农业经济增长点。一方面，提升潜在农业经济增长率。近年来，随着中国经济发展进入新阶段，后发优势逐渐消失，而科技发展水平与发达国家仍存在巨大差距，资源配置的市场体制和制度还不尽成熟，再加上人口老龄化、投资效率下降等因素叠加，潜在农业的竞争力出现了趋势性下滑。在新科技革命的推动下，新一代信息技术、生物技术等突破应用，将改造传统的农业资源配置和生产组织方式，促进全社会资源配置效率提高。农业智能装备等新工具广泛应用将实现对低技能劳动、简单重复劳动的替代，在缓解农村人口老龄化带来的劳动力紧缺问题的同时，也会相应提高农业劳动生产率。另一方面，形成新的农业经济增长点。近年来，我国农业传统增长动力出现衰竭，新的经济增长点还没有广泛出现，新旧动能转换不畅，农业经济增长出现支撑不足的问题。随着新技术在生物、新材料、智能制造等领域取得突破，将催生出关联性强和发展前景广阔的生物农业、农业新材料产业、农业智能装备制造产业等，尤其是依托纵深多样、潜力巨大的国内市场需求，必将发展成为重要的主导产业和支柱产业，为中国经济持续发展催生新增长点、增添新动能。

案例7：从精准农业到自动农业

随着新科技革命的到来，传统农业将时过境迁，农民将转变为高科技经营者。在科技先行背景下，完全自动的农业形式渐成雏形，未来的发展趋势是以高科技产品为切入点，迅速推进这一进程。例如，农民可以利用卫星数据和地理信息系统（GIS）软件规划土地，通过全球定位系统（GPS）指导现场作业，操纵自动转向系统实现拖拉机的无人驾驶。自动农业形式高度依赖制造成本高、性能好的自动化农业机械，而自动化农业机械的高效运行则离不开计算机软件操控。为了攻克农业机械自动化软件开发的技术难题，近年来，软件公司与农机制造商加强了协作。例如，Jaybridge Robotics公司与Kinze公司合作，通过工业产品（COTS）和软件实现了工、农、矿业领域运载机械的无人化驾驶。

Kinze公司制造了中耕运粮车和中耕谷物播种机。近年来，Jaybridge Robotics公司与Kinze公司联合研发制造出了Kinze自动化谷物收割机。Jaybridge's软件系统可利用商品组件实施以下自动化任务：①用户可以通过用户界面操作工作流程；②农机具路径规划；③农机具控制，包括转向、刹车、加油等等；④导航；⑤障碍物排查；⑥农机内部共享。

2. 改变消费结构，提升消费水平

新农业科技革命对于应对全球变暖现象、食品安全、生态环境保护等关系到社会长久发展的许多关键方面都起着十分重要的作用。新农业科技革命和产业变革息息相关、密不可分，其具有提高人们生活水平的功能，也具有影响国家在很多方面平衡的能力，进而对各国在不同领域的力量分布等情况有着深远的影响。全球温室效应加剧、资源短缺、食品匮乏等关键难题逐渐变为将来主导新秩序和新利益格局的重要层面，早先发展的国家依靠先进的技术力量和资源的拥有数量，尝试构建对自身有利的规则和秩序，进而为本国人民谋求福利。而新农业科技革命的发生为打破上述利益格局，使得我国作为后发国家能够享受到公平的机会和待遇创造了条件。与此同时，随着我国经济社会的快速发展以及农业生产能力的不断提升，人民对食品安全的关注已开始从数量向质量转变，吃得安全、吃得健康成为社会各界对农业的主导需求，而新农业科技革命将有助于上述需求的满足。

案例8："隐性饥饿"可以这样应对

人体保持健康不仅需要碳水化合物、脂类、蛋白质等大量营养素，还需要铁、锌、硒、碘等16种矿物元素，以及维生素A、维生素E、叶酸等13种维生素。研究资料表明，如果这些必需的微量营养元素长期摄入不足，人体就会出现发育不全、体力下降等各种健康问题，甚至导致疾病发生。目前，全世界约有20亿人口由于缺乏这些微量营养素而导致健康受损。2005年，世界卫生组织将这一现象称为"隐性饥饿"。据世界银行统计，"隐性饥饿"导致的智力低下、劳动能力丧失、免疫力下降等健康问题，造成的直接经济损失占全球GDP的3%～5%。因此，"隐性饥饿"不仅影响人们身体健康，也影响经济发展。

幸运的是，科学家们已经找到一种既经济又简便的方法来解决这个大难题，即作物营养强化。这一手段主要是通过育种来提高农作物中能被人体吸收的微量营养素的含量，不需要人们改变现有的饮食习惯和加工、使用方法，就能让人们从食物中安全地获取所需的营养。2004年起，在国际作物强化项目的支持下，中国农业科学院牵头组织全国相关的科学家共同攻关，取得了明显进展。据介绍，中国作物营养强化项目围绕提高铁、锌和维生素A三种微量营养素的目标，在水稻、小麦、玉米和甘薯四大作物上开展工作。10多年来，这个致力于改善和解决"隐性饥饿"的项目在中国不断推进，在新作物品种培育、人体营养实验、科研成果发表和专利申请等方面已经取得了显著的成绩。

虽然前景比较广阔，但作物营养强化产业化发展还面临诸多挑战。作物营养强化是从源头入手，从农业的角度提出改善全民营养健康的解决方案，一些标准的修改、制定和出台显得极为紧迫。专家们指出，要以营养敏感型农业为核心优化农业和粮食系统，形成以人类健康营养需求为导向的现代食物产业体系，最终解决我国特殊人群的"隐性饥饿"和营养失衡问题。

3.为社会的发展提供新动能

生产力快速进步和生产效率的迅速提高，是社会主义现代化建设的前提条件和推动力。在新农业科技革命的发展历程中，新型信息传输工具、新型发电装置和新型通信技术等，不仅能对落后生产装备的改进有推动作用，而且还将诞生许多新的行业，促进生产力的发展和进步。例如，人们司空见惯的萤火虫就是节能高手，它的发光效率很高，仅有5%的能量转化为热能消耗掉，其余全部用来发光，且不像灯泡那样烫手。这是因为萤火虫靠发光细胞发光，里面含有荧光素和荧光酶等物质。在荧光酶的催化下，荧光素将化学能转化为光能，并通过控制发光细胞内氧气的供应量来调节光亮的强弱。随着技术条件的成熟，科学家可以借鉴萤火虫的发光原理，研制并大力推广这种"冷光源"，从而颠覆目前的能源系统。诸如此类的新科技革命成果在实践中的大量使用，必将提高产品品质、生产速度和规模，而且，产品的技术含量也逐渐提高。根据调查，美国公司的盈利主要是来自新产品的开发和投入，而且，新科技革命使其产品的技术含量仍在逐年增加。由于新科技革命能增强和加快人类了解和改变自然的进度，因此，能提升物质和精神财富的拥有能力，进而获得更大的经济社会发展动力。

三、促进世界经济格局发生变化

新一轮农业科技革命将促进社会进步，为构建新时代人类命运共同体做出巨大贡献。历史经验表明，科技革命不仅影响国家兴衰，还与世界格局的变化有着密切关系。一般来说，一个国家在科技革命中扮演的角色与其在世界格局中的地位有着明显的因果关系。只要一个国家主导了科技革命，其综合实力就会迅速崛起，进而引发世界经济格局的变化，而其他抓住科技革命机遇国家的竞争力也将大大增强。农业作为国民经济中的基础性产业，其领域内发生的科技革命与全面的科技革命相互依存、不可分割，同样能够引起世界经济格局发生重大改变。

1. 改变世界农产品供应格局

农业科技革命将进一步推动科学技术的创新和应用，使得人类控制自然的手段不断强化，实现生产过程中科学技术要素对自然资源要素的加速替代，进而改变"靠山吃山，靠水吃水"式的农业生产格局。一方面，农业科技革命必然带来更大程度的科学发展和技术进步，增强人类对自然界的认识能力、控制能力和利用能力，大幅提高农业生产力水平，使得农业生产能够突破土地、水、光照、温度等自然条件的束缚，导致以前不具备条件或不具有优势的国家或地区生产农产品成为可能。另一方面，农业科技革命也会推动产业链条不断延长，农产品加工程度不断提高，产业附加值不断增大，导致价值或价格组成中自然资源要素的直接贡献份额逐步下降，总收益中初级产品收益比重逐步减小，使得自然资源相对丰富的国家或地区的比较优势逐步弱化。

实践证明，这种趋势已经非常明显。自上一轮农业科技革命以来，一些发达国家充分发挥科技的支撑引领作用，已在很大程度上摆脱了自然资源匮乏的先天制约，进而发展成为农业强国。例如，荷兰克服国土面积狭小和光照不足的劣势，推进花卉生产的现代化，成为名副其实的欧洲乃至世界"花房"；日本克服人多地少的限制，发展大规模工厂化温室栽培，实现园艺产品全方位全天候均衡上市；以色列克服水资源短缺的瓶颈，大力发展高效节水农业，创造了沙漠农业的奇迹。新一轮科技革命将进一步强化上述趋势，最终实现农业综合环境控制，使农业彻底摆脱"靠天吃饭"的局面。届时，无论一个国家地处何方，面积有多大，资源是否充足，均可以一年四季不间断进行农业生产，也就是说，只要拥有所需的科学技术，就可以成为农业大国。

2. 重塑国际农业竞争力格局

在农业科技革命的推动下，科学技术优势对农业竞争力的决定作用逐步加强，自然资源优势的决定作用日益弱化，不同国家之间农业发展的差距将更多地源于技术或知识的差异，一个国家的农业竞争力将越来越多地取决于其农业科技实力。在此过程中，发达国家由于科技发展水平高，基础条件较好，因而获得的竞争优势更大。这是因为农业科技革命是一个全方位推进的过程，既包括各项科技成果的研发，还包括高效生产装备和生产资料的提供、协调的农业教育及科研和推广体制、多种形式的生产经营体系、全方位的农民服务体系以及较高素质的劳动力等。应该说，大部分发展中国家在这些方面都存在很大差距，因此，农业科技革命的实际效果在不同国家间也存在巨大差异。

从国际经验来看，全方位式的农业科技革命，显著推动了发达国家农业的强劲发展。英国在科技进步的支撑下，由20世纪上半叶的农产品进口国转变为80年代开始的出口国；韩国的农村在60年代以前还处于极端贫困状态，之后凭借"农村振兴运动"在30年时间里实现了现代化。而美国农业之所以能称雄世界，一个重要的原因就是其生物技术的领先，因为经过生物技术改良的动植物品种能够大幅度提高品质、产量和抗病性，从而显著提升了劳动生产率、土地产出率和资源利用率。

新一轮农业科技革命将加速推进经济和科技创新的全球化，并在一定程度上改变这种"强者愈强，弱者愈弱"的格局。信息技术的普及加速了农业科学知识的传播，发展中国家与发达国家之间在农业科学理论上的差距正在逐步缩小，同时，一些发展中国家在生物科学、材料科学、信息科学及相关基础研究领域加快了追赶步伐，开始从"跟跑"向"并跑"甚至是"领跑"转变。在此情况下，发展中国家与发达国家农业发展的差距将更多地取决于新技术的推广和应用，取决于科技成果的转化率和贡献率。因此，如果能够抓住新一轮科技革命带来的机遇，发展中国家也可以增强自身的农业综合竞争力，提高其在世界农业格局中的地位。

3.促使全球价值链融合创新

经济的全球化推动产业链跨国布局，而布局的核心原则是成本最小化，即根据不同环节的要素投入情况，寻找要素成本洼地。这种全球价值链布局给了发展中国家利用低要素成本承接国际要素转移、加快实现现代化的机遇。未来，随着新一轮农业科技革命深入推进，这种状况将发生显著变化。一方面，新材料、智能制造、生物技术、信息技术等在农业生产中的广泛应用，将导致农业价值链不同环节的要素投入比例日益趋同，数字化、智能化设备和技术将成为决定各环节成本的主要因素，劳动力在农业生产中的地位大幅下降，一些国家的劳动力成本劣势将逐步弱化乃至消失，技术创新优势开始凸显，进而吸引部分农业价值链环节流入。另一方面，与其他商品一样，农业的个性化、定制化生产也将成为主流，能否贴近市场进行快速反应，生产或提供符合当地特色和消费者需求的农产品和服务，将成为决定生产经营主体成败的关键。在这种趋势下，技术和市场将取代成本，成为农业价值链布局的决定性因素。同时拥有技术优势和市场优势的国家将在吸引农业价值链关键环节布局方面掌握更多的主动权。

第三节　我国新农业科技革命的基础

经过多年积累和发展，我国科技创新水平已显著提升，成为具有重要影响力的科技大国，科学技术事业正处于历史上最好的发展时期，也比历史上任何时期更接近世界科技强国目标（白春礼，2018）。改革开放以来，特别是"十二五"以来，我国农业科技创新也站在了历史的新起点。从杂交水稻到小麦远缘杂交到抗虫棉，从动植物基因组测序到杂种优势利用到分子育种，从动物疫苗创制到食品物理加工到北斗导航农业装备，从农业科技"黄淮海战役"到"粮丰科技工程"，我国农业科技工作者创造了一个又一个创新奇迹；从"世界杂交水稻之父"袁隆平、"当代后稷"李振声院士两位国家最高科学技术奖获得者到自然科学领域最高奖项国家自然科学一等奖获得者李家洋院士，一大批农业科技青年领军人才、一代又一代农业科学家为祖国做出了彪炳史册的重大创新贡献。

1. 农业科技贡献率稳步提升

2019 年我国农业科技进步贡献达到了 59.2%，主要农作物良种覆盖率超过 96%，良种对我国粮食增产贡献率达 43%。水稻、小麦、玉米 3 大主粮自给率常年保持在 95% 以上，全国粮食作物单产达到 375 千克/亩；肉类、禽蛋、水产、蔬菜、水果、茶叶、啤酒等产量长期位居世界第一。油料、猪牛羊肉、水产品、牛奶、蔬菜和水果的人均占有量分别为 24.7 千克、46.8 千克、46.4 千克、22.1 千克、505.1 千克和 184.4 千克。主要农作物耕种收综合机械化率达到 67%；全国耕地灌溉面积达 10.2 亿亩，农田有效灌溉面积占比超过 53%，农田灌溉水有效利用系数提高到 0.55 以上；主要农产品加工转化率超过 65%，农产品加工业与农业总产值比达 2.2∶1。农业科技主要创新指标跻身世界前列，科研人员规模位居世界首位，国际科技论文数量连续多年稳居世界第 2 位，农业学科论文被引次数从第 8 位升至第 2 位，品种权申请量位居世界第一。

作物功能基因组、杂交优势利用、新品种选育、动物疫苗、抗虫棉等一批标志性成果保持国际领先地位。应用现代技术、设施、装备武装传统农业，共享农机、北斗导航无人驾驶农机等新业态不断涌现，助力农业生产方式转变，农业现代化、绿色化发展水平不断提高。

国家重点实验室、国家工程技术研究中心、产业技术创新战略联盟、重大科学工程、国家农业高新技术产业示范区、国家农业科技园区、国家农业科学观测实验站、国家农业科学数据中心、国际农业科学联合实验室等农业科技基地、平台建设不断推进，农业科技支撑能力显著增强。综合来看，我国农业科技创新能力持续提升，为保障国家粮食安全、促进经济社会发展和国家长治久安奠定了坚实的物质基础。农业科技领跑、并跑比例分别达到 10% 和 39%，总体实现了从跟跑到领跑、并跑、跟跑"三跑并存"，成为世界上具有影响力的农业科技大国，进入从量的积累到质的跃升、从点的突破到系统能力提升的历史新阶段。

2. 农业科技发展领跑趋势创造优质成果供给

在科学技术是第一生产力思想指导下，我国高度重视科技的重要作用，大力实施科教兴国、创新驱动发展、乡村振兴等国家战略。尤其是党的十八大以来，我国不断强化农业科技创新驱动作用，加大以优良品种培育为重点的农业科技研究力度，生物育种、转基因新品种培育、重大动植物疫病流行规律和防控、农业遥感和信息化等领域不断取得突破。改革完善农业技术推广体系，大范围推广旱作节水、测土配方施肥、统防统治等先进适用农业技术，农业科技进步的作用日益彰显。农业科技贡献率稳步提升，农业粮食产量连增，粮食安全得到保障，食品供应丰富，农业竞争力稳步提升。农业科技创新"三跑并存"，在补短板的同时，前沿突破性研究和成果越来越多。

我国农业科技主要创新指标已经跻身世界前列，已经形成引领新一轮农业科技革命的坚实基础，我国已具备在农业科技上的领跑潜力和条件，客观上为信息农业革命的兴起创造了技术支撑和发展空间。具体而言，在品种培育上，我国从农民自留种，到以矮化育种、远缘杂交、杂种优势利用等为代表的重大技术突破，促成了5～6次作物品种更新换代，粮食单产从新中国成立初期69千克/亩增加到目前375千克/亩，良种覆盖率达到96%以上。在病虫害防治上，经过几代人的努力，逐步建立起科学有效的病虫害监测预警与防控技术体系，确保没有发生大面积重大生物灾害。在设施农业上，实现了新鲜蔬菜和水果的周年供应，打破了水温光等自然条件对农业生产的限制，从塑料大棚、拱棚到现代日光温室和连栋温室，形成持续发展、总面积达到其他国家总和5倍以上的设施农业规模。

在生产方式上，实现了从人畜力为主向机械作业为主的历史性跨越，目前全国农作物耕种收综合机械化率超过67%，在部分领域、部分环节逐步实现"机器换人"，显著增强了农业综合生产能力。在农机装备研制方面，"东方红"200马力拖拉机填补了国内大马力拖拉机空白，先后研制了4 000多种耕整地、种植机械、田间管理、收获、产后处理和加工等机械装备。在全程全面机械化方面，小麦生产基本实现全程机械化，水稻、玉米耕种收机械化率超过80%，油菜、花生、大豆、棉花机械化作业水平大幅提高，畜禽水产养殖、果菜茶、设施园艺等设施化、机械化取得长足发展。在农业生产信息化精准化智能化方面，2018年我国农业数字经济占行业增加值比重已达7.3%，农产品网络零售额保持高速增长，2018年达到2 305亿元。我国智能农机与机器人、无人机植保服务、农业物联网、植物工厂和农业大数据等板块占全球农业科技市场比例，分别达到34%、45%、34%、30%和30%。

3. 有利的创新环境提供科技发展保障

新中国成立70周年以来，我国农业及科技发展取得了辉煌成就，使我国从新中国成立前的传统农业时代迅速进入到现代农业阶段。这一巨大成就与党中央对农业及科技的高度重视密不可分。党中央提出各项有利于"三农"和农业科技发展的政策及战略部署，对我国农业数字化、信息化发展指明方向，明确要求推动信息技术与农业生产管理、经营管理、市场流通、资源环境融合，推进种植、畜牧、兽医、渔业、种子、农机、农垦、农产品加工、动植物检验检疫、农业资源环境保护等行业和领域的在线化、数据化；全面加强农村信息化能力建设，建立空间化、智能化的新型农村统计信息综合服务系统；着力发展精准农业、智慧农业，提高农业生产智能化、经营网络化、管理数据化、服务在线化水平，促进农业转型升级、农民持续增收，为加快农业现代化发展、振兴乡村经济提供强大的新动力。

一是连续 16 年中央 1 号文件关注"三农"发展。中央 1 号文件已成为中共中央重视"三农"问题的专有名词。中共中央在 1982 年至 1986 年连续 5 年发布以农业、农村和农民为主题的中央 1 号文件，对农村改革和农业发展作出具体部署。2004 年至 2020 年又连续 17 年发布以"三农"（农业、农村、农民）为主题的中央 1 号文件，强调了"三农"问题在中国社会主义现代化时期"重中之重"的地位。

其中，2012 年中央 1 号文件以《关于加快推进农业科技创新持续增强农产品供给保障能力的若干意见》为题，聚焦"农业科技创新"，提出推进农业科技创新、提升技术推广能力、发展农业社会化服务、加强教育科技培训等系列举措，旨在依靠科技进步实现农业增产增收、提质增收、节本增收。2015 年中央 1 号文件以《关于加大改革创新力度加快农业现代化建设的若干意见》为题，再次聚焦"农业现代化"，旨在靠改革添动力，以法治作保障，在经济增速放缓背景下继续强化农业基础地位、促进农民持续增收。2016 年中央 1 号文件以《关于落实发展新理念加快农业现代化实现全面小康目标的若干意见》为题，继续聚焦"农业现代化"，提出推进"互联网＋"现代农业、加快培育新型职业农民、推动农业绿色发展、培育壮大农村新产业新业态等创新措施，旨在用发展新理念破解"三农"新难题，加快补齐农业农村短板。2017 年中央 1 号文件以《关于深入推进农业供给侧结构性改革加快培育农业农村发展新动能的若干意见》为题，聚焦"农业供给侧结构性改革"，强化科技创新驱动、补齐农业农村短板，旨在从供给侧入手、在体制机制创新上发力，从根本上解决当前最突出的农业结构性、体制性矛盾。

中央 1 号文件历年回顾

2004—2020 年连续 17 个中央 1 号文件

2020 年：关于抓好"三农"领域重点工作确保如期实现全面小康的意见。

2019 年：关于坚持农业农村优先发展做好"三农"工作的若干意见。

2018 年：关于实施乡村振兴战略的意见。

2017 年：关于深入推进农业供给侧结构性改革加快培育农业农村发展新动能的若干意见。

2016 年：关于落实发展新理念加快农业现代化实现全面小康目标的若干意见。

2015 年：关于加大改革创新力度加快农业现代化建设的若干意见。

2014 年：关于全面深化农村改革加快推进农业现代化的若干意见。

2013 年：关于加快发展现代农业，进一步增强农村发展活力的若干意见。

2012 年：关于加快推进农业科技创新　持续增强农产品供给保障能力的若干意见。

2011 年：关于加快水利改革发展的决定。

2010 年：关于加大统筹城乡发展力度　进一步夯实农业农村发展基础的若干意见。

2009 年：关于促进农业稳定发展农民持续增收的若干意见。

2008 年：关于切实加强农业基础设施建设　进一步促进农业发展农民增收的若干意见。

2007 年：关于积极发展现代农业　扎实推进社会主义新农村建设的若干意见。

2006 年：关于推进社会主义新农村建设的若干意见。

2005 年：关于进一步加强农村工作 提高农业综合生产能力若干政策的意见。

2004 年：关于促进农民增加收入若干政策的意见。

1982—1986 年五个中央 1 号文件

1986 年：关于一九八六年农村工作的部署。

1985 年：关于进一步活跃农村经济的十项政策。

1984 年：关于一九八四年农村工作的通知。

1983 年：当前农村经济政策的若干问题。

1982 年：全国农村工作会议纪要。

二是完善农业科技规划任务部署。新中国成立以来，我国制定了数个科技中长期和五年发展规划，在科技规划中均提出了农业领域科技发展重点和总体布局，在农业领域和科技领域也专门制定实施了五年发展规划。此外，部分重要领域也制定有相应的发展规划，切实保障了党中央、国务院对"三农"工作任务部署及落实，科技对农业发展的支撑作用显著提升。尤其是进入 21 世纪以来，我国把农业科技作为整个科技发展的重点优先领域进行布局，通过科技规划和国家战略，把农业科技发展提到前所未有的高度。1956 年 1 月，中共中央发起"向科学进军"的号召。由国务院科学规划小组制定了《1956—1967 年全国科学技术远景发展规划》，这是国家正式制定的新中国成立以来的第一个科技规划，它标志着新中国科技规划的正式诞生。

2006 年颁布实施《国家中长期科学和技术发展规划纲要（2006—2020年)》为接下来的 15 年农业发展规划了蓝图，其中农业作为排在能源、水和矿产资源、环境等三大重点领域之后的第四大领域，在种质资源开发、畜禽水产健康养殖与疫病防控、农产品精深加工与现代储运、农林生物质综合开发利用、农林生态安全与现代林业、环保型肥料、农药创制和生态农业、多功能农业装备与设施、农业精准作业与信息化、现代奶业等优先主题进行了设计和布局。2016 年发布的《国家创新驱动发展战略纲要》强调科技创新已成为推动现代农业发展的主要力量，"十二五"时期的目标是农业科技进步贡献率超过 55%。将"高效生物疫苗"技术研究、动植物新品种培育列为农业科技创新重大技术攻关项目之一。

2016 年发布的《"十三五"国家科技创新规划》提出要发展生态绿色高效安全的现代农业技术，确保粮食安全、食品安全。系统加强动植物育种和高端农业装备研发，大面积推广粮食丰产、中低产田改造等技术，深入开展节水农业、循环农业、有机农业和生物肥料等技术研发，开发标准化、规模化的现代养殖技术，促进农业提质增效和可持续发展。2017 年发布的《"十三五"农业科技发展规划》要求全面提高自主创新能力，农业科技创新能力总体上达到发展中国家领先水平；推进现代种业创新发展，增强科技成果转化应用能力，促进农业机械化提档升级，推进信息化与农业深度融合，打造农业创新发展试验示范平台，到 2020 年农业科技进步贡献率达到 60%。预计在接下来面向 2035 年的中长期科技发展规划和"十四五"国家科技发展布局中，食品科技将作为与农业、农村并列发展的领域得到进一步重视，支撑"三农"发展的科技资源投入将会更多，覆盖研究领域更广，投入产出绩效更高。

历次农业科技相关国家规划

国家科技规划

1956 年，《1956—1967 年科学技术远景发展规划》

1962 年，《1963—1972 年科学技术发展规划》

1978 年，《1978—1985 年全国科学技术发展纲要》

1982 年，《1986—2000 年科学技术发展规划》

1991 年，《1986—2000 年国家科学技术发展十年规划和"八五"计划纲要》

2001 年，《国民经济和社会发展第十个五年计划科技教育发展专项规划》

2006 年，《国家中长期科学和技术发展规划纲要 (2006—2020 年)》
《关于实施科技规划纲要，增强自主创新能力的决定》
《国家"十一五"科学技术发展规划》

2008 年，《国家粮食安全中长期规划纲要 （2008—2020 年）》

2011 年,《国家"十二五"科学和技术发展规划》

2015 年,《关于深化体制机制改革加快实施创新驱动发展战略的若干意见》

2016 年,《国家创新驱动发展战略纲要》

《"十三五"国家科技创新规划》

国家农业科技规划

2001 年,《农业科技发展纲要 (2001—2010 年)》

2012 年,《"十二五"农业与农村科技发展规划》

2017 年,《"十三五"农业农村科技创新专项规划》

2018 年,《国家乡村振兴战略规划 (2018—2022 年)》

通过一系列发展规划,从不同层面为农业科技制定目标、明确措施,引领调整农业结构、提高农业效益、增强国际竞争能力、改善农业生态环境的发展方向,推进农业可持续发展。

三是优化科技计划对农业的支撑体系。科技部通过实施"国家重点基础研究发展计划"(973 计划)、"国家高技术研究发展计划"(863 计划)、"国家科技攻关计划和支撑计划"部署农业农村领域科技研究,以及实施专门面向农业农村科技的"星火计划""农业成果转化资金""科技富民强县专项行动计划"等,以及农业部中央财政支持的"公益性行业科研专项"等科技计划,形成覆盖从农业科技高端供给到产业化再到支撑县乡农业产业发展全覆盖的国家科技计划体系,有力地支撑保障了改革开放 40 年间农业科技现代化的飞跃。"十三五"国家科技计划管理改革后,合并形成的新五类科技计划体系中,国家重点研发计划在"十三五"期间已经部署了 11 个重点专项,基本覆盖农业农村和食品科技主要研究领域,支持力度和重视程度持续提升。面向"十四五",食品领域有望作为和农业农村领域并列的重要领域,提升农业一二三产融合水平(图 5-1)。

4. 突破资源环境限制迫切需要创新支撑

从 1900 年至 2000 年期间,世界人口从 15 亿增加到 61 亿。2018 年,世界总人口达到 75.94 亿人。尽管世界粮食生产能力得到普遍提升,但人

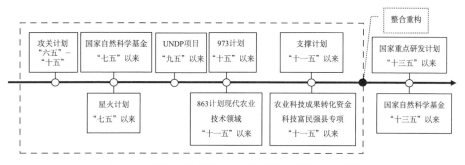

图 5-1 国家五年计划与农业科技规划的对应关系

口增长和人们巨大的消费需求将给资源、环境带来巨大压力。联合国粮农组织预计，世界人口在今后 30 ～ 50 年仍将保持较高增速，到 2050 年世界总人口将突破 100 亿。由于生活水平的提高，预计 2025 年要生产比现在多一半以上的粮食才能满足需求。世界农业面临着既要解决欠发达国家贫困或营养不良人口的温饱安全以及未来全球人口的食物安全，又要减缓农业发展对水、耕地、土壤、生物资源、环境的多重压力。

目前，全球淡水资源极其缺乏，农业用水量随着耕种面积扩大而迅速增加，淡水资源污染不断加剧。世界耕地资源数量正在减少，同时土壤质量和污染进一步威胁可耕地资源。对森林、草地等生物资源的破坏导致大量物种灭绝，生物多样性受到前所未有的威胁。全球气候变暖和自然灾害已经对农业发展造成很大不良影响。在当前农业发展资源环境受到严重制约的压力下，通过科技创新减小农业生产对资源和环境的依赖，提升农业生产效率，促进农业可持续发展成为唯一的选择。

5. 保障粮食安全压力传导引发动力创造

国际农产品供需总体平衡，但区域性短缺和粮食不安全问题突出，粮食危机的风险始终存在。主要体现在发达国家粮食生产过剩，发展中国家供不应求，年度间粮食供需平衡也不稳定。根据经济合作组织和联合国粮农组织发布的《2018—2027 年全球农产品趋势》报告，在经历 2007—2008 年价格飙升的十年后，世界农产品市场形势已今非昔比。2017 年，全球大宗农产品的产量增长依然强劲，大多数谷物、肉类、乳制品和鱼类的产量创历史新高。过去十年间世界农产品需求的增长大多得利于中国人均收入的增长。

随着世界各国经济发展和人均收入的增加，动物性高蛋白产品和水果的需求量日趋增加，同时原料性产品向加工产品发展，产品附加值提高。而发达国家的产量增长预计会低得多，特别是在西欧。全球消费市场，尤其是发达国家对营养健康食品的要求越来越高，同时也更加重视环境的可持续发展，对农业发展提出了更高的要求，形成对农业科技革命的需求和动力。

6. 资本和市场引领农业科技和产业变革

社会投资对科技革命和产业革命起到巨大的主推作用，成为科技革命和产业最强劲的驱动力。在进入科技产业新时代的同时，资本市场也将进入科技资本加速新时代。企业越来越重视农业科技创新和产业发展，社会资本投入农业科技创新和新兴产业，为新一轮农业科技革命和产业革命提供了持续动力。例如京东、华为、阿里巴巴等国内一流企业和资本竞相投资智慧农业。利用跨界融合技术定义并改造传统农业、实现价值链攀升成为资本和市场新的引领方向。

第四节　我国新农业科技革命的挑战

随着工业化、城镇化、市场化、信息化、全球化进程的不断加速，我国农业发展面临更加严峻的形势，确保主要农产品稳定增长的任务变得越来越艰巨，促进农民持续增收的难度越来越大，资源环境对农业发展的制约越来越突出，国际环境中经济和科技竞争对农业发展制约日益凸显。在农业科技革命推进过程中，随着数据流动性和可获得性大幅提高，农业产业链条中各环节的信息不对称性将不断降低，促进生产组织和社会分工更倾向于社会化、网络化、平台化、扁平化、小微化，推动产业边界模糊化、产业组织网络化、产业集群虚拟化以及组织结构扁平化，大规模定制生产和个性化定制生产将日益成为主流生产范式，传统依靠规模经济来提高效率的生产方式受到挑战。

一、经济社会方面

1. 农业科技革命会提升经济增长效率

一方面，信息不对称性降低，将使得不再需要通过分工、专用设备来实现规模经济以提高生产效率，而是可通过通用性资产、柔性化生产来实现农业生产主体内部范围经济效率的提高。另一方面，产业链条中各交易主体之间的信息不对称性大幅降低，生产主体之间、消费者与生产主体之间、消费者之间的交易成本也相应降低，以信息技术为基础的平台、共享、众包等新的经济合作形式和商业模式将加快发展，推动生产布局分散化、产业组织网络化、产业集群虚拟化，进而极大地拓展外部范围经济，推动经济效率提高。

2. 农业科技革命将带来新的经济社会挑战

新一代信息技术、生物技术、新能源技术、新材料技术和智能制造技术等颠覆性技术在农业领域中的突破应用，必将打破传统的农业生产方式、组织方式甚至要素投入方式，改变传统的农业经济竞争重点乃至农业经济竞争规则，促使农业价值链出现分解、融合和创新，将对中国的比较优势、要素供给、制度供给等带来重大影响，甚至造成新的结构性矛盾。

一是造成传统比较优势削弱而新的比较优势难以形成。改革开放以来，中国主要依靠劳动、土地等低成本要素优势，以及经营体制改革释放出的活力，推动农业发展取得巨大成就，粮食年产量从 1949 年到 2017 年增长了近 5 倍，由供给全面短缺转变为供求总量基本平衡。同时，在保证谷物基本自给、口粮绝对安全的前提下，农业多元化经营让人民群众的餐桌更加丰富。然而，随着生物技术、人工智能等颠覆性技术的广泛应用，农产品生产模式和生产组织方式必将出现变革，原有的规模化、标准化生产模式将可能被弱化，传统劳动、土地等要素低成本比较优势和传统生产环节的重要性将降低，而创新要素和科技支撑在竞争中的重要性进一步强化。然而，未来一段时期，中国仍将面临关键创新要素保障能力不足、创新体制机制不健全等硬约束，并还将持续面临发达国家在尖端核心技术领域对中国的打压和排挤，将导致中国的农业科技创新等新比较优势的培育面临较大的压力，而与此同时，传统比较优势还将持续面临生产成本增加、生态环境压力加大等多方面挑战。

二是造成制度供需结构矛盾凸显。新科技革命将带来新的技术和新的生产关系，相应地就会摧毁旧的生产力与旧的生产关系，颠覆传统的生产与消费方式，引起社会制度变革。新技术的推广还将使得技术引发制度变革的过程更趋复杂性，强化社会脆弱性，加大社会治理难度。这将使得我国现行的农村教育、医疗、就业、社保、法律法规等传统制度体系与新的生产生活方式之间的矛盾更加激化，同时，原来学习借鉴发达国家的体制改革路线也将不再全面适用，体制创新的灵活性和社会治理的适应性也都将受到挑战。此外，新科技革命的突破式技术变革和创新特征，还将激化中国传统农业政策与新产业新业态发展之间的矛盾，迫切要求原来通过模仿发达国家先进技术来实现模仿式创新的路径加快转型。

总之，新一轮的农业科技革命将推动农村经济社会的发展模式发生重大调整，引领经济发展新模式和社会发展新变化，促进社会新格局的构建，从而使一种新型的社会格局以更加先进、全面、融合、高效的方式展示人类在 21 世纪的生活理念，对于推动经济社会全面发展具有划时代意义。

二、自然禀赋方面

1. 我国人口总量问题

我国作为世界上人口最多的发展中国家，尽管目前已经出现生育率降低、少子化的趋势，但由于人口惯性的作用，未来 30 多年时间内，我国人口总量仍将不断增长达到 15 亿左右。庞大的人口基数将使我国人均资源相对紧缺，环境恶化与持续发展的矛盾更加突出。同时，伴随着人口总数的增长以及社会的不断发展，人民生活中对改善食品质量和提高选择性多样性的需求均日益增长，上述情况均对农业供给提出更高的要求。

2. 农业规模小而分散的问题

我国耕地类型复杂多样，种植业大致可分为南方水田、北方旱地、云贵山区的丘陵山地、青藏地区河谷。畜牧业大致可分为西北及青藏地区的草原和绿洲农业。由于不同地区的自然资源禀赋差异较大，这决定在未来相当长的历史时期，小农户还将是我国农业生产的主要组织形式。由于地理环境以及农田拥有面积等因素制约，许多大型农机和现代化农业技术无法在分散的农田进行作业，导致我国农业规模小而分散的问题较为严重，这阻碍了我国农业向产业化、规模化的大田作业发展进程。

3. 农业受自然气候变化影响大的问题

农业生态系统是一种受人类强烈干预的系统，也是自我调节机制较为薄弱的系统。气温、光照和降水等要素往往决定着作物的生长期、养分积累、生长状况、种植方式等各个方面。再者，自然灾害和病虫灾害的发生率与频次也影响该地作物的结构、熟制、配置、种植、收获、存储等方面，致使农业生产工作一直存在受自然气候和重大病虫灾害的影响大、稳定性差的问题。现有的灾情监测手段仅能实现对常见自然灾害及病虫害的信息监测和预报，通过采取补救措施，减轻危害的程度。对气候的人工干预技术尚处于探索期，难以对区域性气候进行调节和改变，环境对农业生产带来的不确定性依然是农业科技革命面临的重要问题。

4. 农业资源利用与可持续发展问题

我国是一个自然生态条件多样、农业生产类型最复杂的国家，部分地区生态环境较为脆弱，资源条件和生态环境两道"紧箍咒"越绷越紧，传统农业依靠拼资源消耗、拼投入、拼生态的开荒扩种、广种薄收的粗放生产方式难以为继，为高产而过量施用农药、肥料，造成水土流失、土壤砂化、江河污染，物种多样性受到威胁，制约农业的持续发展，致使经济、社会发展与生态环境保护之间的矛盾也比较尖锐。农业科技迈向提质增效目标发展的同时，兼顾资源节约型、环境友好型农业，推进农业生产从传统粗放向绿色可持续发展方式转变，对节能、减排、绿色、低碳等循环农业可持续发展技术的创新、研发、推广和应用提出了前所未有的挑战。

农业是全球温室气体的主要来源之一，同时农业又是一个巨大的碳汇系统，具有改善生态环境的作用。中国作为农业温室气体排放大国，农业发展转型也面临着巨大生态压力：一是在农产品需求压力下不得高强度利用耕地，过度使用化肥、农药等高碳型生产资料；二是农业生产方式落后，在节水、节能、立体种植和高效健康养殖等技术发展方面比较落后；三是农业机械化、农业废弃物处理的技术水平不高，资源利用率较低，土地产出率还有很大的潜力，农业碳减排任务十分繁重。因此，中国农业转型对农业科技提出的要求和任务异常艰巨。

三、体制机制方面

1. 现代农业思想与观念落后

改革开放以来，广大农村基层意识明显增强，科技水平也大有提高，但与日新月异的科技进步相比，还有明显的差距。表现为对科技在农业生产中的作用缺乏足够的认识，对先进的科学技术缺乏了解和掌握。在思想观念上，还未真正转到依靠科技进步来提高农业生产力水平上来。

农民是农业新科技的直接使用者和受益者，农民科技意识、科技素质的高低直接关系到科技成果的转化。从目前情况看，我国农业劳动力主体的文化教育程度普遍较低，从事农业生产的多为妇女和老人，由于缺乏文化知识，阻碍了接受新事物、学习新技术的能力。

2. 现代农业生产体系发展不完善

由于上两次科技革命对农业的影响作用表现得较为迟缓，而且影响的深度、广度都相对较小，导致农业对科技革命前沿成果的吸收与应用不足。

构建现代农业生产体系，就是要用现代物质装备武装农业，用现代科技服务农业，用现代生产方式改造农业。从农业科技发展上看，我国用于农业科技的投入虽有所增加，但所占比重却呈逐年下降的趋势。科技投入的不足和分散使用，使得部分有应用价值的科研项目由于资金缺乏而难以转化为现实生产力。从农业科技服务上看，不少农村基层科技服务网络难以有效地发挥科技成果的桥梁和纽带作用。从农业生产方式上看，我国总体上处于传统农业向现代农业过渡阶段，大部分地区的农村农业还处于小规模、低水平、粗放式生产，农业机械化水平和生产效率低下。

四、国际环境方面

1. 我国农业科技发展面临严峻的国际挑战

我国农业在核心技术方面还存在诸多不足，如品种基因资源、科技成果知识产权、应用专利。同时，我国农业科技在农业信息技术和新材料技术方面相对落后，农业投入品对外依赖度较高，大型机械和自动化信息的管理技术发展较为滞后。缺少具有重大自主知识产权的核心技术已成为制约我国农业现代化的瓶颈。另外，国际大跨国公司已在生物技术的一些重要领域如生物育种、转基因新品种开发、生物制药等占据了领先地位，并逐步加大对我国农业市场的渗透，增加了国内农业产业风险。我国种子企业数量多、规模小、研发能力弱，商业化种业科研机制尚未建立。跨国公司凭借领先的技术、雄厚的资本和强大的市场营销能力，全面布局进军中国农作物种业市场，并从园艺作物向大宗粮食作物拓展。

2. 农产品技术性贸易壁垒高筑

当前，国际农产品贸易的高保护和高扭曲依然存在，加入世贸组织以来，中国农产品出口频繁遭遇国外以质量、卫生检疫和技术标准为由的技术性贸易壁垒，一些国家又进而催生出以碳排放等为由的环境壁垒，使我国出口受到很大制约。我国对农产品技术标准、质量标准、检测检疫等技术性问题重视和研究不够，起步较晚，技术标准还不完善，受制于国外各种技术壁垒，导致在国际农产品贸易中处于不利地位。

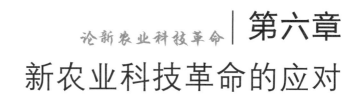

论新农业科技革命 | 第六章

新农业科技革命的应对

科技是国之利器，国家赖之以强，企业赖之以赢，人民生活赖之以好。中国要强，中国人民生活要好，必须有强大科技。新时期、新形势、新任务，要求我们在科技创新方面有新理念、新设计、新战略。实现"两个一百年"奋斗目标，实现中华民族伟大复兴的中国梦，必须坚持走中国特色自主创新道路，加快农业领域科技创新，掌握全球科技竞争先机。

历史经验表明，科技革命总是能够深刻改变世界发展格局。在绵延5000多年的文明发展进程中，中华民族创造了闻名于世的科技成果。经过新中国成立以来特别是改革开放以来不懈努力，我国科技发展取得举世瞩目的伟大成就，科技整体能力持续提升，一些重要领域跻身世界先进行列，正处于从量的积累向质的飞跃、点的突破向系统能力提升的重要时期。新农业科技革命正是符合我国农业和农村经济发展规律的重要战略抉择，即在广泛运用农机、农化等工业技术成果的基础上，加之生命科学、信息科学等现代高新技术的重大突破和对农业生产行为的全面渗透。

第一节　应对新农业科技革命八大体系

党的十九届四中全会就坚持和完善中国特色社会主义制度、推进国家治理体系和治理能力现代化提出了新的更高要求。科技创新治理体系和治理能力现代化是国家治理体系和治理能力现代化的重要内容和基础支撑，是科技强国和现代化强国的重要标志和制度保障。应对新农业科技革命需要构建新型农业科技创新治理体系，提供高质量科技供给，重塑农业生产关系和组织模式，培育农业农村发展新动能、新业态，创新驱动农业农村现代化和乡村振兴。鉴于此，特提出应对新农业科技革命的八大体系（图6-1）。

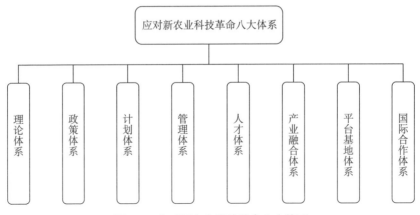

图 6-1　应对新农业科技革命八大体系

1. 理论体系

农业科技理论体系是农业科技政策形成的基础，是农业科技理论知识的整合，包括农业理论、产业理论、科技理论等。通过把握现代农业发展的宏观背景，阐明现代农业发展的理论依据，揭示现代农业科技发展的选择空间与方向，阐明决定现代农业科技发展绩效的技术创新、制度创新、组织创新与体制创新。

一是分析现有理论体系。分析并梳理国内外众多的农业发展相关理论，总结其规律、梳理其脉络、提炼其精华，更深入地、更透彻地分析现有理论的不足，同时对新农业科技革命过程中面临的新情况、新问题做出新的理性分析和理性解答，对新农业科技革命的本质、规律和发展变化的趋势做出新的揭示和预见，从而更全面地、更系统地构建新理论，更科学地、更有效地指导现代农业的发展。二是设计新的理论体系框架。顺应"绿色发展、生态优先""绿水青山就是金山银山"等绿色发展理念的需要，以实现农业生产生态化、绿色化、智慧化可持续发展为目标，将现代科技与中国传统技术有机结合起来，形成具有中国特色的现代化农业发展理论体系。三是加强新理论研究与应用。在积极应对新农业科技革命过程中，需要持续加强理论研究，不断进行理论创新，农业发展理论的形成是一个迭代和递进的过程，既要突破某些原有理论体系、框架和方法，又要探索理论禁区和未知领域。持续加强理论体系研究与应用，不断拓宽农业可持续发展的科学内涵，将新的农业发展理论运用到农业的整个产业链条中，以新的农业发展模式和新的经营管理理念来促进农业高级化和现代化，推动农村社会和经济的全面、协调、可持续发展。

2. 政策体系

新农业科技革命是一场划时代的、打破常规的革命行动，是在原有农业科技发展基础上，对农业发展的巨大变革，因此，引发新农业科技革命必须要有新的政策体系保驾护航。新型政策体系的形成是思想升华为理论，进而上升为政策的过程。根据农业发展的新形势、新变化和新要求，需要全面审视目前在用的各类政策，包括农业发展和农业科技发展的政策，并在总结探索创新的基础上，提出新的政策措施，为新农业科技革命的产生和蓬勃发展提供科学的政策支撑。

构建政策体系，应做好以下几点任务。一是梳理分析现有农业科技政策体系。系统梳理分析我国农业和农村科技发展存在的短板和体制机制障碍，分析土地流转"非粮化"、科技与生产"两张皮"、农业科技人员深入农业生产一线从事农业技术推广"最后一公里"动力不足等问题所在的关键症结。同时，充分调研分析我国在应对新一轮农业科技革命中已有的科技基础和政策制度，与发达国家相关政策进行比较，并分析这些政策的情境依赖性和有效性，并加快政策"引进来"，为制定适合新农业科技革命的政策措施提供参考。二是构建新型农业科技发展政策体系。在分析现有农业和农村科技政策体系基础上，加强部际联动，强化沟通协调，密切交流协作，设计形成兼具实效性、开放性、前瞻性的政策体系框架，并不断完善政策体系各要素，更新政策储备库，构建与新形势、新要求相适应，与科技强国相匹配的农业科技创新和科技创新促进农业高质量发展的政策体系。同时，新型政策体系应更加注重引导物联网、大数据、人工智能等新技术发展智慧农业、数字农业，更加注重指引非农业领域技术与农业技术的耦合，实现多领域的交叉融合，更加注重多措并举来吸引非农人才、资源向农业汇集，向农业发展注入新鲜血液，让农业"强筋健骨"。三是强化新型农业科技政策的落地。加强政策精准解读，做好政府与市场、社会的沟通工作，及时准确传递政策意图，推动政策实施"上下贯通""左右联动"，同时加强政策精准监督，注重倾听社会各层阶的心声，避免"上有政策，下有对策"现象发生，切实解决政策落实上"上松下严""左堵右塞"等问题，真正让相关政策举措落实、落地、落细。

3. 计划体系

新型农业科技计划体系要统筹考虑三个方面的内容，一是加强非农领域科技成果对农业领域的支撑和带动作用，能用尽用；二是加强农业领域内部各子领域的统筹协调，既要突出重点，又要均衡发展；三是强化农业各子领域内部研究内容的一体化设计，团队式作战。

构建计划体系，需要做好以下几个方面的工作。一是加强农业与非农领域统筹协调。在科技计划顶层设计方面，加强农业、工业、社会发展、军事等领域的统筹协调，努力创造一种"同心聚力、同题共答、多方联动、成果共享"的发展环境，共同为新农业科技革命添砖加瓦；在农业科技规划和计划设计过程中，要强化工业、社会发展、军事等领域对农业领域的支撑、引领和带动作用，推动农业与非农领域深度融合发展，加快农业科技创新跨越式发展。在科技计划成果应用方面，推动非农科技成果在农业领域中的应用，推动农业产业转型升级。二是加强农业系统内部总体规划设计。突出事关农业核心竞争力的重大科学问题、重大共性关键技术和产品等需求，推动实现国家农业科技目标。着力突出农业各领域各方向的均衡发展布局，逐步弱化"趋热避冷""避险趋同"式专项设计，快速强化"全面铺开""遍地开花"式专项设计，促进农业各领域研究水平整体提升。三是加强全链条设计一体化组织实施。瞄准农业重点领域、聚焦重大任务，坚持从基础前沿、共性关键技术到应用示范进行全链条创新设计，一体化组织实施，加强上、中、下游的有效衔接，促使科技计划成果转移转化和产业化，将其转化为现实生产力。

4. 管理体系

新型农业科技管理体系由创新体系、管理体系和绩效评价体系构成。协同创新体系是科技成果产出和转化的主体；专业化管理体系可配置创新资源、集聚创新要素、激发创新活力，为科技成果产出和转化提供支撑和保障；绩效评价体系可有效调动科研人员积极性，提升科研质量。

构建管理体系，需要做好以下几个方面的工作。一是建立开放协同创新体系。加强创新供体（高校、院所、企业、新型研发机构等）、转化主体（园区、星创天地、科技特派员）、创新受体（县、乡、村等）的沟通协调，由创新受体提出产业需求，创新供体根据产业需求提供高质量供给，进而由转化主体推动成果转化和产业化，解决创新受体产业需求，形成"产业提需求、科技保供给、转化兴产业"的开放协同创新体系。二是建立专业化和标准化科研管理体系。科研管理人员管理水平的专业化和服务水平的标准化是新型农业科技管理体系高质量建设的重要基石。以提高科研管理人员的专业化管理水平和标准化服务水平为目标，积极构建一支懂业务、精管理，具有创新精神和服务意识的高素质的科研管理队伍，不断丰富科研管理人员的知识结构，提高管理水平和服务意识，激发创造性，实现"信息多跑路，人员少跑腿"，推动科研管理的专业化和标准化建设。三是建立高效的绩效评价体系。以绩效为导向、以解决关键核心问题、满足国民经济社会发展为目标的科研项目评价体系正在逐步建立。既要完善综合绩效评价工作规范，使绩效评价更规范、更科学、更高效，又要加强以绩效"四问"为抓手的绩效评价常态化管理，使项目承担单位和科研人员将绩效管理内化于心、外化于行，更要加强绩效评价结果的应用，使绩效评价具有威慑力。

5. 人才体系

人才是推动发展的第一资源、核心要素，新农业科技革命需要一大批意识先进、知识复合、创新能力强的人才队伍。因此，在已有的农业科技专业化人才队伍基础上，加强创新型人才培养，充分发挥人才资源的引领和支撑作用，才能尽快抢占高新科技研发阵地，为应对新农业科技革命提供智力支撑。

构建人才体系，需要做好以下几个方面的工作。一是创新人才培养模式。以培养具有科学精神、创造性思维和创新能力的人才，造就具有国际水平的战略科技人才和科技领军人才，建设高水平创新团队为目标，加强产业人才需求预测，加快培育重点行业、重要领域、战略性新兴产业高端人才，建立产教融合、校企合作的技术技能人才培养模式。同时，通过制定相应的优惠和激励政策，鼓励吸纳农业类高校毕业生到农业一线创新就业，优化人才队伍结构，实施农技人员定期知识更新轮训计划，及时更新专业知识，增强业务素质，培养一支高素质专业化的服务人才队伍和新型职业农民队伍。二是优化人才流动机制。打破户籍、地域、身份、学历、人事关系等制约，促进人才资源合理流动、有效配置，鼓励和引导人才向艰苦边远地区和基层一线流动，鼓励高校和科研院所的高端人才向企业流动，形成符合知识自由流动要求的、更加灵活开放的人才双向多维流动机制。同时，制定激励政策，吸引非农人才积极投入农业创新创业，为农业发展注入新元素、新思想、新活力。三是完善人才管理机制。建立人员能进能出、职称能上能下的选人机制，激励和约束相结合的竞争协作机制，营造有利于人才成长的氛围，充分调动科研人员的积极性、能动性、创造性，提高农业科技创新单位和团队的整体绩效。

6. 产业融合体系

农业科技产业融合体系是以增加农业科技服务有效供给、加强供需对接为着力点，以提高农业科技服务效能为目标，推进农技推广机构服务创新，强化高校与科研院所服务功能，壮大市场化社会化服务力量，加快构建开放竞争、多元互补、协同高效的体系。

构建产业融合体系，需要做好以下几个方面的工作。一是建立上下科技供需机制。基层农业科技成果转化应用队伍要搜集整理地方科技需求，并将需求反馈国家和地方科技主管部门，由其负责统筹协调相关科技资源，满足基层科技需求，提升科技的有效供给，真正解决基层农业发展问题，形成科研切实来源于实践、成果直接应用于生产的有效机制。二是创新农业科技成果转化和应用机制。农业科技成果转化应用关键在基层。基层科技管理部门要强化农技推广队伍建设，作为创新主体与一线农民之间的桥梁，重点开展先进适用农业技术引进、熟化、推广应用等工作，服务于一线农民和种植大户。深入推进"一主多元"农技推广体系建设，积极探索基层农技人员到经营性服务组织兼职取酬制度，实现公益性农技推广体系与经营性服务体系的融合发展。三是强化农业创新创业平台建设。创新平台是孕育高新技术产业的一粒良种，而科技创新是催动创新平台新技术新产业"破土而出"的一股甘泉，只有强化科技服务农业、助力产业，才能创新农业、革新产业，才能提升农业生产效能、增强产业发展动能。因此，要加快建设国家农业高新技术产业示范区、国家农业科技园区、星创天地、科技企业孵化器等创新创业平台建设，并以此为载体，加快培育农业生物、信息、智慧农业、能源等农业高新技术产业，推动园区科技成果的转移转化和产业化，促进农业产业转型升级，带动农民增收致富，成片带动乡村振兴发展。

7. 平台基地体系

农业科技平台基地体系是农业科技创新平台基地和农业科技成果示范转化平台基地的融合发展体系，通过整合各类农业科技创新平台基地，进一步优化资源配置，提升科技有效供给，进而通过示范和转化平台基地，实现科技成果的转化和产业化，使科研与生产有机融合，打通科研成果转化最后一公里。

构建平台基地体系，需要做好以下几个方面的工作。一是加快整合各类农业科技创新平台基地。着眼于农业农村发展的重大战略需求，通过撤、并、转等方式，加快涉农国家实验室、国家重点实验室、国家工程技术研究中心、国家科技基础条件平台、国家工程实验室、国家工程研究中心等国家级基地平台优化整合，提高涉农高校、科研院所科研设施开放共享程度，盘活资源存量，鼓励对外开放和提供技术服务，充分考量平台基地拥有者、管理者和使用者的利益诉求，做好相关的利益补偿，建立促进开放的激励引导机制。二是大力发展农业科技成果示范和转化平台基地。农业科技成果示范和转化平台基地对于促进农业科技成果转化为现实生产力具有重要作用，大力发展农业高新技术产业示范区、农业科技园区、星创天地等示范和转化平台基地，引导推动农业科研院校、农技推广机构和新型农业经营主体的人才、成果、服务等资源优势向平台基地集聚，建立促进农业科技成果转化、示范推广有机融合的机制，使示范和转化平台基地成为科研、推广、经营和社会化服务主体紧密衔接、协同推广的支撑平台。三是建立农业科技平台基地动态调整机制。完善评估考核机制，充分发挥评估的政策导向作用，加大动态调整力度，做到有进有出，提升平台基地创新能力和活力，实现平台基地建设的良性发展。

8. 国际合作体系

农业科技国际合作体系是提升我国农业科技创新能力的重要途径，以全球视野谋划和推动创新，在全球范围内优化配置创新资源，全方位、多层次吸引全球人才、技术、资金等创新资源，助力我国农业科技创新。主动谋划、积极参与国际农业科技国际合作，力争成为农业若干重要领域的引领者，提升我国在全球农业科技创新中的影响力和竞争力。

构建国际合作体系，需要做好以下几个方面的工作。一是加强顶层设计，做实布局谋篇。秉持农业科技"引进来"与"走出去"并重发展的理念，坚持"以我为主，为我所用"的原则，做好国际科技合作纲要和实施规划，发挥政府主导作用，注重各类国家科技计划和重大战略性项目设计的合理性、科学性。二是提升全球农业科技创新资源整合能力。聚焦农业关键技术领域，加强与相关国家的项目合作，开展联合研究，解决关键技术难题。加强科技人才交流与合作，精准引进高端科技创新人才。打造国际创新资源开放合作平台，特别是要培育一批面向全球的技术转移服务中介，促进关键技术国际转移，鼓励我国创新主体对接国际创新资源。三是深度参与全球科技创新治理。主动设置农业科技创新议题，加强科技创新政策的对话沟通，在全球创新舞台上发出中国声音。立足我国优势领域，鼓励我国科学家发起和组织国际科技合作计划，培育若干能在国际上引起广泛关注的项目。

第二节 应对新农业科技革命的八大研发重点

新农业科技革命的研究阐明了科学技术发展规律和农业科技革命历程，指引了驱动未来农业发展深刻变革的来源。新时代，农业科技工作必须适应形势，转变思路，围绕新时代农业和农村经济结构战略性调整的中心任务和增加农民收入的基本目标，结合新的农业科技革命，加快现代科技向农业的全面渗透，不断提高农业科技的整体水平，推进新一代信息技术、生物技术在农业领域的广泛应用，推动农业精准化、智能化、网络化、生态化发展，实现由传统农业向现代农业的根本转变。

一、粮食安全科技创新

由单一粮食安全向综合食物安全和营养健康转变，更加重视降本提质增效、绿色发展。强化符合供给侧结构改革方向的种业科技创新。突出高品质、绿色、抗逆品种创制，重点突破种质创新、新品种选育、高效繁育和加工流通等核心关键技术。大力发展强筋弱筋小麦、优质稻谷、青贮及专用玉米、高油高蛋白大豆，推进种植结构调整，集成丰产增效技术模式，提高我国粮食高效生产能力。增加绿色优质和特色农产品供给，加强粮食多元化平衡发展。加强农业全球多元供应链建设，加强粮食极端风险管理，健全大数据支撑的粮食极端风险监测预警机制。

二、未来农业前沿生物技术创新

面向我国经济建设主战场和现代农业发展重大需求，以资源整合集成和体制机制创新为手段，强化原始创新和集成创新。重点突破基因精准加工、RNA靶向调控、代谢途径重构、表型系统设计、生物大数据与智能决策等前沿技术，聚焦目的基因、调控元件、功能模块等农业生物元件设计与创制，打造农业生物设计与智造平台。创制战略性重大农业生物药物、绿色生物及生物质产品、重大疫病防控制品等，通过产学研用深度融合，促进农业产业升级和新业态发展，拓展产业链和价值链，形成一批新兴产业集群，推进由生物技术大国向生物技术强国转变，为创新驱动乡村振兴和农业绿色可持续发展提供新动能。

三、智能生物种业创新

以提升我国种业竞争力为目标，选择主要粮食作物、经济作物、畜禽、水产、林草花果、农业微生物菌种为对象，开展种业基础研究、种质资源鉴定与创新和前沿育种技术研发，构建现代种业科技创新体系。研究农业生物基因资源多样性与演化规律、重要性状形成的分子机理与调控网络、环境适应模式与胁迫应答、农业生物宿主与微生物间互作、干细胞重编程等机制；突破农业生物精准表型鉴定、基因高效发掘、基因编辑、全基因组选择、合成生物、杂种优势固定、细胞与染色体工程、转基因、智能设计、性别控制、多能干细胞建系、智能化制种等新一代育种技术；培育高产、优质、抗病虫、抗逆、资源高效利用、高附加值、适宜机械化的农业生物新品种；创新良种（畜）繁育与加工技术。

四、农业绿色发展与防灾减灾创新

针对我国农业绿色发展的资源要素和技术瓶颈，聚焦土壤健康、绿色投入品、绿色节水、农林废弃物利用、生态农业等领域，开展退化耕地障碍因子消减与地力提升、高产稳产农田构建保育、农田绿色节水与智慧调控等研究。通过气象灾害、农学、兽医学、电子自动化、机械制造等多领域跨界协同，建立防灾减灾新技术，实现农业重大自然灾害防、抗、避、减技术和措施的一体化。同时，利用大数据、区块链等信息手段，建立起灾情的数据库，搭建灾害监测预警信息平台，让相关部门、广大农民群众在第一时间就能获得灾害预警信息，为赢得农业防灾减灾的主动性和针对性提供科学支撑。

五、未来食品科技创新

根据国际前沿科学和高新技术飞速发展，以及未来食品科技发展的重大需要，围绕国际食品与营养的基础理论和技术前沿，重点开展基于脑科学和大数据的食品感观（色香味形）科学、基于基因与代谢组学的食品精准营养（健康）科学、基于合成生物学和分子修饰与重组技术的食品生物工程科学、基于新材料与新技术（如AI、5G、3D和生物传感器等）的食品智能制造等前沿交叉科学研究，以及食品冷加工技术与装备、食品新型包装材料与装备、食品生物工程技术与装备、食品智能制造技术与装备等前沿交叉技术开发。

六、现代养殖业科技创新

以生态高效健康养殖为目标，挖掘重大育种价值新基因，自主培育优质高效"华系"动物、水产新品种，加强动物、水产精准营养需求和供给技术研究，提高饲料营养物质利用效率，开发和利用非粮饲料资源，积极推进生态循环养殖、标准化养殖和特色养殖，加强畜禽重大疾病防控与净化，大力发展现代海洋牧场、远洋渔业探捕，确保畜禽水产养殖业核心种源自给，拓展养殖业产业空间，延伸精深加工等产业链；建立全产业链标准化技术体系，实现产业集群和人才培养协同发展，为保持我国现代养殖业产业领先优势提供科技支撑。

七、智慧农业装备创新

面向世界农业科技前沿，以显著提高主要农业产业的劳动生产率、资源利用率和土地产出率为目标，重点突破农业传感器、农业大数据、农业人工智能、农业机器人、农业区块链等智慧农业技术核心技术和产品，集成建立"实时感知、智能决策、精准作业、智慧服务"的智慧农业产业技术体系，建成智慧农场、智慧果园、智能植物工厂、智能牧场、智慧农产品供应链等典型应用示范基地并形成主推技术模式，培育壮大一批智慧农业领域高新技术企业，实现"机器替代人力""电脑替代人脑""自主可控替代技术进口"三大转变，为实施乡村振兴战略、实现农业农村现代化提供强有力的科技支撑。

八、村镇建设与生态宜居创新

推动实施乡村振兴战略，为实现村镇规划建设科学有序、人居环境可持续发展的目标，积极开展国土空间规划体系下的村镇科学规划、基础设施与防灾减灾、智慧社区与公共服务、传统村落保护传承与更新、生态建材与部品开发、污水垃圾处理处置、厕所设施提升与粪污利用等村镇规划建设、环境保护领域全过程、全专业和系统性的协同创新与技术攻关。突破"乡村能源、乡村环境、乡村厕所、乡村宜居"四大方面的关键科学技术问题，完善农村公共基础设施，改善农村人居环境，提升环境质量，加快战略性产品装备研发，为村镇有序发展、绿色生态宜居、建设产业振兴、高质量绿色发展提供技术支撑。

第三节　我们的行动

习近平总书记在十九大报告中明确指出"创新是引领发展的第一动力，是建设现代化经济体系的战略支撑"，并多次强调"农业出路在现代化，农业现代化的关键在科技进步"。面对新科技发展的趋势，我们必须抢抓供给侧结构性改革和新农业科技革命的重大机遇，突出前瞻性、系统性和针对性，做好"加法"和"减法"，强化有效科研供给，深化农业科技社会化服务体系改革，促进农业高技术成果转化，加快农业一二三产融合发展，坚持把科技创新作为推动乡村振兴、实现农业农村高质量发展的战略支撑。

一、加强规划布局

农业高新技术是引领传统农业向现代农业转变、提高农业科技国际竞争力的重要着力点。在全球经济社会深度调整、世界农业深刻转型和我国发展方式深刻转型之际，我们要把握新农业科技革命大势，把农业高新技术研究作为农业科技的重大战略进行系统部署，把培育和发展农业战略性新兴产业作为夯实我国粮食安全保障的重大手段和推动乡村振兴战略的重大举措，引领建设世界科技强国"三步走"农业科技发展方向，描绘我国创新驱动现代农业高质量发展蓝图和道路。

做好"十四五"农业农村领域和食品领域规划布局工作，强化农业高新技术顶层设计能力。面向 2035，瞄准世界前沿，以解决事关国家未来发展和国家安全的战略性、前沿性和前瞻性农业高新技术问题为核心，突出国家战略目标和任务导向，全面提升我国农业科技创新能力，力争取得一批具有世界影响力的原创科技成果。

二、强化农业科技有效供给

1. 加强农业科技基础研究

加强农业基础研究支持力度，提升自主创新能力。针对农业农村领域重大科学问题、世界科技前沿和未来科技发展趋势，集中优势力量，找准基础和应用基础研究重点方向，实现重大科学突破。建立有利于自主创新的管理方式和评价制度，支持高校、科研院所自主布局基础研究。完善基础研究多元投入机制，引导地方和企业加大对农业基础研究和应用基础研究投入，形成多元化投入格局。

2. 加强农业科研与多领域深度跨界融合

搭建农业与材料、机械、信息等学科相互交叉的科研平台，鼓励科研人员开展农业科研与多领域跨界研究，做到多学科交叉、多技术耦合、多领域渗透。人才、知识、技术、资本等创新要素深度融合，研发队伍优势互补，科研机构与企业之间协调联动，联合开发具有自主知识产权的"高、精、尖"产品，与时俱进地为农业科技创新与社会经济发展提供强有力的支持。

3. 重视高水平农业科技创新人才队伍建设

加强基层农业科技人才队伍建设，激发农业农村创新创业活力。深入推行科技特派员制度，推进实施"百千万"工程，组织"三区"人才支持计划，鼓励地方根据自身实际开展多种选派方式。积极探索农业农村创新创业的新空间新业态新模式，引导当地政府加大对基层农业科技人才的支持力度。联合地方科技管理部门、培训机构及社会各方力量，积极组织开展新型职业农民培训，提升各类乡村振兴实施主体的科技素质和职业技能。健全基层农业科技人才支持机制，通过国家科技成果转化引导基金等，发挥财政资金的杠杆作用，以创投引导、贷款风险补偿等方式，推动形成多元化、多层次、多渠道的融资机制，加大对农业科技人才创新创业的支持力度。

三、营造良好发展环境

1. 建立以绩效为导向的项目管理新模式

积极开展农业科技创新绩效评价工作，创新重点专项管理服务，在放管服过程中重点强调"服务到位"，推动项目管理从重数量、重过程向重质量、重结果转变。完善综合绩效评价体系，研究构建以创新质量和贡献为导向，突出成果质量的分类评价指标体系和实施细则。切实加强学风作风和科研诚信建设，破解"SCI至上""唯论文"等难题。着力推动重点专项实施单位和项目负责人回答六个问题，即谁做了，做了什么，怎么做的，通过项目实施发现和解决了什么问题，为后续相关研究奠定了什么基础，为行业和产业以及经济社会发展贡献了什么。引导项目总结取得的经验和成果，检视存在的主要问题，改进不足，加强管理，强化重大标志性成果培育凝练，确保项目实施取得成效。

2. 优化国家科技计划项目管理服务

搭建国家科技计划协同攻关交流平台，以学术相关性、技术相通性、目标相似性为原则组建项目群，实现资源材料共用、技术方法共通、成果共享的协同共创发展。对执行好的项目积极开展经验交流，推动重大标志性成果凝练；对于进度不够理想的项目组织座谈，主动帮助解决项目实施中的困难，"抓两头、带中间"有效提升项目实施绩效。与相关部门建立专项联席会制度，定期协商沟通项目实施进展和问题，加强跨部门跨行业协同创新，借助部门资源和力量促进项目一体化实施。

3. 有效推进项目单位法人责任制落实

推动法人单位加强科研、财务和行政管理相结合的制度建设和适应新办法的内控制度，推进科研财务助理、科技成果转化、科技人员股权激励等制度，制定符合国家规定又兼顾单位特点和实际情况的科研和财务管理规定细则、操作规范和流程等，充分调动科研人员的积极性、主动性和创造性，提升科研人员的获得感。督促法人单位做好服务保障，按照契约精神落实配套保障条件。进一步规范经费管理，发挥法人单位在经费使用中的审核监督作用，提升财政资金使用效益，特别强化项目经费预算管理，做好项目经费的拨付、使用、监督等。积极发挥法人单位项目统筹集成作用，推动项目形成的成果向现实生产力转化。

4. 强化项目单位和科研人员底线思维

通过多种形式，积极宣传贯彻国家科技改革精神和要求。坚守严格履行科研合同义务的底线，严禁违规将科研任务转包、分包他人，严禁随意降低目标任务和约定要求，严禁以项目实施周期外或不相关成果充抵交差。坚守遵守财经纪律的底线，强化专项经费使用合理、合规、合法，在年度报告和中期检查等重点工作中及时帮助项目单位发现和整改经费使用不合理不规范的现象和问题。坚守科研诚信的底线，严守科研伦理规范，严肃查处违背科研诚信要求的行为。

四、加速成果转化

1. 搭建开放协同创新体系

组织一批创新能力强、转化机制优的高校、科研院所、农业创新型企业、农业科技园区、创新型县（市）、创新型乡镇、科技示范村、法人科技特派员单位、星创天地、新型研发机构等形成纵向联系单位，并联系若干国家级智库、金融机构、相关部门业务单位等形成N个横向合作单位，构成一个纵横交织、有机联系、开放协同的创新网络。使网络上的每一个单位都成为成果转化的培育落脚点、统筹布局科技创新创业工作的沟通服务点、农业科技社会化服务体系的具体实践点、共同推进科技支撑全面发展的示范样本点，以此促进农业科研、推广、产业化、社会服务等环节高度融合发展，探索支撑农业科技社会化服务体系、农业科技成果转化应用、社会资源聚焦乡村振兴和农业现代化的新机制、新模式和新业态。通过开放协同创新体系，积极引导成果、人才、平台、资金向基层集聚，向园区、县域等农业科技主战场集聚，把一颗颗分散的珍珠串成一条条熠熠生辉的项链。

2. 打造国家农业科技战略力量

围绕国家创新驱动发展战略、聚焦乡村振兴战略需求，优化农业农村领域国家科技创新基地布局，建设一批战略定位高端、组织运行开放、创新资源集聚、面向全行业的科技创新基地。积极谋划农业领域国家实验室，培育国家重点实验室、国家技术创新中心，推进高校学科创新引智基地建设，提高国家南繁育种基地科技水平。加快建设国家农业高新技术产业示范区、农业科技园区和创新型县建设，促进产学研融合发展。引导地方建设区域性创新基地，鼓励农业企业建设技术创新中心、研发中心，构建中国特色、符合农业农村高质量发展需要的国家农业科技创新战略联盟、国家产业技术创新中心等平台基地网络体系，为农业农村科技创新活动提供持续基础保障。

3. 提升区域发展科技创新能力

当前我国正处于全面建成小康社会和进入创新型国家行列的决胜阶段，推动我国区域农业供给侧结构性改革，加强面向全行业的科技创新基地建设。深化农业科技成果转化和推广应用改革。积极推进产业创新和业态创新，培育农业农村发展的新动能，增强新科技运用能力，促进要素聚合、叠加衍生等加快改造和提升传统动能，优化调整农业产业结构，打造多元化格局，重点发展乡村观光旅游休闲产业、农村电商产业、食品高端产业和农业生产服务业等。加强创新创业载体平台建设，促进农业科技成果转化应用与示范推广，完善和发展中介服务体系，建立全方位技术传递和转移转化载体，推进体制机制创新，深化成果转移转化制度建设，使农业高新技术成果像普通商品一样在市场上顺畅流通。

4. 坚持面向基层推动科技旗帜插到县乡村

坚持农业农村优先发展战略，坚持把科技创新作为推动乡村振兴、实现农业农村高质量发展的战略支撑。深刻理解越是欠发达地区越需要实施创新驱动发展战略的论断，坚定地把科技的旗帜插到县乡村。推动农业科技园区提质增效，深入开展园区调研，重点了解园区规划设计布局、产业发展情况、基础设施建设等环节，努力破解产学研用对接难、项目基地平台融合难、协同创新跨界难、社会创新资本进入难等难题。提升农业高新技术产业示范区创新能力，推动国家农业高新技术产业示范区建设，狠抓企业创新主体培育和农业高新产业集群发展，切实提升创新创业能力与服务水平，促进城乡融合发展与绿色发展。构建集评价体系、监测体系、调查体系、绩效体系、管理标准"五位一体"的监测评价体系，形成"以评促建、以建促管、评管结合"的监测评价机制。推动县域创新驱动发展，建立全国县（市）创新能力监测指标体系。引导新农民创新创业，探索成果转化服务、园区提质增效、人才下沉、科技下乡、服务"三农"等农业科技创新发展新机制、新模式。

五、加强人才培养

深入推行科技特派员制度，落实好国办《关于深入推行科技特派员制度的若干意见》的精神，加强科技特派员队伍建设，构建科技特派员培训工作组织体系，通过巡讲、短期集中培训、国际认证培训、远程培训和创业培训等不同方式，围绕产业与技术对接、科技成果转化及科技金融、农业科技企业创新管理等进行下沉式培训。加强农业科技型企业培育和农业科技型企业家培育工作，加快星创天地等平台载体建设，营造科技人员逆流的专业化、社会化、便捷化氛围和环境，激励科技特派员、大学生、返乡农民工、乡土人才等创新创业。加强职业农民的培训，打造"农民技术职称"品牌，提升农民职业技能，培育一批有文化、懂技术、会经营、善管理的高素质新型职业农民。坚持"一培训一主题"的方针，形成规范化、专业化的培训教材（教案），建设一批专业化、区域性的培训基地，打造品牌化、系统化、功能化的培训体系。

瞄准农业世界科技前沿和新兴产业，重点培养和支持一批科技创新领军人才和团队，使其引领农业农村领域科技创新发展方向。强化项目综合绩效评价，解读国家相关文件精神，加强知识产权培训和生物安全培训，助推重大成果转移转化。积极培育和建设世界一流农科大学、区域性农科大学，充分发挥高等院校在基础研究、知识创新和人才培养的重要作用，一方面提升公益性、基础性的前沿引领和原始创新能力，同时积极培育研究型、实用技能型等不同层次的农业人才。

六、提升科技创新国际化水平

当今世界正处在大发展大变革大调整时期，新技术革命和产业革命正初现端倪，一些全球性问题，其范围、规模、投入和复杂性远远超出一个国家的能力。因此要进一步提升全球科技合作的深度和广度，用好国内国际两种资源，服务国内大学、院所、企业等创新主体开展科技交流与合作，不断提升我国农业科技开放创新合作能力，在更高起点上推进自主创新。秉承"共商、共建、共享"合作理念，集聚农业科技创新合作资源，打造多层次的政产学研合作平台。积极开展国际合作需求拓展与对接、市场化的农业技术转移合作渠道建设、农业重点领域科技合作平台构建、农业科技合作圆桌会议、中外科学家互访交流、中外青年科学家对话、重点国别合作新机制研究等系列务实行动，为政府部门、大学院所、企业及国际组织开展政产学研合作提供重要平台。发挥各种合作机制作用，多层次、多渠道、多方式推进国际科技合作与交流，推进农业科研与产业的国际化，提升我国农业领域自主发展能力与核心竞争力。以"一带一路"建设为契机，与世界各国一道，加强合作，共同发展，为推动构建人类命运共同体作出不懈努力和新的贡献。

第四节　展　望

随着全球人口持续增长，对粮食、动物源食品和其他农产品需求将呈刚性增加，预计到 2050 年，全球对食品和能源的需求将增加 60% ～ 100%。与此同时，全球农业面临可用耕地不足、水资源短缺、生态系统退化和气候变化等诸多问题，必须依靠科技创新，大力发展新农业科技革命。

习近平总书记在党的十九大提出了"两个百年"目标，在 2035 年基本实现社会主义现代化，在 2050 建成社会主义现代化强国。农业作为基础性产业，中国现代化离不开农业现代化。两个百年对我国农业发展提出了更高的要求。未来农业必须符合以下特征：保障粮食安全是首要前提、绿色优质是重要标志、供给侧改革是必然要求、农业工业化是发展方向。

按照党的十九大部署，中国"三步走"战略融入国家发展、科技创新、农业产业升级等各个领域，2020 年进入小康社会、成为创新型国家、开启智能精准农业范式；2035 年基本实现现代化、全面进入创新型国家、迈入农业 4.0 时代；2050 年成为现代化强国，成为世界科技强国，实现农业工业化、现代化。在农业发展"三步走"战略中，颠覆性农业前沿技术将不断引领农业产业革命，催生未来农业新模式、新业态。未来农业将以保障人类需求和农业可持续发展为目标，以人工智能、物联网、基因编辑、合成生物等高新技术为支撑，实现农业生产精准可控、高效、可持续发展，力争以更低成本、更高效环保的生产方式、更合理的资源利用效率生产更充足、更健康、更绿色、更高值的农产品，提升未来农业的可持续发展潜力。

未来农业是智慧智能农业。当前"互联网+"、大数据、云计算等正在引领信息技术和产业进入一个转折期。信息化新技术与农业交叉渗透，催生智能装备、智慧农业、农业现代化新模式。农业物联网技术、移动互联、空间信息技术和人工智能等先进信息技术将得到大量应用，传感设备朝着低成本、自适应、高可靠和微功耗的方向发展，各领域知识库、模型库、推理分析机制系统融合，生物技术、种养工艺、信息技术和农业设施与装备将充分融合，为农业生产提供精准化生产、智能化决策、可视化管理，无人农业将成为必然趋势。

未来农业是低碳绿色农业。传统的依靠拼资源消耗、拼农业投入、拼生态环境的粗放的生产方式难以为继，必将促进农业农村发展由过度依赖资源消耗、主要满足量的需求，向追求绿色生态可持续、更加注重满足质的需求转变，农业投入品将实现绿色化，生物肥料、生物农药、生物兽药、生物饲料等将替换传统石化农业投入品，走出一条产出高效、产品安全、资源节约、环境友好的农业现代化科技创新之路。

未来农业是营养健康农业。社会消费结构加快升级，逐步由吃饱、吃好向吃得营养健康转变，对农产品质量安全、食品多样化和高品质、食物营养与健康也提出了更高的要求。顺应新时代营养健康要求，农业生产的目标要由过去的单纯追求产量逐步向以营养为导向的高产、优质、高效、生态、安全转变，发展的方式要由过去"生产什么吃什么"逐步向"需要什么生产什么"转变，由"加工什么吃什么"逐步向"需要什么加工什么"转变。

未来农业是多元并存农业。生产组织方式将以物联网为基础，形成适合区域发展的生产、开发、运行等模式，如外向型的创汇农业生产模式、龙头企业带动型的现代农业开发模式、集约化农业科技园运行模式、山地园艺型农业运行模式、工厂化设施农业经营模式及提升生活高质、高效、高科技的都市农业和康养农业等。同时，也从单一农业生产拓展到一二三产有机融合，从资源消耗向资源创造方向发展，形成适合未来人类生存和社会发展的农业产业业态。

未来农业是高利润农业。以效益为中心，把农业作为一个能获得丰厚利润的产业来经营，走高投入、高产出、高质量、高效益的发展之路。未来农业的战略重点定位是生产高质量的农产品，走高端化、分层化之路，通过发展优质高附加值的农产品，提升农产品的需求层次、增强支付能力，开发和扶植一批龙头产业，并通过提供低息贷款来支持农户建立农产品生产和出口基地，为高利润农业的发展提供巨大的市场空间。

由此可见，创新体制机制，大力推进新农业科技革命，使农业科学研究和技术开发取得颠覆性、系统性重大突破，全面提高农业科技和农业生产力的整体水平，使先进适用技术及时、充分地应用到农业生产中去，特别是高新技术全面向农业渗透，从根本上改变农业生产现有的技术路径、产品形态和商业模式，突破现有资源限制，产生指数式增长，实现农业生产精准智能、安全高效、健康优质、绿色生态，使农业越来越成为有利可图的可持续发展产业。

开展新农业科技革命是我国实现农业现代化和农业绿色发展、国家乡村振兴的重要科技保障。要以新农业科技革命为契机，切实践行实现农业现代化、推进农业绿色发展、实现乡村全面振兴的三大使命。要以新农业科技革命为抓手，着力破解农业科研成果创新以及转化应用的难题。要以新农业科技革命为依托，探索"新形势、新常态"下技术研发、成果转化、实施载体、人才支撑四个新模式。要以新农业科技革命为源动力，推动实现农村科技创新、农业农村现代化、助推实现乡村振兴、建成现代化农业强国的四级目标。

春潮澎湃七十载，鼓舞神州竞创新，新时代中国特色社会主义的航向已经明确，中华民族伟大复兴的巨轮正在乘风破浪前行，我们将全面贯彻党的十九大精神，以习近平新时代中国特色社会主义思想为指导，加快实施创新驱动发展战略，大力推进以科技创新为核心的全面创新，着力提升自主创新能力和国际竞争力，大力推进前沿科技创新融入农业产业发展，让科技创新驱动成为新常态下经济发展和乡村振兴的新引擎，为建成创新型国家，为实现社会主义现代化，为建设世界科技强国，实现中华民族伟大复兴的中国梦，做出新的贡献，铸就新的辉煌。

主要参考文献

Blumberg, Jeffrey B., Bailey, Regan L., Sesso, Howard D., et al., 2018 The evolving role of multivitamin/multimineral supplement use among adults in the age of personalized nutrition[J]. Nutrients, 10 (2): 248.

Carneiro M, Rubin CJ, Di Palma F, et al., 2014. Rabbit genome analysis reveals a polygenic basis for phenotypic change during domestication[J]. Science, 345: 1074−1079.

Chen L, Qiu Q, Jiang Y, et al., 2019, Large−scale ruminant genome sequencing provides insights into their evolution and distinct traits[J]. Science. 364: 6446.

Collombet S, Ranisavljevic N, Nagano T, et al., 2020. Parental−to−embryo switch of chromosome organization in early embryogenesis[J]. Nature, 580: 142−146.

Drewnowski A, Fulgoni V, 2008. Nutrient profiling of foods: creating a nutrient−rich food index[J]. Nutrition Reviews, 66(1): 23−39.

Elsik CG, Tellam RL, Worley K, et al., 2009, The genome sequence of taurine cattle: a window to ruminant biology and evolution[J]. Science, 324(5926): 522−528.

Fang H, Li D, Kang J, Jiang P, Sun J, Zhang D., 2018. Metabolic engineering of Escherichia coli for de novo biosynthesis of vitamin B12. Nat Commun, 9: 4917.

Franche C, Lindstrom K, Elmerich C, 2009. Nitrogen−fixing bacteria associated with leguminous and non−leguminous plants[J]. Plant and Soil, 321: 35−59.

FRANS JB, 2015. Biological Nitrogen Fixation[M]. Hoboken NJ: Wiley Blackwell.

Groenen MAM, Archibald AL, Uenishi H, et al., 2012, Analyses of pig genomes provide insight into porcine demography and evolution[J]. Nature, 491: 393−398.

Han H, Ma Y, Wang T, et al., 2014. One−step generation of myostatin gene knockout sheep via the CRISPR/Cas9 system[J]. Frontiers of Agricultural Science and Engineering, 1(1): 2−5.

Hillier LW., Miller W, Birney W, et al., 2004, Sequence and comparative analysis of the chicken genome provide unique perspectives on vertebrate evolution[J]. Nature, 432, 695−716.

Jiang Y, Xie M, Chen WB, et al., 2014, The sheep genome illuminates biology of the rumen and lipid metabolism[J]. Science, 344(6188): 1168−1173.

Jill, Reedy, Jennifer, et al., 2018. Evaluation of the Healthy Eating Index−2015. [J]. Journal of the Academy of Nutrition & Dietetics, 118(9): 1622−1633.

Li C, Zong Y, Wang Y, et al., 2018. Expanded base editing in rice and wheat using a Cas9−adenosine deaminase fusion[J]. Genome Biol 19, 59.

Lieberman−Aiden E, van Berkum NL, Williams L et al., 2009, Comprehensive mapping of long−range interactions reveals folding principles of the human genome[J]. Science. 326(5950): 289−293.

Liu X, Wang Y, Guo W, et al., 2013. Zinc−finger nickase−mediated insertion of the lysostaphin gene into the beta−casein locus in cloned cows[J]. Nature Communications, 4(10): 2565−2565.

Liu X, Wang Y, Tian Y, et al., 2014. Generation of mastitis resistance in cows by targeting human lysozyme gene to β−casein locus using zinc−finger nucleases.[J]. Proceedings Biological Sciences, 281(1780): 20133368.

Mele M, Ferreira PG, Reverter F et al., 2015, The human transcriptome across tissues and individuals[J]. Science. 348(6235): 660−665.

Qin X, Suga M, Kuang T, Shen J.R, 2015. Structural basis for energy transfer pathways in the plant PSI−LHCI supercomputer[J]. Science, 348: 989−995.

Raymond J, Siefert JL, Staples CR, et al., 2004. The natural history of nitrogen fixation [J]. Mol Biol Evol, 21: 541−554.

Wang, L, Xue W, Yan L. et al., 2017. Enhanced base editing by co−expression of free uracil DNA glycosylase inhibitor[J]. Cell Res 27, 1289–1292.

XG Yuan, P Zou, J Zhu, et al., 2015. Development Trend, Problems and Countermeasures for Cold Chain Logistics Industry in China[J]. Journal of Agricultural Science and Technology, 17(1): 7−14.

Yu S, Luo J, Song Z, et al., 2011. Highly efficient modification of beta−lactoglobulin (BLG) gene via zinc−finger nucleases in cattle[J]. Cell research, 21(11): 1638.

ZHANG Peng, LI Tian yuan, LI Jiang kuo, et al., 2017. Effect of microenvironment gas regulation on the quality of sweet persimmon after accurate phase temperature storage[J]. Food

& Fermentation Industries, 43(10): 116−123.

白春礼, 2018. 准确把握深刻理解建设世界科技强国"三步走"战略的基本内涵[J]. 中国科学院院刊 (05)：455−463.

常锦萍, 2017. 现代畜牧养殖业工程技术发展的思考[J]. 农业技术与装备 (09)：92−94.

陈志, 罗锡文, 等, 2018. 从零基础到农机大国的发展之路——中国农机工业百年发展历程回顾[J]. 农学学报, 8(1): 158−162.

程宇航, 2015. 数字经济时代的澳大利亚智能农场[J]. 老区建设 (09)：53−56.

杜洪振, 张品, 田兴垒, 等, 2020. 烟熏时间对培根杂环胺含量及产品品质的影响[J]. 食品科学, 41(01): 16−23.

方精云, 2016. 我国草原牧区呼唤新的草业发展模式[J]. 科学通报, 61(2): 137−138.

方精云, 2018. 迎接草牧业成为我国现代农业半壁江山的时代[J]. 科学通报, 63(17): 1615−1618.

方精云, 白永飞, 李凌浩, 等. 2016. 我国牧区可持续发展的科学基础与实践[J]. 科学通报, 61(2): 155−156.

冯天乔, 刘付永忠, 于培松, 等, 2015. 我国水产养殖装备研制应用的发展与展望. 中国水产 (07): p. 91−93.

付建, 王小熙, 2018. 1981—2015 年华北地区气温变化特征及防灾减灾对策[J]. 现代农业科技 (13): 223−223.

高歌, 赵珊珊, 李莹, 2012. 近十年来我国主要气象灾害特点及影响[J]. 中国减灾 (03): 17−19.

高光普, 2017. 食品营养与安全概述[J]. 食品安全导刊 (6): 63−63.

葛文杰, 赵春江, 2014. 农业物联网研究与应用现状及发展对策研究[J]. 农业机械学报 (7): 222−230.

古依莎娜, 吴海华, 朱晓光, 等, 2020. 我国民生装备优化升级路径及对策研究[J]. 中国工程科学, 22(2): 22−28.

国家统计局, 2019. 中国统计年鉴[M]. 北京：中国统计出版社.

贺春禄, 2018. 个性化全生命周期精准营养时代即将开启[J]. 高科技与产业化 (7): 46−49.

侯向阳, 2010. 发展草原生态畜牧业是解决草原退化问题的有效途径[J]. 中国草地学报, 32(4): 1−9.

胡明强，2018.我国农业气象灾害特征及防灾减灾对策[J].乡村科技，198(30): 107－108.

江登珍，李敏，康莉，等，2019.食品质构评定方法的研究进展[J].现代食品，(7): 99－103.

姜靖，刘永功，2018.美国精准农业发展经验及对我国的启示[J].科学管理研究，36(05): 117－120.

姜文丽，2019.关于气象服务在农业防灾减灾中的应用研究[J].农业与技术，(11): 135－136.

康绍忠，2020.水安全与粮食安全[J].中国生态农业学报，22(8): 880－885.

李欣，毕阳，王军节，等，2014.蛋白质组学在果实成熟衰老机理方面的研究进展[J].食品科学，35(7): 243－246.

李新一，孙研，2016.对草牧业的理解与认识[J].中国草食动物科学(3): 65－69.

刘珊，2016.韩国电信巨头启动智慧农场服务体系[J].农业工程技术，36(16): 71.

刘正辉，王文吉．2020,画说农业[M].北京：中国农业出版社．

卢良恕，2008.建设现代农业推进农业科技创新与体制改革[J].中国工程科学，10(2): 4－6.

陆红娜，康绍忠，杜太生，等，2018.农业绿色高效节水研究现状与未来发展趋势[J].农学学报，8(1): 155－162.

路苗，2019.食品加工高新技术让食品生产更加安全高效[J].中国食品(9): 132.

吕普生，2020.数字乡村与信息赋能[J].中国高校社会科学(02): 69－79, 158－159.

罗锡文，2019.对我国农机化科技创新的思考[J].山东农机化(1): 10－13.

齐飞，李恺，李邵，等，2019.世界设施园艺智能化装备发展对中国的启示研究[J].农业工程学报，35(02): 191－203.

汪懋华，2019.助力乡村振兴，推进"智慧农业"创新发展[J].智慧农业，1(1): 3.

王博，方宪法，吴海华，2019.新中国农业装备科技创新的回顾与展望[J].农机质量与监督，(10): 12－14.

王笛，林凤，2018."互联网＋"背景下中国冷链物流发展研究[J].物流科技，41(6): 75－78.

王栋，陈源泉，李道亮，等，2018.农业领域若干颠覆性技术初探[J].中国工程科学，20(6): 57－63.

王金花，郜海燕，许晴晴，等，2014.转录组学在果蔬采后衰老生物学中的研究进展[J].浙江农业科学(7): 1067－1072.

王堃，2018.中国现代草业科学的发展及未来[J],农学学报，8(1): 67−70.

王丽琛，2016. 供给侧改革下蔬果类农产品C2B定制研究[J].商业经济研究(24): 154−155.

王涛，周庆，2017. 食品安全检测技术[J].食品界(7): 71.

王文君，房志远，远红杰，2018. 气象为现代农业生产防灾减灾服务现状及建议[J]. 现代农业科技(3): 208−208.

王玉宝，刘显，史利洁，等，2019.西北地区水资源与食物安全可持续发展研究[J].中国工程科学，21(05): 38−44.

魏延安，2020. 数字乡村的进展与问题[J].中国信息界(02): 66−67.

吴澎，贾朝爽，孙东晓，2017. 食品感官评价科学研究进展[J].饮料工业，20(5): 58−63.

吴普特，朱德兰，汪有科，2010. 涌泉根灌技术研究与应用[J].排灌机械工程学报，28(04): 354−357, 368.

严文静，赵见营，章建浩，2018. 探索现代食品加工技术，推进传统产业绿色发展[J].科技成果管理与研究(6): 87−88.

杨雪欣，陈可靖，2020. 食品中抑制丙烯酰胺的研究进展[J].食品研究与发展，41(10): 220−224.

尤小龙，胡峰，钟航，等，2020. 白酒中氨基甲酸乙酯检测方法比较[J].酿酒科技(03): 75−82.

张龙，何忠伟，2017. 我国草业发展现状与对策[J],科技和产业，17(2): 40−43.

赵春江，2019. 智慧农业发展现状及战略目标研究[J].智慧农业，1(1): 1−7.

赵春江，李瑾，冯献，等，2018."互联网＋"现代农业国内外应用现状与发展趋势[J].中国工程科学，20(2): 50−56.

赵国峰，2016. 国外精准农业发展及其对中国西部地区的启示. 世界农业(6): 175−179.

附录：全球农业科技研究热点

　　"虽有智慧，不如乘势"。加快科技创新，建设世界科技强国，必须审时度势，面向世界科技前沿，深入地了解各学科领域的科研进展与动态，把握各领域的科技前沿布局。准确锁定各领域的科学命题，尤其是筛选分析过去 5 年各领域热点前沿是确定未来新农业科技革命重点的重要基础。

　　本章基于共被引理论跟踪全球最重要的科技论文，探测农业研究热点前沿。主要包括两部分：一是以数据为支撑，专家咨询为指导，通过数据统计计量和专家咨询的多轮交互，实现定量分析与定性分析的深度融合，遴选出 62 个农业研究热点前沿。二是采用文献计量分析方法，深度揭示全球农业研究热点前沿的国家竞争态势，通过专家问卷调查和深度咨询研讨，全面解读 10 个重点热点前沿。

第一节　农业研究热点前沿

　　研究热点前沿（Research Front）即由一组高被引的核心论文和一组共同引用核心论文的施引文献所组成的研究领域。在跟踪全球重要科技论文的过程中，通过研究分析科技论文被引用的模式和聚类，可以发现成簇的高被引论文频繁地共同被引用的现象，当这一情形达到一定的活跃度和连贯性时，我们便可以探测到一个研究热点前沿，而这一簇高被引论文便是该研究热点前沿的"核心论文"，引用"核心论文"的论文则称作该研究热点前沿的"施引论文"。前者代表了该领域的奠基工作，后者则反映了该领域的新进展。

热点前沿遴选工作基于 Essential Science Indicators（ESI）[①]数据库中 2013～2019 年的核心论文数据，核心论文数据的发表年限截至 2019 年 3 月，施引论文数据的发表年限截至 2019 年 10 月。

一、定位学科领域

核心论文数据库囊括了自然科学与社会科学的 10 大高聚合学科领域（由 21 个学科领域划分而成）的研究热点前沿数据，经综合计量分析与专家研讨发现，农业领域的数据主要集中分布在 10 大高聚合学科领域中的"农业、植物学和动物学""数学、计算机科学与工程""生态与环境科学"以及"生物科学"这 4 大学科领域中。

为快速锁定农业领域热点前沿数据，以这 4 大学科领域的研究热点前沿为起点，计量分析各学科发展特征以及学科热点前沿的数量分布情况，定量从中遴选出 1 300 个各学科较为活跃或发展迅速的研究热点前沿。经过对上述 1 300 个研究热点进行学科标引，聚类定位在作物、植物保护、畜牧兽医、农业资源与环境、农产品质量与加工、农业信息与农业工程、林业、水产渔业 8 大农业学科及交叉学科，完成农业学科研究热点前沿的初筛工作。

二、筛选前沿热点

经过各学科领域专家、战略情报专家和产业专家对 8 大农业学科及交叉学科中的前沿热点进行二次筛选、科学命名、重要度排序，最终确定 62 个 2019 年农业科技前沿热点。其中定量分析主要参考指标为核心论文数（P）和前沿热度（CPT，施引文献量即引用核心论文的文献数量 C 除以核心论文数 P，再除以施引文献所发生的年数 T）。经专家组定量与定性结合分析，共筛选确定前沿 14 个，其中重点前沿 6 个分别是受体蛋白在植物抗病中的作用机制、非洲猪瘟的流行与传播、基于功能材料与生物的河湖湿地污染修复、微纳传感技术及其在农业水土食品危害

[①] Essential Science Indicators（基本科学指标）是基于 Web of Science 权威数据建立的分析型数据库，能够为科技政策制定者、科研管理人员、信息分析专家和研究人员提供多角度分析。

物检测中的应用、干扰对森林生态系统的影响、肠道微生物群落结构对水生生物免疫系统的影响；热点48个，其中重点热点4个分别是基因组编辑技术及其在农作物中的应用、肉牛剩余采食量遗传评估及其营养调控、浆果中主要生物活性物质功能研究、生物柴油在燃油发动机中的应用（详见表1）。

表1　农业8大学科领域研究热点前沿

学科	序号	类别	研究热点或前沿名称	核心论文（篇）	被引频次	核心论文平均出版年
作物	1	前沿	基因组测序与进化分析	6	496	2016.8
	2	热点	作物代谢组学分析研究	25	1 534	2016.3
	3	热点	植物生物刺激素与作物耐受逆境胁迫的关系研究	15	1 460	2015.9
	4	热点	茉莉酸在植物防御中的作用研究	40	4 062	2015.8
	5	热点	适应全球气候变化的作物产量模型	16	3 451	2015.2
	6	重点热点	基因组编辑技术及其在农作物中的应用	47	7 534	2015.1
	7	热点	大规模重测序数据库在水稻中的应用研究	6	1 241	2014.7
	8	热点	脱氧核糖核酸甲基化在农业中的应用	14	2 755	2014.4
植物保护	1	热点	次生代谢物调控的植物获得性系统抗性机制	6	234	2017.5
	2	热点	丝状病原菌效应蛋白调控的植物抗病性机制	6	510	2016.2
	3	前沿	昆虫嗅觉识别生化与分子机制	7	857	2016.1
	4	热点	二斑叶螨抑制植物抗性机制	9	591	2015.8
	5	热点	斑翅果蝇种群动态及生物防治因子挖掘	28	2 150	2015.6
	6	热点	杂草对草甘膦抗性的分子机制	17	1 599	2015.5
	7	热点	新烟碱类农药对非靶标生物的影响	42	6 575	2015.1
	8	重点前沿	受体蛋白在植物抗病中的作用机制	7	671	2014.3
畜牧兽医	1	热点	猪圆环病毒3型的流行病学研究	15	741	2017.5
	2	前沿	H7N9亚型高致病性禽流感病毒流行病学、进化及致病机理	6	379	2017.1
	3	重点热点	肉牛剩余采食量遗传评估及营养调控	24	379	2016.6

（续）

学科	序号	类别	研究热点或前沿名称	核心论文（篇）	被引频次	核心论文平均出版年
畜牧兽医	4	重点前沿	非洲猪瘟的流行与传播研究	6	248	2016.1
	5	热点	高品质鸡肉生产技术	6	393	2015.8
	6	热点	抗菌肽的作用机理及其在动物临床中的应用研究	8	1 184	2015.8
	7	热点	奶牛营养平衡技术	9	512	2015.7
	8	热点	抗生素在动物中的应用及其耐药性	9	1 867	2014.8
	9	热点	猪流行性腹泻病毒流行病学、遗传进化及致病机理	10	1 362	2014.4
	10	热点	畜禽蛋白质氨基酸营养功能研究	6	916	2013.7
农业资源与环境	1	热点	土壤侵蚀过程监测及相关阻控技术研究	24	1 525	2016.7
	2	重点前沿	基于功能材料与生物的河湖湿地污染修复	20	1 961	2016.7
	3	热点	土壤改良剂在作物耐逆中的应用	21	1 868	2016.6
	4	热点	磷肥可持续利用与水体富营养化	38	4 397	2015.5
	5	热点	菌根真菌驱动的碳循环与土壤肥力	17	2 492	2015.1
	6	热点	土壤真菌群落结构及其功能	8	3 415	2014.1
	7	热点	畜禽粪便与废弃物处理再利用	7	1 309	2013.7
	8	热点	生物炭对农田温室气体排放的影响研究	8	1 777	2013.5
农产品质量与加工	1	前沿	3D食品打印技术研究	8	441	2017.4
	2	前沿	智能食品包装技术及其对食品质量安全的提升作用研究	6	482	2015.8
	3	热点	果蔬采后生物技术研究	6	552	2015.3
	4	热点	益生菌在食品中的应用及其安全评价	19	1 427	2015.2
	5	重点热点	浆果中主要生物活性物质功能研究	6	589	2015.2
	6	热点	纳米乳液制备、递送及应用	18	1 711	2014.7
农业信息与农业工程	1	前沿	农业废弃物微波热解技术	6	297	2017.3
	2	热点	膜生物反应器在污水处理中的应用	12	1 300	2016.1
	3	热点	基于深度学习的旋转机械故障诊断技术	22	2 681	2015.9
	4	重点热点	生物柴油在燃油发动机中的应用	19	1 598	2015.6
	5	热点	基于激光与雷达的森林生物量评估技术	8	855	2015.4

（续）

学科	序号	类别	研究热点或前沿名称	核心论文（篇）	被引频次	核心论文平均出版年
农业信息与农业工程	6	重点前沿	微纳传感技术及其在农业水土食品危害物检测中的应用	14	1 521	2015.3
	7	热点	基于无人机遥感的植物表型分析技术	31	3 994	2015.3
	8	热点	绿色供应链的智能决策支持技术	35	4 537	2015.3
	9	热点	基于多元光谱成像的食品质量无损检测技术	33	2 954	2015.2
	10	热点	木质素解聚增值技术	23	7 118	2014.8
林业	1	重点前沿	干扰对森林生态系统的影响	11	808	2016.7
	2	热点	森林植物多样性的驱动和作用机制	6	776	2015.8
	3	热点	混交林多样性稳定性与产量的相互关系	19	1 700	2015.6
	4	前沿	气候变化和海平面上升对红树林分布区及种群结构的影响	10	991	2015.6
	5	热点	全球气候及环境变化对森林生态系统的影响	15	2 778	2015.3
	6	热点	CO_2浓度升高对森林水分利用效率的影响	6	984	2013.8
水产渔业	1	重点前沿	肠道微生物群落结构对水生生物免疫系统的影响	39	2 475	2016.4
	2	热点	水生生态系统的演化及保护	9	754	2016.1
	3	热点	水产养殖对水域生态环境的风险评估	8	687	2015.5
	4	热点	基于生态系统水平的渔业管理	20	1 910	2015.1
	5	前沿	基于基因组学的鱼类适应性进化解析	12	2 202	2015.1
	6	热点	基于环境DNA技术的生物多样性监测与保护	46	6 711	2015.1

第二节　我国在各前沿热点总体表现

为全面评估中国在世界农业科技前沿的表现，本节采用研究热点前沿表现力指数3级指标体系，从宏观（农业学科领域国家热点前沿的总体表现力分析）、中观（分学科领域的国家表现力分析）、微观（分热点前沿的国家表现力分析）3个层面深入分析评估了我国及全球前20国家农业研究热点前沿表现力。三级指标包括6个，即潜在贡献度、基础贡献度、潜在影响度、基础影响度、潜在引领度、基础引领度；国家基础贡献度（国家核心论文份额）与国家潜在贡献度（国家施引论文份额）之和代表国家贡献度，国家基础影响度（国家核心论文被引频次份额）与国家潜在影响度（国家施引论文被引频次份额）之和代表国家影响度，国家基础引领度（国家通讯作者核心论文份额）与国家潜在引领度（国家通讯作者施引论文份额）之和代表国家引领度。

一、前沿热点总体表现力分析

在宏观层面，中国农业科研步伐加快，整体表现稳居第二。中国在62个热点前沿中的总体表现力得分为89.77分，稳居全球第二；中国的热点前沿贡献度、影响度和引领度均位居全球第二，合作研究的积极主动性及活跃度较高（详见表2）。

表2　农业8大学科前20国家研究热点前沿表现力指数总体得分与排名

国家	国家研究热点前沿表现力指数（一级指标）		国家贡献度（二级指标）		国家影响度（二级指标）		国家引领度（二级指标）	
	得分	排名	得分	排名	得分	排名	得分	排名
美国	120.33	1	31.88	1	63.60	1	24.84	1
中国	89.77	2	24.88	2	40.44	2	24.40	2
英国	43.55	3	12.89	3	24.62	3	5.97	4
德国	36.13	4	10.53	4	19.98	4	5.58	5
意大利	34.73	5	10.05	5	18.01	5	6.70	3
澳大利亚	31.98	6	9.57	6	17.47	6	4.93	6
加拿大	26.38	7	7.88	7	14.55	7	3.98	9
西班牙	25.64	8	7.33	8	14.31	8	4.01	7
荷兰	23.70	9	6.58	10	13.82	9	3.24	10
法国	22.00	10	6.80	9	12.17	10	3.08	11
巴西	17.78	11	5.65	11	8.14	11	3.99	8
瑞士	13.19	12	3.84	12	7.21	14	2.09	13
日本	12.84	13	3.49	15	7.25	13	2.08	14
芬兰	12.62	14	3.52	14	7.45	12	1.56	20
瑞典	12.46	15	3.64	13	6.96	15	1.88	16
比利时	11.89	16	3.43	16	6.73	16	1.71	19
挪威	11.14	17	3.16	17	6.02	17	1.84	17
印度	10.12	18	2.91	18	4.94	19	2.29	12

（续）

国家	国家研究热点前沿表现力指数（一级指标）		国家贡献度（二级指标）		国家影响度（二级指标）		国家引领度（二级指标）	
	得分	排名	得分	排名	得分	排名	得分	排名
丹麦	8.96	19	2.66	19	5.27	18	1.02	24
马来西亚	7.97	20	2.12	22	3.95	22	1.77	18

二、分学科领域的前沿热点表现力分析

在中观层面，中国在众多学科中热点前沿综合表现力持续活跃，但仍有洼地。8 大学科中，中国在农业资源与环境、农业信息与农业工程 2 个学科领域国家研究热点前沿表现力指数总得分继续引领全球，排名第一；在作物、畜牧兽医和农产品质量与加工 3 个学科领域排名第 2 ～ 3 名；植物保护、林业和水产渔业 3 个学科领域总体实力相对较弱，排名第五、第六和第八，与国际领先水平相比仍存在一定的差距。表 3 呈现了综合实力前 20 名的国家在 8 大学科中的总体表现和排名，这些国家大概覆盖了各学科的前 10 名；也有少数国家在某单一领域表现突出但因总体实力偏弱而未上。

三、分热点前沿的国家表现力分析

在微观层面，中国在多数学科领域均有热点或前沿表现突出。62 个研究热点前沿中，中国排名第一的热点前沿有 12 个，占比 19.35%。其中研究热点 8 个，研究前沿 4 个，在作物、畜牧兽医、农产品质量加工以及农业信息与农业工程学科中前瞻性研究表现相对卓越。

在农业信息与农业工程学科领域：中国在"膜生物反应器在污水处理中的应用""基于深度学习的旋转机械故障诊断技术""微纳传感技术及其在农业水土食品危害物检测中的应用"和"绿色供应链的智能决策支持技术"4 个热点前沿中表现突出，研究热点前沿表现力指数得分均排名第一。在农业资源与环境学科领域：中国在"基于功能材料与生物的河湖湿地污染修复"、"土壤改良剂在作物耐逆中的应用"以及"畜禽粪便与废弃物处理再利用"热点中表现突出，表现力得分均排名全球第一。

表3 农业8大学科前20国家研究热点前沿表现力指数总体及分学科层面的得分与排名

国家名称	作物		植物保护		畜牧兽医		农业资源与环境		农产品质量与加工		农业信息与农业工程		林业		水产渔业	
	得分	排名	得分	排名	得分	排名	得分	排名	得分	排名	得分	排名	得分	排名	得分	排名
美国	19.49	1	13.94	1	22.44	1	14.2	2	8.67	2	10.22	2	17.13	1	14.24	1
中国	15.27	2	6.48	5	14.93	2	15.56	1	7.73	3	22.62	1	4.37	6	2.81	8
英国	8.51	3	7.17	4	3.56	6	3.4	10	1.34	11	6.87	3	5.69	2	7.01	2
德国	7.3	4	9.43	2	2.16	11	5.15	4	0.94	13	3.15	9	5.43	4	2.57	10
意大利	5.63	5	4.3	8	5.2	3	3.91	8	9.07	1	1.28	17	2.97	8	2.37	11
澳大利亚	4.35	7	3.42	9	4.61	4	4.27	7	3.8	5	2.55	11	5.69	2	3.29	7
加拿大	3.65	9	5.11	6	3.74	5	2.78	11	0.63	19	3.42	7	2.01	16	5.04	5
西班牙	2.67	11	2.58	12	2.7	7	6.46	3	5.17	4	1.81	13	2.46	14	1.79	13
荷兰	3.19	10	7.91	3	1.01	18	4.6	6	1.01	12	2.67	10	2.38	15	0.93	18
法国	4.78	6	4.86	7	1.81	13	2.42	13	0.91	14	1.18	18	2.56	13	3.48	6
巴西	0.98	22	1.78	14	2.33	8	0.89	28	2.99	6	0.69	24	2.66	11	5.46	4
瑞士	1.46	18	2.94	10	0.44	28	1.78	18	0.3	30	0.69	24	4.77	5	0.81	20
日本	3.91	8	1.69	15	1.3	17	0.9	25	0.23	34	1.15	20	0.92	25	2.74	9
芬兰	1.47	17	0.13	32	1.72	14	2.2	15	0.72	18	3.24	8	2.86	10	0.18	39
瑞典	0.36	33	0.67	17	2.33	8	4.92	5	0.32	29	0.64	26	1.83	17	1.39	15
比利时	1.27	19	2.93	11	2.19	10	1.95	16	1.37	10	1.07	22	0.48	42	0.63	22
挪威	0.29	36	0.43	21	0.25	32	2.28	14	0.11	38	0.63	27	0.49	41	6.66	3
印度	2.28	12	0.31	23	1.87	12	0.83	29	0.46	22	3.6	6	0.57	36	0.2	37
丹麦	1.69	14	0.63	19	0.9	20	1.12	22	0.33	28	1.57	14	0.54	38	2.18	12
马来西亚	0.15	44	0.03	46	0.06	46	1.19	21	0.19	36	5.33	4	0.66	35	0.36	27

在畜牧兽医学科领域：中国在研究热点"猪圆环病毒3型的流行病学研究"和研究前沿"H7N9亚型高致病性禽流感病毒流行病学、进化及致病机理"中表现力指数得分在10个国家中排名第一。在作物学科领域：中国在研究热点"作物代谢组学分析研究"和"大规模重测序数据库在水稻中的应用研究"中表现力排名第一。在农产品质量与加工学科领域，中国在研究热点"3D食品打印技术研究"中表现突出，表现力指数得分全球排名第一。在植保、林业和水产渔业学科领域：中国没有排名第一的研究热点或前沿。（相关内容参见表4和表5）

第三节　研究热点前沿分析

用文献计量分析的方法跟踪分析研究热点前沿（Research Front），有利于深入了解热点的研究基础，发现该热点领域的最新进展和发展方向，进而揭示研究前沿，有侧重地分析研究热点前沿，更有利于把握当前热点研究中的前沿问题，从中发现最新关注且尚未解决的问题，为其未来发展指明方向。本节对62个热点前沿中的重点方向聚类形成10个突出领域进行文献计量分析，深入挖掘每个方向的优势团队、合作关系以及研究内容发展。

一、高效全基因组选择和基因编辑技术

高效全基因组选择和基因编辑技术重点农业研究前沿主题由2个子前沿、热点组成，即小麦基因组测序与进化分析和基因组编辑技术及其在农作物中的应用。其数据集由ESI数据库中的核心文献和施引文献集合构成。

1. 年份变化趋势

2013—2019年突出方向的前沿主题核心文献和施引文献发文量总体均呈现逐年上升趋势，核心文献最新发表时间（2019年）较近，这表明该前沿主题的基础研究内容正逐步扩展完善，受关注度逐年倍增，处于高速发展期（图1）。

表4 主要十国在作物学领域中的研究热点前沿表现力指数及分指标得分与排名

指标体系	指标名称	得分及排名	美国	中国	英国	德国	意大利	法国	澳大利亚	日本	荷兰	西班牙
一级指标	国家表现力	得分	19.49	15.27	8.51	7.30	5.63	4.78	4.35	3.91	3.19	2.67
		排名	1	2	3	4	5	6	7	8	10	11
二级指标	国家贡献度	得分	4.77	4.34	2.57	2.23	1.98	1.62	1.29	1.03	0.91	0.91
		排名	1	2	3	4	5	6	7	8	10	10
三级指标	国家基础贡献度	得分	3.51	2.75	2.14	1.76	1.64	1.31	0.99	0.77	0.78	0.72
		排名	1	2	3	4	5	6	7	10	8	11
三级指标	国家潜在贡献度	得分	1.27	1.62	0.44	0.45	0.35	0.31	0.30	0.26	0.14	0.20
		排名	2	1	4	3	5	6	7	9	12	10
二级指标	国家影响度	得分	11.28	6.86	4.30	4.25	2.73	2.57	2.51	2.09	2.12	1.47
		排名	1	2	3	4	5	6	7	10	9	11
三级指标	国家基础影响度	得分	8.18	4.53	3.03	2.89	2.04	1.70	1.69	1.56	1.56	1.01
		排名	1	2	3	4	5	7	8	9	9	11
三级指标	国家潜在影响度	得分	3.09	2.35	1.28	1.38	0.69	0.86	0.81	0.52	0.56	0.46
		排名	1	2	4	3	7	5	6	9	8	11
二级指标	国家引领度	得分	3.44	4.07	1.63	0.84	0.94	0.60	0.52	0.78	0.20	0.28
		排名	2	1	3	5	4	7	8	6	17	11
三级指标	国家基础引领度	得分	1.96	1.85	1.21	0.39	0.54	0.33	0.27	0.46	0.07	0.10
		排名	1	2	3	6	4	7	9	5	17	14
三级指标	国家潜在引领度	得分	1.48	2.22	0.43	0.45	0.40	0.28	0.25	0.30	0.13	0.18
		排名	2	1	4	3	5	8	9	7	13	10

表 5　作物领域"小麦基因组测序与进化分析"前沿的国家热点前沿表现力指数得分与排名

研究热点或前沿名称	指标体系	指标名称	得分及排名	美国	中国	英国	德国	意大利	法国	澳大利亚	日本	荷兰	西班牙
1. 研究前沿：小麦基因组测序与进化分析	一级指标	国家表现力	得分	2.15	1.38	2.96	1.48	0.78	0.30	0.90	0.77	0.15	0.14
			排名	2	4	1	3	8	10	6	9	15	17
	二级指标	国家贡献度	得分	0.56	0.42	0.82	0.42	0.20	0.05	0.27	0.20	0.01	0.02
			排名	2	3	1	3	8	10	5	8	18	13
	三级指标	国家基础贡献度	得分	0.33	0.17	0.67	0.33	0.17	0.00	0.17	0.17	0.00	0.00
			排名	2	4	1	2	4	10	4	4	10	10
		国家潜在贡献度	得分	0.23	0.26	0.15	0.09	0.04	0.05	0.10	0.03	0.01	0.02
			排名	2	1	3	5	8	7	4	11	18	13
	二级指标	国家影响度	得分	1.22	0.50	1.32	0.99	0.54	0.22	0.56	0.55	0.13	0.11
			排名	2	9	1	3	8	10	6	7	13	17
	三级指标	国家基础影响度	得分	0.72	0.10	0.83	0.73	0.42	0.00	0.31	0.42	0.00	0.00
			排名	3	9	1	2	4	10	8	4	10	10
		国家潜在影响度	得分	0.49	0.40	0.49	0.27	0.12	0.22	0.25	0.13	0.13	0.11
			排名	1	3	1	4	14	7	5	11	11	17
	二级指标	国家引领度	得分	0.37	0.46	0.82	0.06	0.04	0.03	0.07	0.03	0.01	0.01
			排名	3	2	1	6	7	9	5	9	12	12
	三级指标	国家基础引领度	得分	0.17	0.17	0.67	0.00	0.00	0.00	0.00	0.00	0.00	0.00
			排名	2	2	1	5	5	5	5	5	5	5
		国家潜在引领度	得分	0.20	0.29	0.15	0.06	0.04	0.03	0.07	0.03	0.01	0.01
			排名	2	1	3	5	6	8	4	8	12	12

2013—2019年国内本研究前沿核心文献发文量呈现先上涨后下降的趋势。2013—2019年国内本研究前沿施引文献发文量较核心文献发文量多,同时也呈现先上涨后下降的趋势,但在年代上有一定的滞后性。总体来看,国内的前沿文献量年度变化趋势与全球的变化趋势大体一致(图2)。

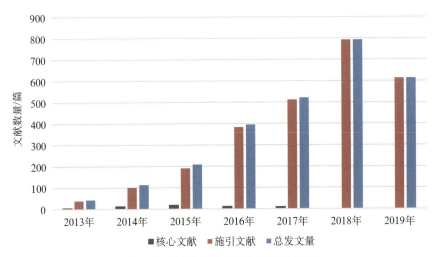

图1　全球该前沿文献量年度变化趋势

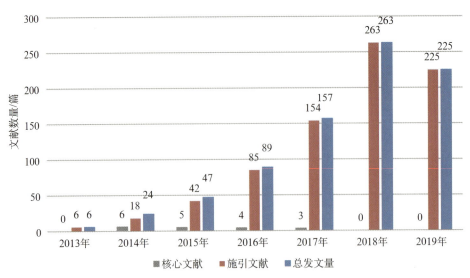

图2　中国该前沿文献量年度变化趋势

2. 国家构成分析

表 6 为发文量排名前 10 的国家/地区。中国的发文量位列榜首，其次是美国和德国。总被引次数最高的是美国，中国位居第二。篇均被引频次最高的是美国，其次是英国和德国，中国位列第四。从地理分布上看，发文量排名前 10 的国家主要集中在亚洲、北美洲、欧洲和大洋洲。

排名前 10 的通讯作者国家合作关系如图 3 所示。其中美国和中国均

表 6　发文量排名前十的发文国家/地区

排序	发文国家	发文量	总被引次数	篇均被引
1	中国	825	15 403	18.7
2	美国	680	24 437	35.9
3	德国	174	3 853	22.1
4	英国	165	3 748	22.7
5	日本	134	2 095	15.6
6	印度	102	827	8.1
7	澳大利亚	80	977	12.2
8	法国	79	713	9.0
9	意大利	58	655	11.3
10	加拿大	50	698	14.0

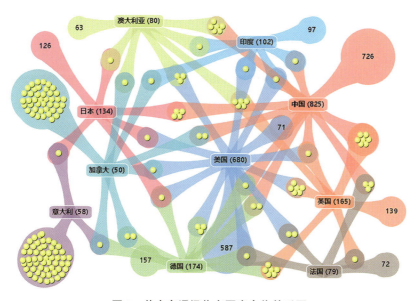

图 3　前十名通讯作者国家合作关系图

注：两个国家的交汇点代表两国合作成果，否则为各国国内研究成果。

与其他国家开展了广泛的合作，但二者相互之间的合作从体量上看并不多；相反，中国与英国、澳大利亚，美国与英国、印度合作更为紧密。

3. 机构构成分析

本前沿发文量排名前 20 的 23 家机构中包括 11 家中国机构、7 家美国机构，英国、沙特阿拉伯、荷兰、德国和比利时各有 1 家机构。中国科学院位列机构发文量第一，中国农业科学院第二，加利福尼亚大学、华中农业大学、中国农业大学分列 3 ~ 5 位（表 7）。从图 4 可以看出，中国机构的发文量占据发文量排名前 20 机构总发文量的很大一部分。机构分析与前文研究年份趋势分析结果相互印证，全基因组选择和基因编辑

表 7　发文量排名前 20 的主要发文机构

排序	发文机构	发文量
1	中国科学院	171
2	中国农业科学院	96
3	加利福尼亚大学	82
4	华中农业大学	67
5	中国农业大学	58
6	约翰英纳斯中心	49
7	艾奥瓦州立大学	33
8	卡尔斯鲁厄理工学院	32
9	明尼苏达大学	31
10	普渡大学	29
11	华南农业大学	27
12	浙江大学	26
13	康奈尔大学	25
13	南京农业大学	25
13	西南大学	25
16	西北农林科技大学	22
17	四川农业大学	20
18	佐治亚大学	19
19	根特大学	18
20	阿卜杜拉国王科技大学	17
20	中山大学	17
20	佛罗里达大学	17
20	瓦赫宁根大学	17

技术在世界范围内热度逐渐减退，我国研究脚步略滞后于美、英等国家。

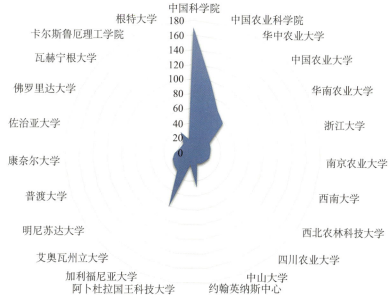

图4　发文量排名前20名的主要发文机构

中国科学院在该前沿发文的总被引次数同样排名全球第一，美国的加利福尼亚大学在该前沿发文的总被引次数跃升为全球第二（表8）。从图5可以看出，中国机构和美国机构在该前沿发文的总被引次数旗鼓相

表8　发文量排名前20的主要发文机构的总被引次数

排序	发文机构	总被引次数
1	中国科学院	6 435
2	中国农业科学院	1 629
3	加利福尼亚大学	4 432
4	华中农业大学	912
5	中国农业大学	1 148
6	约翰英纳斯中心	1 398
7	艾奥瓦州立大学	1 049
8	卡尔斯鲁厄理工学院	1 563
9	明尼苏达大学	1 934
10	普渡大学	552
11	华南农业大学	533

（续）

排序	发文机构	总被引次数
12	浙江大学	224
13	康奈尔大学	672
13	南京农业大学	236
13	西南大学	765
16	西北农林科技大学	100
17	四川农业大学	51
18	佐治亚大学	432
19	根特大学	188
20	阿卜杜拉国王科技大学	482
20	中山大学	156
20	佛罗里达大学	334
20	瓦赫宁根大学	79

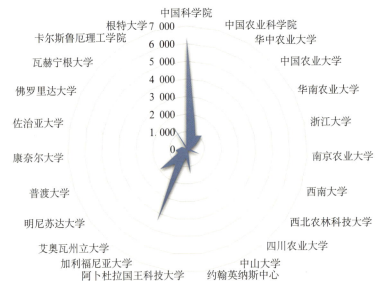

图5 发文量排名前20的主要机构的总被引次数

当，共同占据了发文量排名前20机构总被引次数的绝大部分。

4. 前沿热点分析

作者关键词词云如图6所示，其中词越大表明词频越高。基于关键词共现的作者关键词热力图（图7），其中红色区域代表了出现频次高的

图 6　作者关键词词云图

注：词云图由数据集中高频出现的关键词组成，其中关键词的大小与在数据集合中的出现的频次有关。

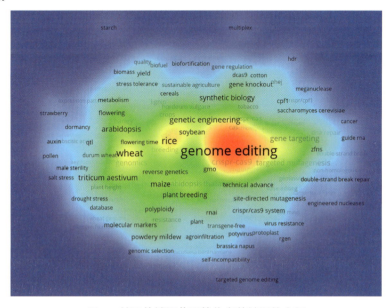

图 7　基于关键词共现的作者关键词热力图

作者关键词，黄色区域代表的强度次之。如图 6 所示，该领域高频作者关键词包括基因组编辑、CRISPR/Cas9 型、小麦、TALEN、基因组工程、基因打靶、基因组学、玉米、靶向突变、作物改良、合成生物学、同源重组等。

基于文献共被引的作者关键词时间趋势图如图 8 所示。五种颜色表示 5 个关键词聚类，即序列特异性核酸酶、C31 整合酶、CAS 系统、进化效应核酸酶和适应性植物细菌毒力因子，关键词出现时间从 2013 年至 2018 年。

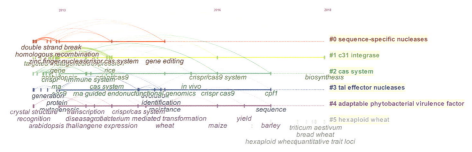

图 8　基于文献共被引的作者关键词时间趋势图

注：作者关键词时间趋势图是将存在共被引关系的文献的关键词按照时间线进行聚类的结果，每个节点表示作者关键词，节点连线表示关键词所在文献存在共被引关系，最右侧为本聚类的关键词的组合。

二、磷肥减施与水环境保护

磷肥减施与水环境保护重点农业研究前沿主题数据集由 ESI 数据库中的核心文献和施引文献集合构成。

1. 年份变化趋势

2012—2019 年突出方向的前沿主题核心文献和施引文献量发文量总体均呈现逐年上升趋势，2016 年核心文献发文量最多。2012—2018 年间本研究前沿施引文献发文量逐年增幅变大，其受关注度逐年倍增，处于高速发展期（图 9）。

2014—2019 年国内本研究前沿核心文献发文量较少。2014—2019 年国内本研究前沿施引文献发文量较核心文献发文量多，大体同时呈现增长趋势。总体来看，国内的前沿文献量年度变化趋势与全球的变化趋势

图9　全球该前沿文献量年度变化趋势

图10　中国该前沿文献量年度变化趋势

大体一致（图10）。

2.国家构成分析

表9为发文量排名前10的发文国家/地区。美国的发文量位列榜首，其次是中国和加拿大。总被引次数最高的是美国，中国位居第二。篇均被引频次最高的是荷兰，其次是英国和美国。从地理分布上看，发文量

表9　发文量排名前十的发文国家/地区

排序	发文国家	发文量	总被引次数	篇均被引
1	美国	1 173	17 634	15.0
2	中国	604	4 789	7.9
3	加拿大	363	4 598	12.7
4	德国	204	1 775	8.7
5	英国	154	2 706	17.6
6	澳大利亚	133	1 664	12.5

（续）

排序	发文国家	发文量	总被引次数	篇均被引
7	巴西	114	736	6.5
8	法国	104	1 382	13.3
9	荷兰	100	2 000	20.0
10	波兰	89	717	8.1

排名前 10 的国家主要集中在欧洲和北美洲）。

发文量排名前 10 的国家合作关系如图 11 所示。其中矩形节点表示国家发文量。圆形节点表示国家之间合作论文数量。基于若干重要论文的多国共同合作是本前沿的主要合作方式。

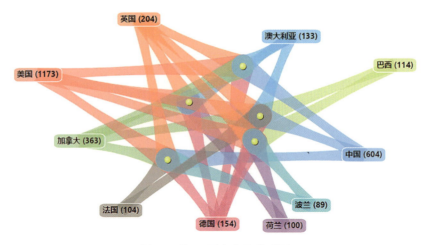

图 11　前 10 国家合作关系图

3. 机构构成分析

本前沿发文量排名前 20 的 20 家发文机构中包括 15 家美国机构、2家加拿大机构，中国、法国和荷兰各有 1 家机构（表 9）。中国科学院、美国农业部、俄亥俄州立大学、密歇根大学、美国内政部分列前 5 名。从图 12 可以看出，美国机构的发文量占发文量排名前 20 机构总发文量的很大一部分，中国机构虽然少但是发文量仅次于美国。

美国农业部在该前沿发文的总被引次数仍然排名全球第一，北卡罗来纳州立大学在该前沿发文的总被引次数跃升为全球第二；中国科学院虽然发文总量上排名第一但被引频次仅为第四，可以看出研究成果的影响力仍有待提高（表10）。从图13可以看出，中国和美国均有高总被引次数机构。

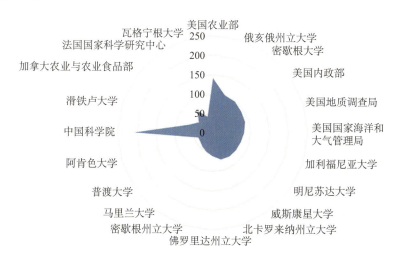

图12　发文量排名前20的主要发文机构

表10　发文量排名前20的主要发文机构

排序	发文机构	发文量
1	中国科学院	208
2	美国农业部	141
3	俄亥俄州立大学	102
4	密歇根大学	99
5	美国内政部	93
6	美国地质调查局	90
7	美国国家海洋和大气管理局	83
8	加利福尼亚大学	78
9	明尼苏达大学	76
10	威斯康星大学	75
11	北卡罗来纳州立大学	72
12	法国国家科学研究中心	68
13	滑铁卢大学	66
14	佛罗里达州立大学	60
15	密歇根州立大学	52
16	加拿大农业与农业食品部	45
16	马里兰大学	45

(续)

排序	发文机构	发文量
18	瓦格宁根大学	43
19	普渡大学	40
19	阿肯色大学	40

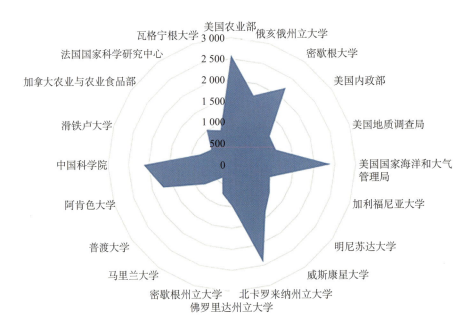

图13 发文量排名前 20 的主要机构的总被引次数

4. 前沿热点分析

作者关键词词云如图 14 所示。词越大表明词频越高。不难看出蓝藻、磷、富营养化、微囊藻毒素、水质、蓝耳毒素、氮气、有害藻华、微囊藻、浮游植物、气候变化等是本领域的研究热点。

基于关键词共现的作者关键词热力图如图 15 所示。红色区域代表了出现频次高的作者关键词，黄色区域代表的强度次之。由图可知，热力图揭示的内容与词云图揭示的内容基本一致。

基于文献共被引的作者关键词时间趋势如图 16 所示。相关研究热点可以聚类成 5 大方面，即磷的迁移、淋巴细胞、菌落形成、伊利湖和瑞士磷循环系统。关键词出现的时间从 2012 年延续至 2019 年。

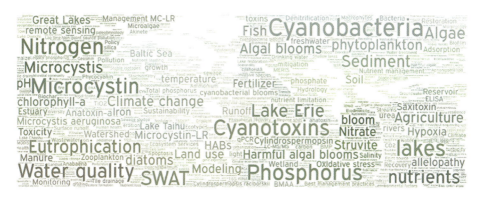

图 14　作者关键词词云图

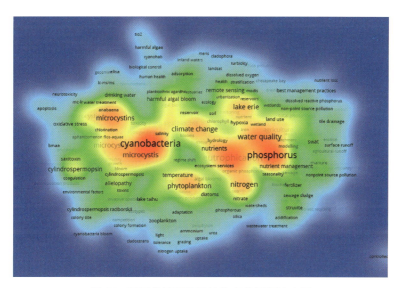

图 15　基于关键词共现的作者关键词热力图

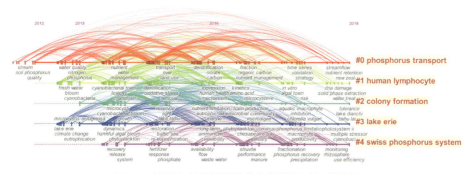

图 16　基于文献共被引的作者关键词时间趋势图

三、绿色供应链的智能决策支持技术

绿色供应链的智能决策支持技术重点农业研究前沿主题数据集由 ESI 数据库中的核心文献和施引文献集合构成。

1. 年份变化趋势

2012—2019 年突出研究方向的前沿主题核心文献和施引文献发文量总体呈现上升趋势。核心文献最新发表时间（2019 年）较近，表明该前沿主题的研究一直受到高度关注，2012—2019 年本研究前沿施引文献发文量以稳定的增幅在增加（图 17）。

图 17　全球该前沿文献量年度变化趋势

2012—2019 年国内本研究前沿核心文献发文量呈现先上涨后下降的趋势。2012—2019 年国内本研究前沿施引文献发文量逐年增多（图 18）。

图 18　中国该前沿文献量年度变化趋势

2. 国家构成分析

表 11 为发文量排名前 10 的发文国家/地区。中国的发文量位列榜首，其次是印度和伊朗。总被引次数最高的是中国。篇均被引频次最高的是丹麦，其次是马来西亚和立陶宛。从地理分布上看，发文量排名前 10 的国家主要集中在亚洲和欧洲。

表 11　发文量排名前 20 的主要发文机构的总被引次数

排序	发文机构	总被引次数
1	中国科学院	2127
2	美国农业部	2589
3	俄亥俄州立大学	1716
4	密歇根大学	2237
5	美国内政部	1133
6	美国地质调查局	1124
7	美国国家海洋和大气管理局	2400
8	加利福尼亚大学	964
9	明尼苏达大学	1131
10	威斯康星大学	1380
11	北卡罗来纳州立大学	2439
12	法国国家科学研究中心	1016
13	滑铁卢大学	792
14	佛罗里达州立大学	974
15	密歇根州立大学	724
16	加拿大农业与农业食品部	382
16	马里兰大学	603
18	瓦格宁根大学	851
19	普渡大学	784
19	阿肯色大学	1729

发文量排名前 10 的国家合作关系如图 19 所示。本领域合作关系相对简单，意味着各国相对独立地开展研究，与中国合作密切的国家主要是美国、英国和西班牙，此外印度与丹麦、伊朗与立陶宛相对来说也有一定合作基础。

3. 机构构成分析

本前沿发文量排名前 20 的 20 家机构中包括 11 家中国机构、3 家伊

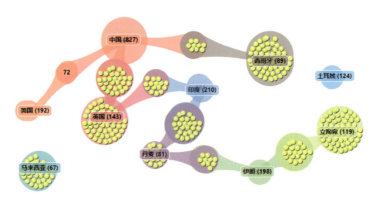

图19 排名前10国家合作关系图

朗机构，立陶宛、丹麦、印度、马来西亚、美国和土耳其各有1家机构（表12）。

表12 发文量排名前十的发文国家/地区

排序	发文国家	发文量	总被引次数	篇均被引
1	中国	827	11651	14.1
2	印度	210	4217	20.1
3	伊朗	198	4338	21.9
4	美国	192	4698	24.5
5	英国	143	2191	15.3
6	土耳其	124	1929	15.6
7	立陶宛	119	3004	25.2
8	西班牙	89	1115	12.5
9	丹麦	81	4583	56.6
10	马来西亚	67	1951	29.1

图20可以看出，中国机构的发文量占据发文量排名前20机构总发文量的很大一部分。

南丹麦大学在该前沿发文的总被引次数排名全球第一，维尔纽斯格迪米纳斯技术大学在该前沿发文的总被引次数跃升为全球第二（表13）。

图21可以看出，伊朗、立陶宛等国家的机构在该领域的总被引次数较高。

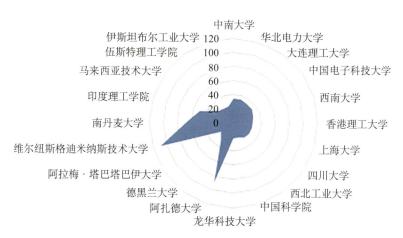

图 20　发文量排名前 20 的主要发文机构

表 13　发文量排名前 20 的主要发文机构

排序	发文机构	发文量
1	维尔纽斯格迪米纳斯技术大学	109
2	阿扎德大学	89
3	南丹麦大学	67
4	印度理工学院	51
5	中南大学	34
5	华北电力大学	34
7	大连理工大学	32
7	中国电子科技大学	32
9	德黑兰大学	30
10	西南大学	29
10	马来西亚技术大学	29
12	香港理工大学	27
12	上海大学	27
12	四川大学	27
15	西北工业大学	26
16	伊斯坦布尔工业大学	24
16	伍斯特理工学院	24
18	阿拉梅·塔巴塔巴伊大学	22
18	中国科学院	22
18	龙华科技大学	22

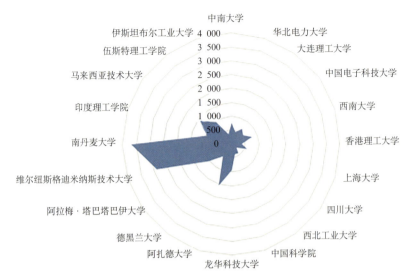

图 21　发文量排名前 20 的主要发文机构的总被引次数

4. 前沿热点分析

作者关键词词云如图 22 所示。词越大表明词频越高。该领域高频作者关键词包括持续性、供应商选择、多准则决策、供应链管理、绿色供应链管理、层次分析法、模糊 TOPSIS、绿色供应商选择、数据包络分析、

图 22　作者关键词词云图

群体决策等。

基于关键词共现的作者关键词热力图 23 所示。红色区域代表了出现频次高的作者关键词，黄色区域代表的强度次之。由图可知，热力图揭示的内容与词云图揭示的内容基本一致。

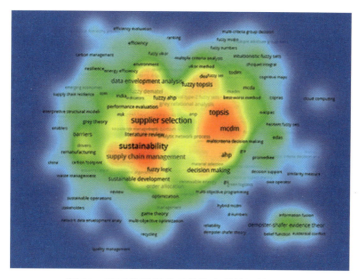

图 23　基于关键词共现的作者关键词热力图

基于文献共被引的作者关键词时间趋势图如图 24 所示。7 种颜色表示 7 个关键词聚类，即绿色供应链管理、效果分析、语言偏好、离散度测量、研究议程、绿色创新和闭环供应链，关键词出现时间从 2012 年至 2019 年。

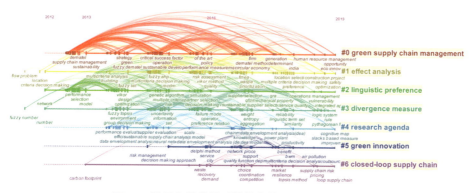

图 24　基于文献共被引的作者关键词时间趋势图

四、表型分析技术与精准农业

表型分析技术与精准农业重点农业研究前沿主题数据集由ESI数据库中的核心文献和施引文献集合构成。

1. 年份变化趋势

2013—2019 年突出研究方向的前沿主题核心文献和施引文献发文量总体均呈现逐年上升趋势。核心文献最新发表时间（2018 年）较近，关注度逐年持续。2013—2019 年本研究前沿施引文献发文量增幅稳定（图 25）。

图 25　全球该前沿文献量年度变化趋势

2014—2019 年国内本研究前沿核心文献发文量呈现下降的趋势。2014—2019 年国内本研究前沿施引文献发文量较核心文献发文量多，同时呈现增长趋势（图 26）。

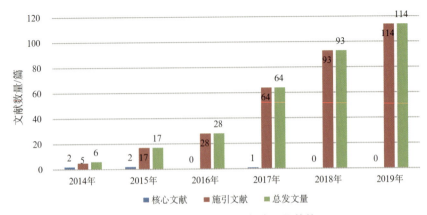

图 26　中国该前沿文献量年度变化趋势

2. 国家构成分析

表 14 为发文量排名前 10 的发文国家/地区。美国的发文量位列榜首，其次是中国和德国。总被引次数最高的是美国，德国位居第二。篇均被引频次最高的是芬兰，其次是英国和西班牙。从地理分布上看，发文量排名前十的国家主要集中在欧洲和北美洲。

表 14 发文量排名前十的发文国家/地区

排序	发文国家	发文量	总被引次数	篇均被引
1	美国	578	9 388	16.2
2	中国	322	3 723	11.6
3	德国	267	5 258	19.7
4	澳大利亚	173	2 902	16.8
5	西班牙	165	3 405	20.6
6	英国	160	2 860	17.9
7	意大利	132	2 017	15.3
8	法国	117	2 178	18.6
9	加拿大	108	1 740	16.1
10	芬兰	65	1 372	21.1

发文量排名前 10 的国家合作关系如图 27 所示。其中矩形节点表示国家发文量。

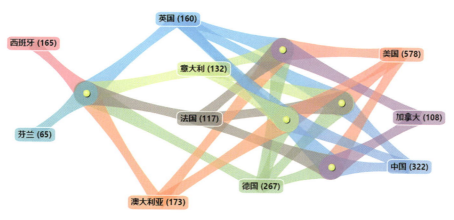

图 27 排名前 10 国家合作关系图

3. 机构构成分析

本前沿发文量排名前 20 的 23 家发文机构中包括 11 家中国机构、7 家美国机构，英国、沙特阿拉伯、荷兰、德国和比利时各有 1 家机构。中国科学院位列发文量第一，中国农业科学院第二（表 15）。图 28 可以看出，美国机构的发文量占据发文量排名前 20 发文机构总发文量的很大一部分。

表 15　发文量排名前 20 的主要发文机构

排序	发文机构	发文量
1	美国农业部	117
2	德国亥姆霍兹联合会	70
3	西班牙高等科学研究理事会	52
4	中国科学院	51
5	澳大利亚联邦科学与工业研究组织	42
6	芬兰国土资源与测绘局	41
7	法国国家科学研究中心	39
8	波恩大学	39
8	加利福尼亚大学	39
10	芬兰地理空间研究所	37
10	国际玉米小麦改良中心	37
10	得克萨斯 A&M 大学	37
13	瓦格宁根大学	34
14	康奈尔大学	32
14	南京农业大学	32
14	内布拉斯加大学	32
17	瑞典农业科学大学	31
17	密苏里大学	31
19	中国农业科学院	30
19	华盛顿州立大学	30

美国农业部在该前沿发文的总被引次数仍然排名全球第一，德国亥姆霍兹联合会在该前沿发文的总被引次数为全球第二（表 16）。由图 29 可以看出，机构被引频次与发文量呈现基本一致的趋势。

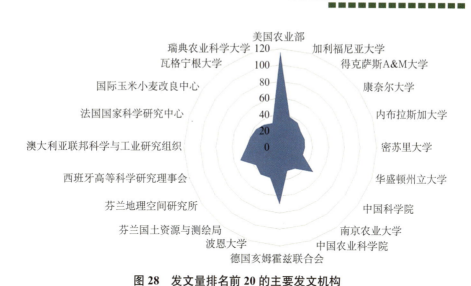

图 28　发文量排名前 20 的主要发文机构

表 16　发文量排名前 20 的主要发文机构的总被引次数

排序	发文机构	总被引次数
1	美国农业部	2 111
2	德国亥姆霍兹联合会	1 560
3	西班牙高等科学研究理事会	1 113
4	中国科学院	686
5	澳大利亚联邦科学与工业研究组织	628
6	芬兰国土资源与测绘局	874
7	法国国家科学研究中心	592
8	波恩大学	836
8	加利福尼亚大学	1 122
10	芬兰地理空间研究所	853
10	国际玉米小麦改良中心	785
10	得克萨斯A&M大学	382
13	瓦格宁根大学	736
14	康奈尔大学	941
14	南京农业大学	296
14	内布拉斯加大学	283
17	瑞典农业科学大学	574

（续）

排序	发文机构	总被引次数
17	密苏里大学	423
19	中国农业科学院	441
19	华盛顿州立大学	556

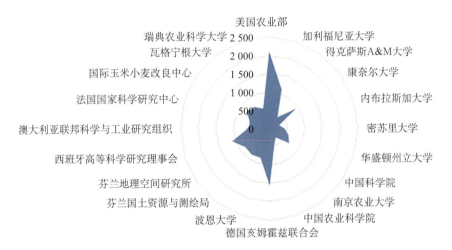

图 29　发文量排名前 20 的主要机构的总被引次数

4. 前沿热点分析

作者关键词词云如图 30 所示。词越大表明词频越高。该领域高频作者关键词包括遥感、表型、激光雷达、运动结构、摄影测量、精准农业、高通量表型、点云、物候组学、森林调查、机器学习等。

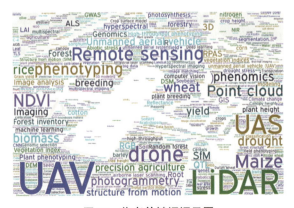

图 30　作者关键词词云图

　　基于关键词共现的作者关键词热力图如图 31 所示。红色区域代表了出现频次高的作者关键词，黄色区域代表的强度次之。由图可知，热力图揭示的内容与词云图揭示的内容基本一致。

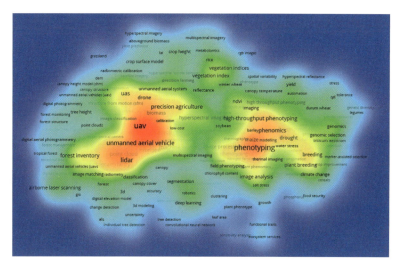

图 31　基于关键词共现的作者关键词热力图

　　基于文献共被引的作者关键词时间趋势图 32 所示。5 种颜色表示 5 个关键词聚类，即遗传资源、机载激光、精准农业、无人机系统、偏最小二乘法。时间线从左至右表示时间关键词出现时间从 2013 年至 2019 年。

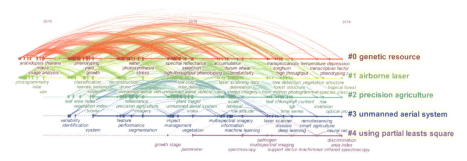

图 32　基于文献共被引的作者关键词时间趋势

五、全球气候及环境变化对森林生态系统的影响

　　全球气候及环境变化对森林生态系统的影响重点农业研究前沿主题由 1 个子前沿、热点组成，即全球气候及环境变化对森林生态系统的影

响。其数据集由 ESI 数据库中的核心文献和施引文献集合构成。

1. 年份变化趋势

2013—2019 年突出方向的前沿主题核心文献和施引文献发文量总体呈现发展上升总趋势。核心文献最近发表时间（2018 年）较近，该主题一直受到关注。2013—2019 年本研究前沿施引文献发文量在 2016 年增幅最大，然后保持较好的稳定增幅（图 33）。

图 33 全球该前沿文献量年度变化趋势

2013—2019 年国内本研究前沿核心文献发文量仅有 1 篇，发表于 2015 年。2013—2019 年国内本研究前沿施引文献发文量较核心文献发文量多，从 2015 年开始发表，呈现先上涨后下降的趋势。总体来看，国内的前沿文献量年度变化趋势与全球的变化趋势大体一致（图 34）。

图 34 中国该前沿文献量年度变化趋势中国该前沿文献量年度变化趋势

2. 国家构成分析

表 17 为发文量排名前 10 的发文国家/地区。美国的发文量位列榜首，其次是巴西和英国，中国排名全球第七。总被引次数最高的是美国，中国位居第九。篇均被引频次最高的是英国，其次是澳大利亚和法国。中国位列第十，可以看出与其他国家还存在一定的差距，论文结果的原创性需要进一步提高。从地理分布上看，发文量排名前十的国家主要集中在亚洲、美洲、欧洲和大洋洲。

表 17　发文量排名前十的发文国家/地区

排序	发文国家	发文量	总被引次数	篇均被引
1	美国	911	18 119	19.9
2	巴西	338	6 631	19.6
3	英国	263	8 705	33.1
4	德国	239	4 740	19.8
5	西班牙	208	3 516	16.9
6	法国	207	4 671	22.6
7	中国	206	3 128	15.2
8	澳大利亚	201	5 106	25.4
9	加拿大	184	3 500	19.0
10	瑞士	141	3 003	21.3

排名前十的国家合作关系如图 35 所示。其中矩形节点表示国家发文量。圆形节点表示国家之间合作论文数量。各国之间合作强度显著。

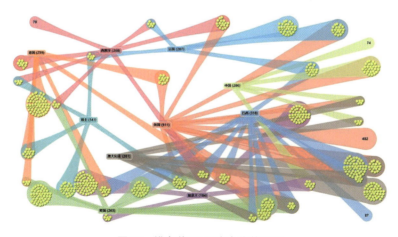

图 35　排名前 10 国家合作关系图

3. 机构构成分析

本前沿发文量排名前 20 家机构中包括 1 家中国机构和 10 家美国机构，英国有 3 家机构，西班牙、瑞士、荷兰、法国、德国和巴西各 1 家机构。中国科学院大学是中国唯一进入排名前 20 的机构，位列机构第三（表18）。图 36 可以看出，美国机构的发文量占据发文量排名前 20 机构总发文量的很大一部分。

表 18 发文量排名前 20 的主要发文机构

排序	发文机构	发文量
1	美国农业部	171
2	加利福尼亚大学	169
3	中国科学院	106
4	利兹大学	94
5	亚利桑那大学	86
6	埃克塞特大学	78
7	美国地质调查局	71
8	圣保罗大学	68
8	牛津大学	68
10	西班牙高等科学研究理事会	61
10	爱丁堡大学	61
12	瓦赫宁根大学	60
12	北亚利桑那大学	60
14	科罗拉多大学	57
15	哥伦比亚大学	55
16	美国国家航空航天局	51
16	俄勒冈州立大学	51
18	马克斯·普朗克科学促进学会	45
19	瑞士联邦森林、雪和景观研究所	40
20	法国国家科学研究中心	39

美国农业部在该前沿发文的总被引次数排名全球第三，美国的加利福尼亚大学在该前沿发文的总被引次数为全球第一（表19）。中国唯一进入排名前 20 的中国科学院发文的总被引次数为 1 367 次，排名 17。图 37 可以看出，美国机构在该前沿发文的总被引次数占据了发文量排名前 20 机构总被引次数的绝大部分。

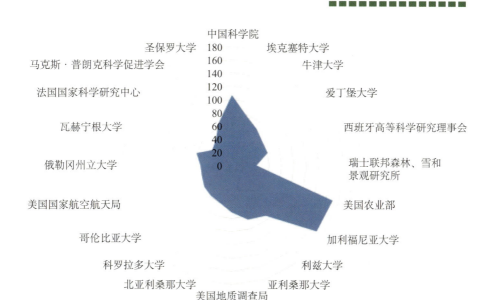

图 36 发文量排名前 20 的主要发文机构

表 19 发文量排名前 20 的主要发文机构的总被引次数

排序	发文机构	总被引次数
1	加利福尼亚大学	4 753
2	利兹大学	3 917
3	美国农业部	3 503
4	美国地质调查局	3 272
5	牛津大学	3 107
6	亚利桑那大学	2 988
7	圣保罗大学	2 530
8	爱丁堡大学	2 497
9	哥伦比亚大学	1 978
10	埃克塞特大学	1 938
11	瓦赫宁根大学	1 875
12	科罗拉多大学	1 826
13	马克斯·普朗克科学促进学会	1 770
14	北亚利桑那大学	1 636
15	美国国家航空航天局	1 402
16	法国国家科学研究中心	1 385
17	中国科学院	1 367

（续）

排序	发文机构	总被引次数
18	西班牙高等科学研究理事会	1 312
19	俄勒冈州立大学	1 092
20	瑞士联邦森林、雪和景观研究所	389

图37 发文量排名前20的主要发文机构的总被引次数

4. 前沿热点分析

作者关键词词云如图38所示。词越大表明词频越高。该领域高频作

图38 作者关键词词云

者关键词包括气候变化、干旱、树木死亡率、亚马逊、遥感、热带森林、气候、光合作用、死亡率、碳、树木生长、生物量、碳循环、树木生态学、野火、树轮、干旱胁迫、森林管理、降水量、全球变暖、生物多样性、森林砍伐、厄尔尼诺、气孔导度、水分胁迫、生态系统服务等。

基于关键词共现的作者关键词热力图如图 39 所示。亮黄色区域代表了出现频次高的作者关键词，绿色区域代表的强度次之。由图可知，热力图揭示的内容与词云图揭示的内容基本一致，气候变换与干旱问题是国际研究的前沿热点。

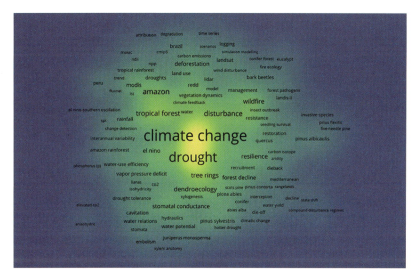

图 39　基于关键词共现的作者关键词热力图

基于文献共被引的作者关键词时间趋势图如图 40 所示。该前沿有

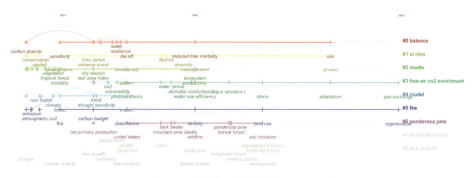

图 40　基于文献共被引的作者关键词时间趋势图

9 个关键词聚类，其中前 5 个是平衡、厄尔尼诺、中分辨率成像光谱仪(MODIS)、开放式大气 CO_2 浓度增加、模型。时间线从左至右表示时间关键词出现时间从 2013 年至 2019 年。

六、流行性疫病的流行与传播研究

流行性疫病的流行与传播研究重点农业研究前沿主题由 4 个子前沿、热点组成，即 H7N9 亚型高致病性禽流感病毒流行病学、进化及致病机理，非洲猪瘟的流行与传播研究。猪流行性腹泻病毒流行病学、遗传进化及致病机理，以及猪圆环病毒 3 型的流行病学研究。其数据集由 ESI 数据库中的核心文献和施引文献集合构成。

1. 年份变化趋势

2013—2019 年突出方向的前沿主题核心文献和施引文献发文量总体呈现逐年上升趋势。2017 和 2018 年的核心文献量显著增加，揭示了相关研究得到很大的关注度。2013—2019 年本研究前沿施引文献发文量呈现先下降后上涨、又下降的趋势（图 41）。

图 41 全球该前沿文献量年度变化趋势

2013—2019 年国内本研究前沿核心文献增幅稳定，其中有 4 年没有核心文献发表。2013—2019 年国内本研究前沿施引文献发文量在大多数年份远多于核心文献发文量，同时呈现上涨的趋势。总体来看，国内的前沿文献量年度变化趋势与全球的变化趋势大体一致（图 42）。

图 42　中国该前沿文献量年度变化趋势

2. 国家构成分析

表 20 为发文量排名前 10 的发文国家/地区。中国的发文量位列榜首，其次是美国和英国。总被引次数最高的是美国，中国位居第二。篇均被引频次最高的是英国，其次是美国、韩国和意大利，中国位列第六。从地理分布上看，发文量排名前 10 的国家主要集中在亚洲、北美洲和欧洲。

表 20　发文量排名前十的发文国家/地区

排序	发文国家	发文量	总被引次数	篇均被引
1	中国	532	5 123	9.6
2	美国	357	5 581	15.6
3	英国	75	1 334	17.8
4	韩国	61	735	12.0
5	西班牙	56	620	11.1
6	日本	54	508	9.4
7	加拿大	50	452	9.0
8	德国	45	428	9.5
9	意大利	38	455	12.0
10	泰国	29	144	5.0

排名前 10 的国家合作关系如图 43 所示。其中矩形节点表示国家发文量。圆形节点表示国家之间合作论文数量。中国的国家发文量位居第

一，远超过第二名美国，且中国和各国间都是有比较广泛的国际合作。

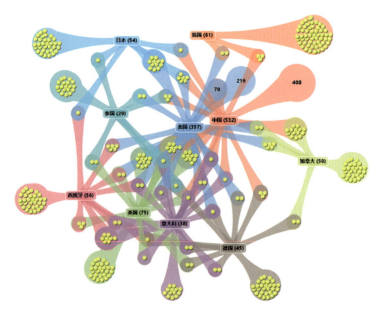

图 43　排名前 10 国家合作关系示意

3. 机构构成分析

本前沿发文量排名前 20 家发文机构中包括 11 家中国机构、7 家美国机构，韩国和德国各有 1 家机构。中国农业科学院位列发文量第二，南京农业大学第五（表 21）。图 44 可以看出，中国机构的发文量占据发文量排名前 20 机构总发文量的很大一部分。

表 21　发文量排名前 20 的主要发文机构

排序	发文机构	发文量
1	艾奥瓦州立大学	84
2	中国农业科学院	65
3	俄亥俄州立大学	50
4	明尼苏达大学	46
5	南京农业大学	42
6	浙江大学	36
6	堪萨斯州立大学	36
8	中国科学院	34
8	华中农业大学	34

（续）

排序	发文机构	发文量
10	中山大学	30
10	华南农业大学	30
12	河南农业大学	26
13	扬州大学	25
13	山东师范大学	25
15	庆北大学	24
16	美国疾病控制与预防中心	17
16	弗里德里希·洛弗勒研究所	17
18	中国疾病预防控制中心	16
19	南达科他州立大学	13
20	美国农业部	12

图 44　发文量排名前 20 的主要发文机构

美国艾奥瓦州立大学在该前沿发文的总被引次数全球第一位，中国的浙江大学和中国农业科学院在该前沿发文的总被引次数分别排名全球第四和第五（表22）。图45可以看出，中国机构和美国机构在该前沿发文的总被引次数共同占据了发文量排名前20发文机构总被引次数的绝大部分，其中美国占据更多部分。

表 22　发文量排名前 20 的主要发文机构的总被引次数

排序	发文机构	总被引次数
1	艾奥瓦州立大学	1 903
2	俄亥俄州立大学	1 404
3	明尼苏达大学	944
4	浙江大学	565
5	中国农业科学院	564
6	华中农业大学	551
7	庆北大学	522
8	堪萨斯州立大学	434
9	中国科学院	387
10	弗里德里希·洛弗勒研究所	330
11	华南农业大学	314
12	南京农业大学	305
13	中国疾病预防控制中心	274
14	美国疾病控制与预防中心	269
15	河南农业大学	264
16	扬州大学	174
17	山东师范大学	155
18	南达科他州立大学	134
19	中山大学	129
20	美国农业部	123

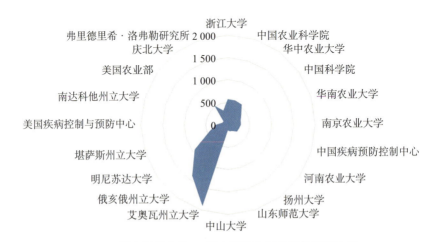

图 45　发文量排名前 20 的主要发文机构的总被引次数

4. 前沿热点分析

作者关键词词云如图 46 所示。词越大表明词频越高。该领域高频作者关键词包括猪流行性腹泻病毒（PEDV）、非洲猪瘟、流行病学、系统发育分析、H7N9 型、冠状病毒、猪流行性腹泻、流感、疫苗、病毒、PCV3 型、发病机理、传输、禽流感、致病性、猪圆环病毒 3、野猪、猪圆环病毒、ELISA 法、进化、PCV2 型、穗基因、禽流感病毒、甲型流感病毒、猪三角洲病毒、穗蛋白、生物安全等。

图 46　作者关键词词云

基于关键词共现的作者关键词热力图如图 47 所示。亮黄色区域代表了出现频次高的作者关键词，绿色区域代表的强度次之。由图可知，热力图揭示的内容与词云图揭示的内容基本一致，主要包括猪流行性腹泻病毒、非洲猪瘟、H7N9、禽流感、猪圆环病毒 3、病毒等，一定程度上揭示了该领域的研究热点。

基于文献共被引的作者关键词时间趋势图如图 48 所示。#序号表示该前沿有 11 个关键词聚类，前 6 个分别是非洲猪瘟、有效免疫策略、猪流行性腹泻病毒、序列分析、周内断奶仔猪、猪德尔塔冠状病毒。时间线从左至右表示时间关键词出现时间从 2013 年至 2019 年。

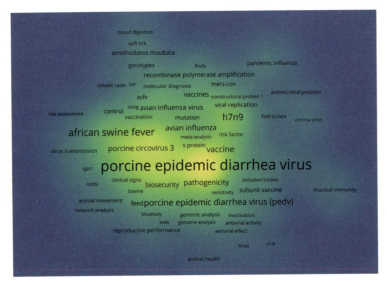

图 47　基于关键词共现的作者关键词热力图

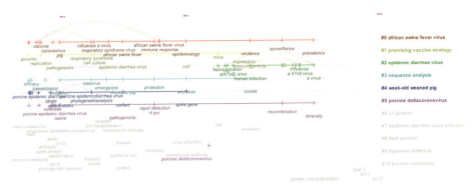

图 48　基于文献共被引的作者关键词时间趋势图

七、畜禽粪便与废弃物处理再利用

畜禽粪便与废弃物处理再利用重点农业研究前沿主题由 1 个子前沿、热点组成，即畜禽粪便与废弃物处理再利用。其数据集由 ESI 数据库中的核心文献和施引文献集合构成。

1. 年份变化趋势

2013—2019 年突出方向的前沿主题核心文献和施引文献发文量趋势不同，核心文献最新发表时间（2016 年）较早，这表明该前沿的基础研究发展相对稳定，但依旧是关注的热点。2013—2019年本研究热点的施引文献发文量呈现持续上涨趋势，但在近3年上涨趋势趋于平缓（图49），研究相对稳定。

图49　全球该前沿文献量年度变化趋势

2013—2015年国内每年有少量本研究前沿核心文献发表，近4年没有核心文献发表。2013—2019年国内本研究前沿施引文献发文量较核心文献发文量多，同时呈现一定波动趋势。总体来看，国内的前沿文献量年度变化趋势与全球的变化趋势大体一致（图50）。

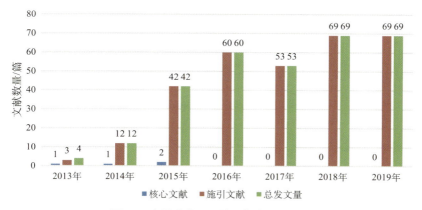

图50　中国该前沿文献量年度变化趋势

2.国家构成分析

表23为发文量排名前10的发文国家/地区。中国的发文量位列榜

附表 23　发文量排名前十的发文国家/地区

排序	发文国家	发文量	总被引次数	篇均被引
1	中国	309	6105	19.8
2	美国	132	2402	18.2
3	印度	101	1272	12.6
4	马来西亚	64	1251	19.5
5	巴西	57	706	12.4
6	韩国	57	725	12.7
7	西班牙	56	1015	18.1
8	英国	52	1018	19.6
9	澳大利亚	48	818	17.0
10	加拿大	35	842	24.1

首，其次是美国和印度。总被引次数最高的是中国，美国位居第二。中国将发文量和总被引次数的领先优势保持至篇均被引频次，排名全球第二，加拿大排名第一。从地理分布上看，发文量排名前 10 的国家主要集中在亚洲、美洲、欧洲和大洋洲。

排名前 10 的国家合作关系如图 51 所示。其中矩形节点表示国家发

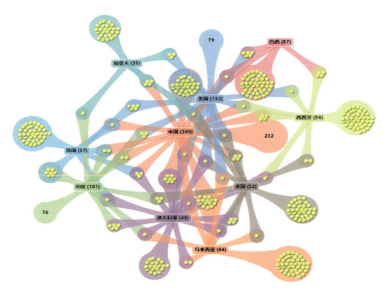

图 51　排名前 10 国家合作关系图

文量。圆形节点表示国家之间合作论文数量。图 51 可以看出，中国的发文量和国际合作均居领先地位。

3. 机构构成分析

本前沿发文量排名前 20 家发文机构中包括 9 家中国机构，美国有 2 家机构。中国科学院位列发文量机构第一位（表 24）。且中国机构的发文量在发文量排名前 20 发文机构中占据较大比例（图 52）。

表 24 发文量排名前 20 的主要发文机构

排序	发文机构	发文量
1	中国科学院	54
2	国立成功大学	28
3	瓦萨大学	19
4	印度理工学院	17
5	中国农业大学	16
5	法赫德国王石油与矿业大学	16
5	波尔图大学	16
5	马来亚大学	16
5	里约格兰德联邦大学	16
10	浙江大学	15
10	清华大学	15
10	山东大学	15
10	哈尔滨工业大学	15
10	巴利亚多利德大学	15
15	同济大学	13
15	明尼苏达大学	13
15	伊利诺伊大学	13
18	华南理工大学	12
19	诺丁汉大学	10
20	鲁汶大学	9

中国科学院将在该前沿的发文量优势继续保持至总被引次数，其总被引次数仍然排名全球第一（表 25）。图 53 可以看出，中国机构占据了发文量排名前 20 发文机构总被引次数的很大一部分。

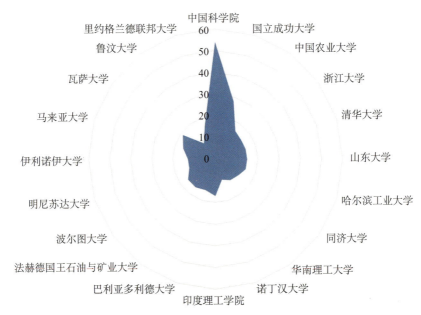

图 52　发文量排名前 20 的主要发文机构

表 25　发文量排名前 20 的主要发文机构的总被引次数

排序	发文机构	总被引次数
1	中国科学院	1 461
2	国立成功大学	920
3	瓦萨大学	717
4	马来亚大学	682
5	华南理工大学	614
6	波尔图大学	562
7	巴利亚多利德大学	515
8	鲁汶大学	384
9	法赫德国王石油与矿业大学	382
10	诺丁汉大学	373
11	印度理工学院	360
12	中国农业大学	324
12	伊利诺伊大学	324
14	浙江大学	322
15	明尼苏达大学	278
16	同济大学	261
17	山东大学	175

（续）

排序	发文机构	总被引次数
18	清华大学	160
19	哈尔滨工业大学	148
19	里约格兰德联邦大学	118

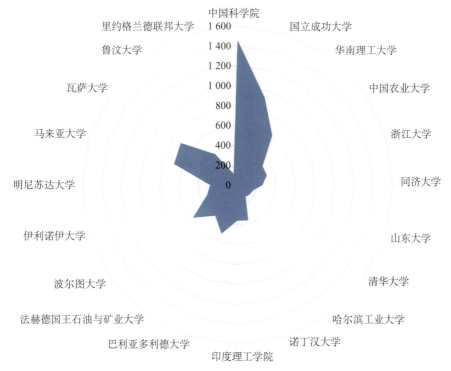

图 53　发文量排名前 20 的主要发文机构的总被引次数

4. 前沿热点分析

　　作者关键词词云如图 54 所示。词越大表明词频越高。该领域高频作者关键词包括微藻、废水、废水处理、生物柴油、养分去除、生物量、生物燃料、光合反应器、生物质生产、厌氧消化、脂类、生物能源、二氧化碳、烟气、生物修复、二氧化碳固定、蓝藻、营养物、光合作用、沼气、生物炼制、物理中介、水热液化、磷、沼气改造、氮气、养分回收、斜栅藻、生物量生产力等。

图 54　作者关键词词云图

基于关键词共现的作者关键词热力图如 55 所示。亮黄色区域代表了出现频次高的作者关键词，绿色区域代表的强度次之。由图可知，热力图揭示的内容与词云图揭示的内容基本一致，主要包括微藻、光合反应器、小球藻、生物质生产等。

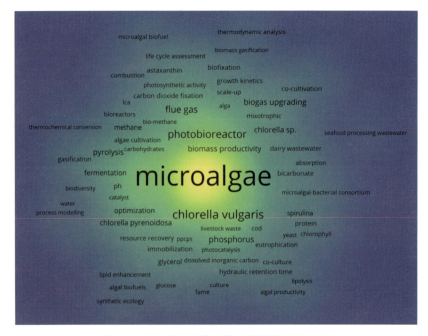

图 55　基于关键词共现的作者关键词热力图

基于文献共被引的作者关键词时间趋势图如图 56 所示。#序号表示该前沿 8 个关键词聚类，它们是森林碳动态、亚马逊盆地、生物量燃烧排放、植被动态、高空观测、热带亚洲地区、小蠹爆发、干旱引起的树木顶梢枯死。时间线从左至右表示时间关键词出现时间从 2013 年至 2019 年。

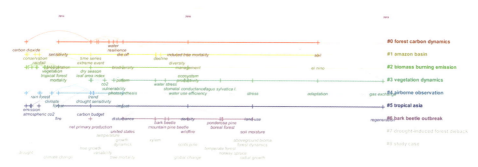

图 56　基于文献共被引的作者关键词时间趋势

八、农药施用与植物抗性分子机制

农药施用与植物抗性分子机制重点农业研究前沿主题其数据集由 ESI 数据库中的核心文献和施引文献集合构成。

1. 年份变化趋势

2013—2019 年突出方向的前沿主题核心文献和施引文献发文量呈现不同变化趋势，核心文献最新发表时间（2018 年）较近，前沿的基础研究正处于高速发展期。2013—2019 年本研究前沿施引文献发文量逐步增加，本研究领域一直受到持续关注（图 57）。

图 57　全球该前沿文献量年度变化趋势

2013—2019 年国内本研究前沿核心文献发文量较少，仅 2017 年产出 1 篇。2013—2019 年国内本研究前沿施引文献发文量较核心文献发文量多，同时也呈现先上涨后下降的趋势，但在年代上有一定的滞后性。总体来看，国内的前沿文献量年度变化趋势与全球的变化趋势大体一致（图 58）。

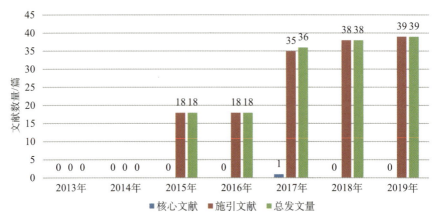

图 58　中国该前沿文献量年度变化趋势

2. 国家构成分析

表 26 为发文量排名前十的发文国家/地区。美国的发文量位列榜首，其次是英国和中国。总被引次数最高的是美国，中国位居第三。篇均被引频次最高的是法国，其次是丹麦和英国，中国位列第八。从地理分布上看，发文量排名前 10 的国家主要集中在亚洲、北美洲、南美洲、欧洲和大洋洲。

表 26　发文量排名前十的发文国家/地区

排序	发文国家	发文量	总被引次数	篇均被引
1	美国	343	3 825	11.2
2	英国	267	3 291	12.3
3	中国	148	957	6.5
4	澳大利亚	111	1 317	11.9
5	德国	109	682	6.3
6	巴西	73	290	4.0

（续）

排序	发文国家	发文量	总被引次数	篇均被引
7	西班牙	63	369	5.9
8	法国	59	874	14.8
9	意大利	48	320	6.7
10	丹麦	42	612	14.6
10	日本	42	381	9.1

排名前10的国家合作关系如图59所示。其中矩形节点表示国家发文量。圆形节点表示国家之间合作论文数量。

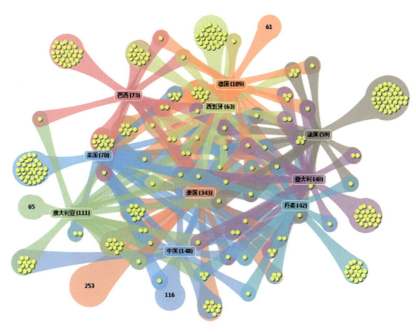

图59 排名前10国家合作关系图

3. 机构构成分析

本前沿发文量排名前20的发文机构中包括7家美国机构、中国和法国机构各占3家，澳大利亚、西班牙和丹麦各占2家机构（表27）。来自中国的山东农业大学、中国农业科学院和南京农业大学分别处于9，13和17位。从图60可以看出，美国机构的发文量占据发文量排名前20发文机构总发文量的很大一部分。

表 27   发文量排名前 20 的主要发文机构

排序	发文机构	发文量
1	美国农业部	54
2	西澳大学	53
3	科罗拉多州立大学	44
4	加利福尼亚大学	40
5	伊利诺伊大学	33
5	拜尔公司	33
5	法国农业食品与环境研究院	33
8	科尔多瓦大学	29
9	山东农业大学	25
10	堪萨斯州立大学	24
11	西班牙高等科学研究理事会	22
12	法国国家科学研究中心	21
13	昆士兰大学	20
13	中国农业科学院	20
15	奥胡斯大学	19
15	勃艮第大学	19
17	哥本哈根大学	18
17	维索萨联邦大学	18
17	南京农业大学	18
17	内布拉斯加大学	18

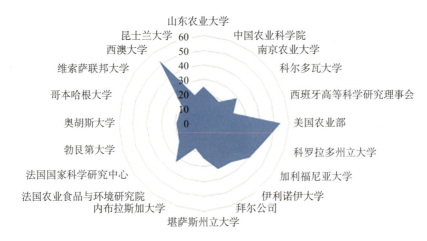

图 60   发文量排名前 20 的主要发文机构

美国农业部在该前沿发文的总被引次数排名跃升为全球第一，西澳大学在该前沿发文的总被引次数跃升为全球第二（表28）。图61可以看出，美国机构在该前沿发文的总被引次数占据了发文量排名前20机构总被引次数的绝大部分。

表28 发文量排名前20的主要发文机构的总被引次数

排序	发文机构	总被引次数
1	美国农业部	571
2	西澳大学	958
3	科罗拉多州立大学	670
4	加利福尼亚大学	786
5	伊利诺伊大学	304
5	拜尔公司	302
5	法国农业食品与环境研究院	720
8	科尔多瓦大学	547
9	山东农业大学	142
10	堪萨斯州立大学	293
11	西班牙高等科学研究理事会	263
12	法国国家科学研究中心	170
13	昆士兰大学	143
13	中国农业科学院	148
15	奥胡斯大学	96
15	勃艮第大学	598
17	哥本哈根大学	497
17	维索萨联邦大学	85
17	南京农业大学	102
17	内布拉斯加大学	173

4. 前沿热点分析

作者关键词词云如图62所示。词越大表明词频越高。该领域高频作者关键词包括抗除草剂、草甘膦、乙酰乳酸合酶、草甘膦抗性、交叉阻力、EPSPs、突变、杂草治理、多抗性、RNA测序、进化、靶位点抗性、乙酰羟酸合酶、细胞色素P450、除草剂代谢、综合代谢、乙酰乳酸合酶、非生物胁迫、基因扩增、非靶点阻力、转录组学、肌萎缩性脊髓侧索硬化症、基因表达、新陈代谢、杂草控制、气候变化、剂量反应、多重抗除草剂和非靶点阻力等。

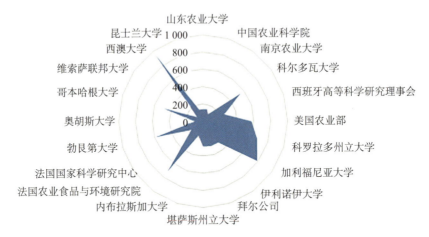

图 61　发文量排名前 20 的主要发文机构的总被引次数

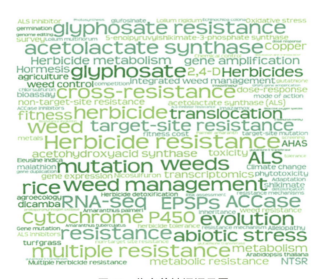

图 62　作者关键词词云图

基于关键词共现的作者关键词热力图如图 63 所示。红色区域代表了出现频次高的作者关键词，黄色区域代表的强度次之。由图可知，热力图揭示的内容与词云图揭示的内容基本一致，尤其是抗除草剂方面的研究，一直是国际前沿热点。

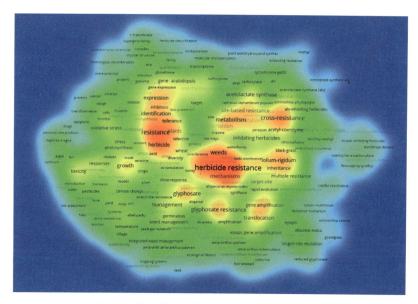

图 63　基于关键词共现的作者关键词热力图

基于文献共被引的作者关键词时间趋势图如图 64 所示。4 种颜色表示 4 个关键词聚类，分别为抗草甘膦性、最近成就、生态进化背景、全球视角。时间线从左至右表示时间关键词出现时间从 2013 年至 2019 年。

图 64　基于文献共被引的作者关键词时间趋势图

九、水产养殖与水生生态系统

水产养殖与水生生态系统重点农业研究前沿主题由 2 个子前沿、热点组成，即水生生态系统的演化及保护和水产养殖对水域生态环境的风险评估。其数据集由 ESI 数据库中的核心文献和施引文献集合构成。

1. 年份变化趋势

2013—2019 年突出研究方向的前沿主题核心文献呈现平稳发展态势，

施引文献发文量逐年增加，关注度逐年提高。核心论文的最新发表时间为 2018 年，该前沿主题的基础研究有一定的延续性并逐步完善。2013—2019 年本研究前沿施引文献发文量逐年增加，受到持续的关注（图 65）。

图 65　全球该前沿文献量年度变化趋势

2013—2019 年国内无本研究前沿核心文献产出。2013—2019 年国内本研究前沿施引文献呈现先上涨后下降的趋势，但在年代上有一定的滞后性。总体来看，国内的前沿文献量年度变化趋势与全球的变化趋势大体一致（图 66）。

图 66　中国该前沿文献量年度变化趋势

2. 国家构成分析

表 29 为发文量排名前 10 的发文国家/地区。巴西的发文量位列榜首，其次是英国和挪威，中国排名第八。总被引次数最高的为英国，中

国位居第九。篇均被引频次最高的是德国，其次是英国和美国，中国位列第十。从地理分布上看，发文量排名前 10 的国家主要集中在亚洲、北美洲、南美洲、欧洲和大洋洲。

表 29　发文量排名前十的发文国家/地区

排序	发文国家	发文量	总被引次数	篇均被引
1	巴西	371	3 771	10.2
2	英国	330	4 445	13.5
3	挪威	260	2 742	10.5
4	美国	249	3 256	13.1
5	加拿大	116	1 249	10.8
6	澳大利亚	79	702	8.9
7	法国	52	332	6.4
8	中国	49	299	6.1
9	智利	44	270	6.1
10	德国	39	852	21.8

排名前 10 的国家合作关系如图 67 所示。其中矩形节点表示国家发文量。圆形节点表示国家之间合作论文数量。本领域的合作呈现多国密切合作的总体态势。

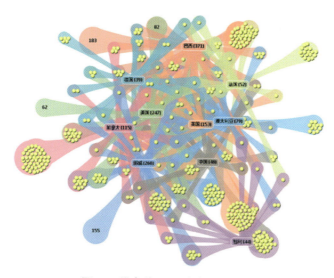

图 67　排名前 10 国家合作关系图

3. 机构构成分析

本前沿发文量排名前 20 的 23 家发文机构中包括 6 家巴西机构、5 家挪威机构、4 家美国机构，法国和加拿大各有 2 家机构，澳大利亚、西班牙、英国和智利各有 1 家机构。挪威海洋研究所、挪威卓尔根大学和美国亚马逊国家研究所位列机构排名前三，中国没有机构入选（表 30）。图 68 可以看出，挪威机构的发文量占据发文量排名前 20 发文机构总发文量的很大一部分。

表 30　发文量排名前 20 的主要发文机构

排序	发文机构	发文量
1	挪威海洋研究所	112
2	卓尔根大学	92
3	美国亚马逊国家研究所	68
4	马拉加大学	45
5	亚马逊联邦大学	41
6	圣保罗州立大学	38
7	挪威生命科学大学	37
8	帕拉联邦大学	35
8	法国国家科学研究中心	35
10	挪威自然研究所	34
11	加拿大渔业与海洋部	31
12	圣保罗大学	30
12	佛罗里达州立大学	30
12	加利福尼亚大学	30
15	法国发展研究所	29
16	康塞普西翁大学	27
17	墨尔本大学	26
18	爱德华王子岛大学	25
18	挪威兽医学会	25
20	佛罗里达大学	23
20	埃米利奥·戈尔迪博物馆	23
20	南大河州联邦大学	23
20	斯特林大学	23

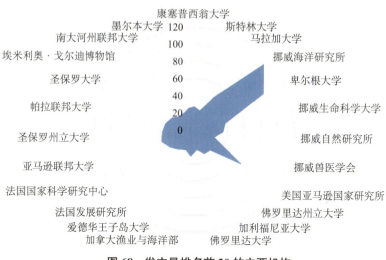

康塞普西翁大学
墨尔本大学 120 斯特林大学
南大河州联邦大学 马拉加大学
100
埃米利奥·戈尔迪博物馆 80 挪威海洋研究所
圣保罗大学 60 卑尔根大学
40
帕拉联邦大学 20 挪威生命科学大学
圣保罗州立大学 0 挪威自然研究所
亚马逊联邦大学 挪威兽医学会
法国国家科学研究中心 美国亚马逊国家研究所
法国发展研究所 佛罗里达州立大学
爱德华王子岛大学 加利福尼亚大学
加拿大渔业与海洋部 佛罗里达大学

图68 发文量排名前20的主要机构

挪威海洋研究所在该前沿发文的总被引次数仍然排名全球第一，美国亚马逊国家研究所和加利福尼亚大学在该前沿发文的总被引次数排名上升至第二和第三（表31）。从图69可以看出，挪威机构在该前沿发文的总被引次数仍然占据很大比重，领袖优势显著。

表31 发文量排名前20的主要发文机构的总被引次数

排序	发文机构	总被引次数
1	挪威海洋研究所	1,473
2	卑尔根大学	867
3	美国亚马逊国家研究所	1,028
4	马拉加大学	799
5	亚马逊联邦大学	672
6	圣保罗州立大学	232
7	挪威生命科学大学	703
8	帕拉联邦大学	527
8	法国国家科学研究中心	220
10	挪威自然研究所	529
11	加拿大渔业与海洋部	316
12	圣保罗大学	207

（续）

排序	发文机构	总被引次数
12	佛罗里达州立大学	330
12	加利福尼亚大学	1 004
15	法国发展研究所	178
16	康塞普西翁大学	174
17	墨尔本大学	224
18	爱德华王子岛大学	188
18	挪威兽医学会	216
20	佛罗里达大学	213
20	埃米利奥·戈尔迪博物馆	639
20	南大河州联邦大学	415
20	斯特林大学	331

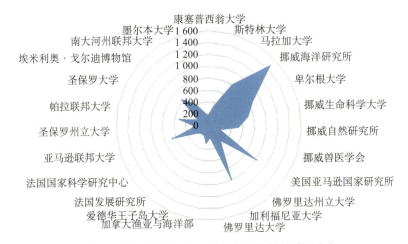

图 69　发文量排名前 20 的主要机构的总被引次数

4. 前沿热点分析

作者关键词词云如图 70 所示。词越大表明词频越高。该领域高频作者关键词包括水产养殖、海虱、鲑疮痂鱼虱、大西洋鲑鱼、保护、亚马逊、生物多样性、鲑鱼虱、三文鱼、水力发电、海参斑鱼、水坝、管理、寄生虫、淡水、气候变化、智利鱼虱、养鱼业、清洁工鱼、森林砍伐、淡水鱼、鲑鱼养殖、鲑鱼虱等。

图 70　作者关键词词云图

基于关键词共现的作者关键词热力图 71 所示。红色区域代表了出现频次高的作者关键词，黄色区域代表的强度次之。由图可知，热力图揭示的内容与词云图揭示的内容基本一致。

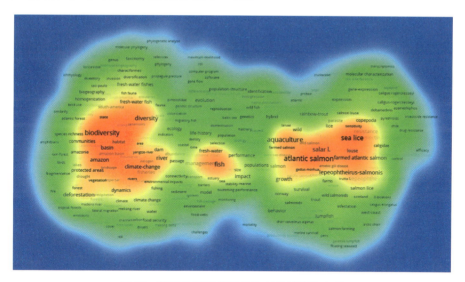

图 71　基于关键词共现的作者关键词热力图

基于文献共被引的作者关键词时间趋势图如图 72 所示。6 种颜色表示 5 个关键词聚类，它们是海虱、迁移模式、三文鱼虱、异地亚种和 MA 干扰。时间线从左至右表示时间关键词出现时间从 2013 年至 2019 年。

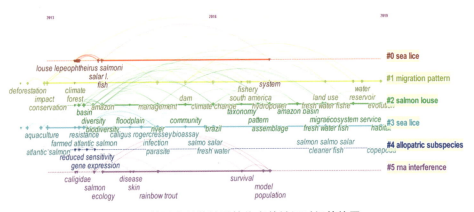

图 72　基于文献共被引的作者关键词时间趋势图

十、益生菌在食品中的应用及其安全评价

益生菌在食品中的应用及其安全评价重点农业研究前沿主题其数据集由 ESI 数据库中的核心文献和施引文献集合构成。

1. 年份变化趋势

2013—2019 年突出研究方向的前沿主题核心文献持续发展，最新发表时间（2018 年）较近，该前沿主题的基础研究有一定的延续性并逐步完善。2013—2019 年本研究前沿施引文献的发文量逐年增加，受到持续的关注（图 73）。

图 73　全球该前沿文献量年度变化趋势

2013—2019 年国内本研究前沿无核心文献产出。2013—2019 年国内本研究前沿施引文献发文量也呈现先上涨后下降的趋势。总体来看，国内的前沿文献量年度变化趋势与全球的变化趋势大体一致（图 74）。

图 74　中国该前沿文献量年度变化趋势

2. 国家构成分析

表 32 为发文量排名前 10 的发文国家/地区。英国、巴西和美国的发文量位列前三，中国排名第七。总被引次数排名前三的依然为英国、巴西和美国，中国排名第十。篇均被引频次最高的是荷兰，其次是英国和西班牙，中国位列第十。从地理分布上看，发文量排名前 10 的国家主要集中在欧洲、北美洲、南美洲。

表 32　发文量排名前十的发文国家/地区

排序	发文国家	发文量	总被引次数	篇均被引
1	英国	165	2 232	13.5
2	巴西	164	2 197	13.4
3	美国	121	1 269	10.5
4	乌拉圭	61	807	13.2
5	荷兰	59	898	15.2
6	西班牙	58	782	13.5
7	意大利	55	667	12.1
7	新西兰	55	662	12.0
7	中国	55	299	5.4
10	澳大利亚	51	504	9.9

排名前10的国家合作关系如图75所示。其中矩形节点表示国家发文量。圆形节点表示国家之间合作论文数量。

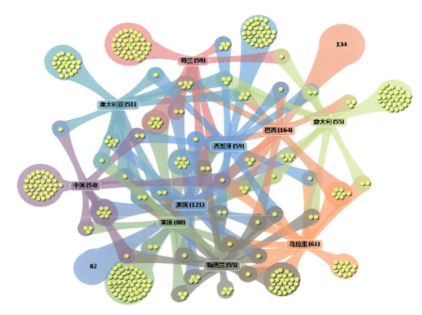

图75　排名前10国家合作关系图

3. 机构构成分析

本前沿发文量排名前20的22家发文机构中包括9家巴西机构，丹麦、法国和英国各有2家机构，澳大利亚、比利时、韩国、荷兰、乌拉圭、西班牙和新西兰各有1家机构。巴西坎皮纳斯州立大学、乌拉圭共和国大学和巴西里约热内卢州联邦大学分列发文量前三名。中国没有机构入选发文量排名前20机构（表33）。从图76可以看出，巴西机构的发文量占据发文量排名前20机构总发文量的很大一部分。

表33　发文量排名前20的主要发文机构

排序	发文机构	发文量
1	坎皮纳斯州立大学	61
2	乌拉圭共和国大学	60
3	里约热内卢州联邦大学	51
4	瓦赫宁根大学	41

（续）

排序	发文机构	发文量
4	新西兰植物与食品研究所	41
6	里约热内卢联邦研究所	33
7	牛津大学	32
8	里约热内卢联邦乡村大学	30
8	法国农业食品与环境研究院	30
10	奥胡斯大学	23
11	墨尔本大学	21
11	巴拉那联邦大学	21
13	根特大学	20
14	巴西农牧研究院	18
15	哥本哈根大学	14
15	梨花女子大学	14
15	诺丁汉大学	14
15	法国国家科学研究中心	14
15	西班牙高等科学研究理事会	14
20	圣保罗大学	13
20	蓬塔格罗萨州立大学	13
20	拉夫拉斯联邦大学	13

图 76　发文量排名前 20 的主要机构

巴西坎皮纳斯州立大学在该前沿发文的总被引次数仍然排名全球第一，巴西里约热内卢州联邦大学在该前沿发文的总被引次数跃升为全球第二（表 34）。从图 77 可以看出，巴西机构该前沿发文的总被引次数占据了发文量排名前 20 发文机构总被引次数的绝大部分。

表 34　发文量排名前 20 的主要发文机构的总被引次数

排序	发文机构	总被引次数
1	坎皮纳斯州立大学	1 355
2	乌拉圭共和国大学	807
3	里约热内卢州联邦大学	1 152
4	瓦赫宁根大学	778
4	新西兰植物与食品研究所	601
6	里约热内卢联邦研究所	735
7	牛津大学	553
8	里约热内卢联邦乡村大学	697
8	法国农业食品与环境研究院	219
10	奥胡斯大学	211
11	墨尔本大学	214
11	巴拉那联邦大学	324
13	根特大学	168
14	巴西农牧研究院	241
15	哥本哈根大学	167
15	梨花女子大学	104
15	诺丁汉大学	330
15	法国国家科学研究中心	156
15	西班牙高等科学研究理事会	64
20	圣保罗大学	95
20	蓬塔格罗萨州立大学	292
20	拉夫拉斯联邦大学	175

4. 前沿热点分析

作者关键词词云如图 78 所示。词越大表明词频越高。该领域高频作者关键词包括感官、益生菌、CATA、消费者、感官表征、感官评价、味道、有机食品、包装、流变学、感官分析、期望、纹理、TCATA、冰激凌、菊粉、食物选择、感官轮廓、金属钠还原技术、消费者接受度、情绪测量、TDS、动物福利、功能性食品、微胶囊化、微观结构、选择实验、乳制品、主成分分析法和眼睛跟踪等。

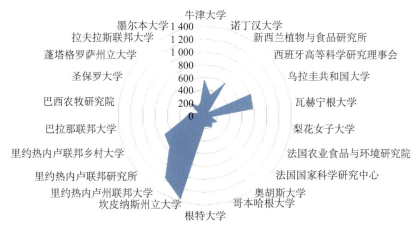

图 77　发文量排名前 20 的主要机构的总被引次数

图 78　作者关键词词云图

基于关键词共现的作者关键词热力图 79 所示。红色区域代表了出现频次高的作者关键词，黄色区域代表的强度次之。由图可知，热力图揭示的内容与词云图揭示的内容基本一致。

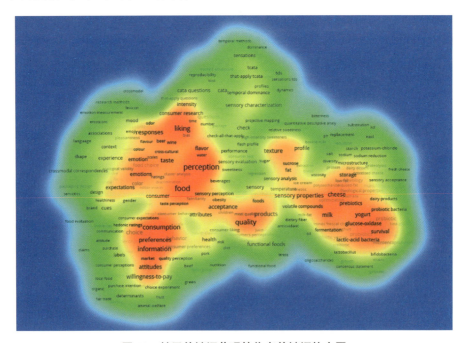

图79　基于关键词共现的作者关键词热力图

基于文献共被引的作者关键词时间趋势如图 80 所示。6 种颜色表示 6 个关键词聚类，它们是巧克力奶制甜点、消费者分类、投影映射、天然成分、情感反馈和减少钠摄入。时间线从左至右表示时间关键词出现时间从 2013 年至 2019 年。

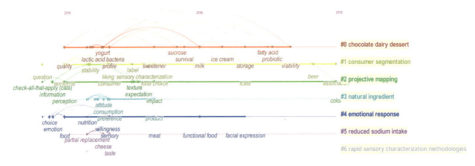

图80　基于文献共被引的作者关键词时间趋势图

　　本章从过去 5 年作物、植物保护、畜牧兽医、农业资源与环境、农产品质量与加工、农业信息与农业工程、林业、水产渔业 8 大农业学科及交叉学科中遴选确定 62 个农业学科研究热点和前沿，并就其中最为重要的 10 个进行了深入的文献计量分析，对其研究趋势、竞争合作格局和关键词定位进行了研判。这些研究热点有些处于研究的末期，逐渐淡出研究一线，有些则处于研究的早期和中期，将成为下一轮农业科技革命的重要内容。